# 动物普通病学

主　编　李宝春

北京师范大学出版集团
安徽大学出版社

**图书在版编目(CIP)数据**

动物普通病学/李宝春主编. —合肥:安徽大学出版社,2020.7
ISBN 978-7-5664-2070-1

Ⅰ.①动… Ⅱ.①李… Ⅲ.①动物疾病—诊疗 Ⅳ.①S85

中国版本图书馆 CIP 数据核字(2020)第 132464 号

### 动物普通病学

李宝春 主编

| | |
|---|---|
| 出版发行: | 北京师范大学出版集团<br>安 徽 大 学 出 版 社<br>(安徽省合肥市肥西路 3 号 邮编 230039)<br>www.bnupg.com.cn<br>www.ahupress.com.cn |
| 印　　刷: | 合肥创新印务有限公司 |
| 经　　销: | 全国新华书店 |
| 开　　本: | 184 mm×260 mm |
| 印　　张: | 14.5 |
| 字　　数: | 268 千字 |
| 版　　次: | 2020 年 7 月第 1 版 |
| 印　　次: | 2020 年 7 月第 1 次印刷 |
| 定　　价: | 45.00 元 |

ISBN 978-7-5664-2070-1

| | |
|---|---|
| 策划编辑:刘中飞　武溪溪 | 装帧设计:李　军　孟献辉 |
| 责任编辑:武溪溪 | 美术编辑:李　军 |
| 责任校对:陈玉婷 | 责任印制:赵明炎 |

**版权所有　侵权必究**

反盗版、侵权举报电话:0551-65106311
外埠邮购电话:0551-65107716
本书如有印装质量问题,请与印制管理部联系调换。
印制管理部电话:0551-65106311

# 本书编委会

主　编　李宝春

编　者　（按姓氏笔画排序）
　　　　刘世清　李　静　李宝春　胡倩倩
　　　　贺绍君　熊永洁

# 前 言

动物普通病学是兽医学学科的一个重要研究方向。随着我国畜牧业集约化和产业化发展，动物普通病已成为危害动物健康的重要因素之一，给养殖业造成巨大的经济损失，也直接影响动物源食品的质量和安全。近年来，我国动物医学工作者在动物普通病防治方面进行了广泛、深入的研究，动物普通病学的内容也得到了迅速充实。

本书以科学性、先进性和实用性为编写原则，主要内容包括动物中毒病、动物营养代谢病、动物内科疾病、动物外科疾病及动物产科疾病。第1章由李宝春编写，第2章由胡倩倩编写，第3章由贺绍君编写，第4章由李静编写，第5章由熊永洁、刘世清编写。本书可作为高等学校动物科学、动植物检疫专业学生的教材，也可作为畜牧兽医基层工作者的参考书。

在本书编写过程中，得到了各位专家和相关单位的大力支持，编者对此表示衷心的感谢。本书的出版得到了安徽科技学院的资助，在此一并表示感谢。

由于动物普通病学涉及的学科较多，资料收集比较困难，编者水平相对有限，加之编写时间仓促，书中疏漏与不当之处在所难免，恳请读者在使用过程中提出宝贵的意见和建议。

编者

2019 年 11 月

# 目 录

## 第1章 动物中毒病 ............ 1
1.1 中毒概述 ............ 1
1.2 饲料中毒 ............ 12
1.3 药物中毒 ............ 25
1.4 有毒动植物中毒 ............ 35
1.5 真菌毒素中毒 ............ 40

## 第2章 动物营养代谢病 ............ 44
2.1 营养代谢病概述 ............ 44
2.2 能量物质营养代谢病 ............ 47
2.3 常量元素代谢紊乱性疾病 ............ 57
2.4 微量元素不足或缺乏症 ............ 65
2.5 维生素缺乏症和过多症 ............ 84

## 第3章 动物内科疾病 ............ 101
3.1 消化系统疾病 ............ 101
3.2 呼吸系统疾病 ............ 119
3.3 心血管系统疾病 ............ 136
3.4 泌尿系统疾病 ............ 144

## 第4章 动物外科疾病 ............ 153
4.1 外科手术基础知识 ............ 153
4.2 感染性疾病 ............ 190
4.3 损伤性疾病 ............ 194

## 第5章 动物产科疾病 ............ 198
5.1 难产 ............ 198
5.2 常见产科疾病 ............ 209

# 第1章 动物中毒病

## 1.1 中毒概述

本章主要介绍动物中毒病的病因、毒理、症状、病理变化、诊断、治疗和预防。随着畜牧业集约化和产业化的发展,畜禽中毒疾病已成为危害动物健康的主要疾病之一,给养殖业带来严重损失,并直接影响动物源食品的质量与安全。

### 1.1.1 毒物学的基本概念

#### 1.1.1.1 毒物

如果一种物质进入机体后,即使是微量的,也能引起机体生理机能紊乱、形态结构异常,导致暂时或持久的病理过程,甚至造成死亡,那么这种物质就称为毒物。

毒物是一个相对的概念。某些治疗疾病的药物使用过量,也可引起中毒,如马杜霉素,饲料中添加 5 mg/kg 可预防雏鸡球虫病,但添加 6 mg/kg 时即可抑制鸡的生长,添加 9～10 mg/kg 时就会引起中毒。某些通常意义上的非毒性物质,如食盐,若使用过量,也能引起中毒;临床上还有可能产生"水中毒"。而某些通常意义上的毒性物质使用微量,却可以用于治疗疾病,如砒霜,中国古代常用于治疗梅毒、肺结核以及皮肤病。近代医学研究证明,砒霜摄入少量可用于治疗一些血液性疾病和肿瘤。因此,判断一种物质是否有毒,不仅取决于物质本身的结构和理化性质,还取决于动物接受这种物质的数量、途径、次数以及动物的种类和机体状况。

毒物可分为内源性毒物和外源性毒物。内源性毒物是指在动物体内形成的毒物,主要是机体内代谢产物,它们在正常的生理活动过程中由于自体解毒机制和排泄作用而不会发生毒性作用。外源性毒物即环境毒物,它们的种类和数量常随着自然生态环境的变化而不同。

在一定条件下,从自然环境中进入动物机体的毒物致病作用较强,有的还能促进内源性毒物的形成,加重中毒的临床症状和病理过程,因此,外源性毒物对动物中毒的发生和发展具有重要的作用。

#### 1.1.1.2 中毒

毒物进入机体后产生毒性作用,引起组织细胞功能或结构异常而导致的相应病理过程,称为中毒。

根据中毒的病程，临床上将中毒分为急性中毒、慢性中毒和亚急性中毒三种类型。急性中毒是指动物在短时间内(24 h)一次或多次接触或摄入大量毒物，引起一系列中毒症状的过程，通常病情紧急，症状严重，往往因生命器官的急性功能障碍而导致动物迅速或突然死亡。慢性中毒是指动物在较长时间内(一般在30天以上)连续摄入或吸收较少剂量的毒物，在体内蓄积到一定量时出现中毒症状的过程，病程发展缓慢，症状逐渐加重。介于急性中毒和慢性中毒之间的，称为亚急性中毒。

### 1.1.2 急性中毒的原因

#### 1.1.2.1 有毒植物

植物中毒具有明显的地方性和季节性。我国常见的植物中毒有疯草中毒、萱草根中毒、栎树叶中毒、白苏中毒等。多数有毒植物具有一种令人厌恶的臭味或刺激性液体，在自然条件和草料不缺的情况下，畜禽具有选择采食和避免中毒的本能，但在饥饿、缺青和早春时不挑选食物，畜禽易误食有毒植物而导致中毒。另外，某些畜禽对一些有毒植物具有异嗜性，也可引起中毒，如山羊喜食闹羊花、牛喜食烟草等。

#### 1.1.2.2 腐败与发霉饲料

饲料调制或储存不当时，可产生有毒物质而造成中毒。例如，植物中的硝酸盐在一定温度和湿度下转化为亚硝酸盐引起的猪亚硝酸盐中毒；稻草收获、储存过程中方法不当引起霉变造成的牛霉稻草中毒；山芋储存不当引起黑斑病造成的牛中毒；霉菌浸染食品和饲料等造成的黄曲霉毒素中毒等；饲料原料(如菜籽饼、棉籽饼、亚麻籽饼、酒糟等)中含有一定毒性成分的农副产品，在饲料配制或饲喂之前未经脱毒处理而引起的中毒。另外，有些植物性饲料产生有毒物质与生长发育时期和季节有关，如狗舌草在夏季开花期毒性最强，高粱再生苗中的生氰糖苷含量最高。

#### 1.1.2.3 工业污染

工厂排放的废水、废气、废渣中的有害物质(常见无机物如铜、汞和砷，有机物如酚类、氰化物、乙醇等)未经有效处理，可污染水源、土壤、牧草等而引起人和动物中毒。此外，某些放射性物质、化工厂的毒气泄漏(如氯气)及天然气井喷外泄的大量硫化氢气体等危害性更大，可造成大批人和动物中毒或死亡。

#### 1.1.2.4 农药、杀鼠药和化肥

农药是农业生产中为防治病虫害、清除杂草、刺激作物生长、提高农作物产量所使用的各种药剂的总称，包括杀虫剂、杀菌剂、杀螨剂、灭软体动物剂以及促植物生长调节剂等。随着现代农业的发展，农药的种类越来越多，应用越来越广，但各种农药都有不同程度的毒性作用，在实际生产中会因使用和管理不当而造成动物中毒，或者在体内蓄积中毒。动物摄入过量的尿素、氨水，或者饮用施肥的农田

水等,也可造成中毒。杀鼠药及毒死的鼠或其他动物的尸体,均可引起动物中毒。

#### 1.1.2.5 动物毒素

一些有毒动物如毒蛇、毒蜘蛛、蝎子、蜈蚣、蜂和斑蝥等,产生的毒素通过咬伤、蜇伤动物皮肤进入其体内而引起中毒,或动物通过饲草采食大量的毒昆虫(如蚜虫、谷象等),毒昆虫在动物体内死亡、崩解产生大量毒素,导致动物中毒。

#### 1.1.2.6 临床用药不当

药物基本上是选择性毒物,因临床用量太大、给药速度快或配制不当可造成中毒。例如,治疗体外寄生虫时药量使用过大造成的中毒。

#### 1.1.2.7 恶意投毒

恶意投毒是随着现代化经济发展而出现的一种中毒原因。投毒者对动物所用的毒物种类和投毒方式多种多样。

### 1.1.3 毒理机制

#### 1.1.3.1 局部刺激和腐蚀作用

刺激性和腐蚀性毒物在与动物接触或经不同途径进入体内的过程中,对所接触部位表层组织产生作用,或直接刺激周围末梢神经感受器而引起不同的毒性反应。这类毒物与皮肤、黏膜接触可引起皮肤和黏膜灼伤、坏死和糜烂。如经消化道进入,可导致口腔、食管和胃肠黏膜充血、坏死、溃烂,从而发生口炎和胃肠炎。如刺激性气体经呼吸道进入,可导致鼻炎、喉炎、气管炎和肺充血、水肿、炎症,甚至坏死,临床上出现咳嗽、流鼻涕,严重时发生喉水肿和肺水肿,甚至使动物窒息死亡。刺激性气体、酸、碱的损害大都与此类作用有关。

#### 1.1.3.2 干扰酶系统

大多数毒物进入机体后以细胞内的酶为靶分子,通过抑制细胞酶活性发挥毒害作用。毒害作用包括:对酶产生不可逆抑制,如有机磷酸酯类能与乙酰胆碱酯酶互相作用,使其产生不可逆抑制,从而阻断神经系统功能;致死性合成,如家畜氟乙酰胺中毒时,形成氟代乙酰辅酶 A,阻断三羧酸循环的正常进行;破坏酶的活性部分,如氰化物抑制细胞色素氧化酶的 $Fe^{2+}$,从而破坏蛋白质,造成细胞窒息;去除辅酶,如铅中毒时,机体内烟酸消耗增多,使辅酶Ⅰ和辅酶Ⅱ减少,从而抑制脱氢酶的作用;直接抑制酶的活性,如有机磷化合物抑制胆碱酯酶的活性。

#### 1.1.3.3 阻断氧的吸收、运转和利用

(1)阻断氧的吸收和运转。例如,亚硝酸盐、芳香胺类毒物将血红蛋白氧化成高铁血红蛋白,CO 可与血红蛋白形成稳定的碳氧血红蛋白,使血红蛋白失去运输氧的能力。另外,某些惰性气体在空气中降低氧的分压,可引起动物窒息;光气和双光气被吸入肺,可干扰细胞的代谢,造成肺水肿,阻止肺泡内的气体交换。

(2)阻止氧的利用。有些毒物可与细胞的氧化还原酶结合,阻断细胞氧化酶的氧化还原功能,从而导致细胞的有氧呼吸终止。如氰化物中毒时,氰离子与细胞色素氧化酶中的 $Fe^{2+}$ 结合形成稳定的氰-细胞色素氧化酶,使其丧失电子传递能力,引起组织细胞呼吸链停止而发生窒息。

#### 1.1.3.4　干扰生物膜的通透性

某些毒物(如铜、铅、醚类等)对生物膜具有特殊的亲和力,对细胞和亚细胞的膜结构造成损害,主要是通过作用于膜上的蛋白质和脂质破坏生物膜。例如,$Cu^{2+}$ 能够改变红细胞膜蛋白质和磷脂组分而增加其脆性,从而导致溶血;醚类和三溴甲烷以及其他亲脂性物质可在生物膜中蓄积,干扰氧和葡萄糖转入细胞,中枢神经系统的细胞对此尤为敏感;四氯化碳、棘豆草能够破坏肝线粒体结构,使丙氨酸转氨酶释放入血,在血中含量增高。

### 1.1.4　影响毒物作用的因素

#### 1.1.4.1　毒物的性质

对某种毒物的毒性起决定作用的是毒物的化学结构,如硝酸盐几乎无毒,而亚硝酸盐的毒性相对较大,牛的亚硝酸盐最小致死量为 150～170 mg/kg,而硝酸钠为 330～616 mg/kg。

如果一种毒物容易被机体吸收,那么其毒性就强。例如,气体毒物的毒性强于液体毒物,液体毒物的毒性强于固体毒物;毒物的酒精溶液最容易被吸收,毒性也最强,水溶液次之,油溶液被吸收最慢,毒性也最弱。

#### 1.1.4.2　毒物进入机体的量、速度与途径

毒物进入机体的量,就是毒物剂量。毒物剂量越大,毒力效果就越强,低毒性的毒物在较高剂量时也能引起动物中毒。

毒物进入机体的速度不同,毒力效果也不同。毒物进入机体的速度越快,毒力效果就越强,如缓慢静脉注射氯化钾、钙制剂等时无毒,而快速注入则易引发中毒。

同一种毒物进入机体的途径不同,其毒力效应及出现速度也不相同,甚至出现所谓的"有毒"或"无毒"的区别,如蛇毒素经过被咬伤口或注入皮下或血管可产生强烈的毒性作用,而胃肠黏膜完好的动物吞食蛇毒素则不出现中毒。一般情况下,同剂量毒物因进入机体途径不同造成的毒性差异表现为:静脉注射＞呼吸道吸入＞腹腔注射＞肌内注射＞皮下注射＞经口染毒＞直肠灌注。

#### 1.1.4.3　动物种类、个体特性与机能状态

不同种类的动物对同一种毒物的反应性相差很大,主要是由各种动物对毒物的吸收和排泄不同,血浆蛋白结合毒物的能力不同及作用部位对毒物的亲和力不

同造成的。例如,反刍兽对铜敏感;英格兰牧羊犬和鸽子对阿维菌素敏感,而阿维菌素对鸡和鹌鹑相对无毒;美曲膦酯(又称敌百虫)对禽的致死量是 70 mg/kg,而大白鼠的 $LD_{50}$ 则是 625 mg/kg。

新生动物和老龄动物对毒物的敏感性较高,主要是由于其解毒能力弱和屏障功能不健全。例如,铅、汞在幼龄动物脑内分布高于成年动物,因为幼龄动物肝脏较迅速地结合外来毒物且清除率低于成年动物,对中枢神经系统抑制性毒物更为敏感。

体格大的动物由于摄入的毒物量大而更容易引起中毒。

同种动物性别不同,对毒物的敏感性也存在差异。一般来说,雌性动物对毒物的敏感性较高,尤其是初情期后的动物更为明显,如地塞米松常常能引起妊娠动物流产,而相同剂量对雄性动物影响不大。有些毒物对雄性动物的毒性更强,如雌激素类毒物(镉、有机磷等)对雄性动物作用更显著。

动物机体的健康和营养状况也直接影响毒物的毒性。当动物健康状况良好时,机体代谢旺盛,生物转化过程正常运行,毒物的毒性较其他状态时低。

## 1.1.5 中毒病的诊断

畜禽中毒病的快速、准确诊断是研究畜禽中毒病的重要内容。

### 1.1.5.1 病史调查

详细询问发病时间、发病时表现、是否有接触毒物的机会,在同等劳动和饲养条件下,有无类似症状的发生,可能接触过何种毒物,毒物进入机体的可能途径与数量,中毒后是否经过治疗、治疗的措施等;发生中毒以前机体所处的环境、气候、四邻及使役情况;饲草饲料的种类、来源、质量、保管、处理等情况以及有无霉败、变质或被有毒植物污染;是否在饲喂或放牧后不久发病,或同槽同牧家畜是否同时发病,或食欲旺盛的家畜发病严重等情况。

### 1.1.5.2 临床症状

中毒病的诊断要求特别仔细,有时轻微的表现就可能是中毒的征象。但诊断中毒病只依靠症状是危险的:一是中毒的症状异常复杂,几乎没有一种毒物的示病症状;二是临床上往往只能观察到某个阶段的症状而不是全部症状;三是同一毒物在不同个体上或不同场合所表现出的症状不完全一样。不过,特殊症状出现的顺序和症状的严重性,仍可能是诊断的关键。动物中毒的临床症状及诊断见表 1-1。

表 1-1 动物中毒的临床症状及诊断

| 临床症状 | | 临床诊断 |
|---|---|---|
| 皮肤 | 黏膜发绀 | 亚硝酸盐、一氧化碳、菜籽饼、马铃薯、尿素等中毒 |
| | 感光过敏 | 荞麦、苜蓿、金丝桃、猪屎豆、三叶草、蚜虫等中毒 |
| | 黄疸 | 黄曲霉毒素、四氯化碳、砷、铜、磷等中毒 |
| 消化系统 | 呕吐 | 砷、镉、铅、钼、汞、磷、锌、安妥、硫黄、水杨酸盐、灭鼠灵、蓖麻籽、杜鹃花属、毒芹属、马铃薯等中毒 |
| | 流涎 | 砷、铜、磷、氰化物、有机氯、有机磷、草酸盐、士的宁、氯化钠、毒芹属、杜鹃花属、马铃薯、毛果芸香碱、槟榔碱、毒扁豆碱等中毒 |
| | 口渴 | 铬酸盐、砷、氯化钠等中毒 |
| | 腹泻 | 四氯化碳、铬酸盐、氯酸盐、砷、镉、铅、钼、汞、亚硝酸盐、棉酚、栎树叶、蓖麻籽、马铃薯等中毒 |
| | 腹痛 | 黄曲霉毒素、铵盐、亚硝酸盐、氯酸盐、磷化锌、砷、铅、汞、强酸、强碱、栎树叶、夹竹桃、杜鹃花属等中毒 |
| 神经系统 | 运动失调 | 黄曲霉毒素、铵盐、亚硝酸盐、氯酸盐、磷化锌、砷、汞、钼、氯化钠、四氯化碳、棉酚、一氧化碳、巴比妥酸盐、氯丙嗪、蕨、蓖麻籽、毛茛属、疯草、杜鹃花属、蛇毒等中毒 |
| | 肌肉震颤 | 阿托品、煤油、有机氯、有机磷、亚硝酸盐、氯化钠、铅、钼、磷、士的宁、棉酚、紫杉属、毒芹属、蕨、蛇毒等中毒 |
| | 痉挛与惊厥 | 氯化钠、有机氯、有机磷、有机氟、亚硝酸盐、草酸盐、酚、硫化氢、咖啡因、士的宁、安妥、紫杉属、麦角、霉玉米、一氧化碳等中毒 |
| | 麻痹 | 有机磷、氰化物、烟碱、一氧化碳、铜、硒、磷等中毒 |
| | 昏迷 | 氰化物、烟碱、一氧化碳、氯丙嗪、有机氯、有机磷、有机氟、巴比妥酸盐、磷化锌、酚、硫化氢、乙二醇、烟碱、马铃薯等中毒 |
| 眼睛 | 瞳孔散大 | 阿托品、巴比妥酸盐、士的宁、铁杉属、毒芹属、蛇毒等中毒 |
| | 瞳孔缩小 | 有机磷、阿片类、麦角、拟胆碱药、巴比妥类、水合氯醛、毒蕈等中毒 |
| | 失明 | 黄曲霉毒素、阿托品、铅、汞、硒、氯化钠、油菜、麦角、萱草根、疯草等中毒 |
| | 流泪 | 催泪性毒剂、刺激性气体、糜烂性毒剂等中毒 |
| 其他 | 血尿 | 氯酸盐、铜、汞、灭鼠灵、甘蓝、毛茛属、洋葱、栎树叶、蕨、油菜等中毒 |
| | 呼吸困难 | 铵盐、阿托品、一氧化碳、安妥、氰化物、亚硝酸盐、硫化氢、铬酸盐、煤油、有机磷、草酸盐、硫黄、灭鼠灵、紫杉属、铁杉属等中毒 |
| | 贫血 | 镉、铜、铅、甘蓝等中毒 |

#### 1.1.5.3 病理诊断

病理诊断包括尸体剖检和组织学检查，对中毒病的诊断具有重要价值。

尸体剖检应注意以下几点：

(1)皮肤和可视黏膜颜色：亚硝酸盐中毒时，皮肤和黏膜发绀；氢氰酸或氰化物中毒时，黏膜为樱桃红色，皮肤为桃红色；小动物磷中毒时出现黄疸；反刍动物羽扇豆中毒、狗舌草中毒和慢性铜中毒时出现黄疸。

(2)胃肠道：主要检查消化道残留的未消化或吸收的毒物，内容物的气味、颜色和消化道黏膜的变化等。若采食有毒植物,可在胃内发现叶片或嫩芽;犬、猫胃内发现老鼠尸体,可怀疑为杀鼠药的二次中毒;氰化物中毒时有苦杏仁气味,有机磷中毒时有大蒜气味,酚中毒时有石炭酸味等;有些毒物还会使胃内容物颜色发生变化,如磷化锌将胃内容物染成灰黑色,铜盐将胃内容物染成蓝色或灰绿色,二硝基甲酚和硝酸盐将胃内容物染成黄色。强酸、强碱、重金属盐类及斑蝥、芫花可引起胃肠道充血、出血、糜烂和炎症等。

(3)血液:检查血液的颜色、凝固性及出血情况。亚硝酸盐中毒时血液为酱油色;砷、氰化物、亚硝酸盐中毒时血液凝固不良;草木樨、灭鼠灵、华法林等中毒时全身广泛性出血。

(4)肝脏和肾脏:在大多数中毒过程中,肝脏和肾脏发生不同程度的病理损害。如黄曲霉毒素中毒、重金属中毒、苯氧羧酸类除草剂中毒及氨中毒时,肝脏肿大、充血、出血和变性;栎树叶、氨、斑蝥等中毒时,肾脏出现炎症、肿胀、出血等病变。

(5)肺和胸腔:安妥中毒时,肺水肿和胸腔积液是特征性病理变化;尿素或氨中毒时,呼吸道黏膜充血、出血,肺脏充血、出血和水肿;各种有毒气体、挥发性液体中毒时,表现为气管和肺的炎症性变化。

(6)骨骼和牙齿:慢性氟中毒时,牙齿表现为过度磨损、对称性斑釉齿,骨骼呈现白垩色、表面粗糙、外生骨疣等。

组织学检查时,注意借助光镜观察组织细胞的病变。毒物引起细胞损伤的病变有退行性或增生性,主要损害肝脏、肾脏、心脏和神经组织等。一些植物毒素可破坏磷脂代谢酶,导致慢性、渐进性神经元肿大并伴有代谢产物积聚的空泡变性,如家畜疯草中毒;牛黄曲霉毒素中毒,导致肝纤维化硬变、胆管上皮增生、胆囊扩张,最后形成广泛性硬变,家禽会出现肝癌结节;牛栎树叶中毒时,出现肾近曲小管变性和坏死,管腔中有透明管型和颗粒管型,表现为肾小球肾炎;猪食盐中毒时,出现典型的嗜酸性粒细胞脑膜炎。

#### 1.1.5.4 毒物分析

利用化学和物理的实验方法,对进入动物体内的毒物进行分离、鉴定,查清毒物的种类及中毒原因。由于毒物种类繁多,中毒原因复杂,因此,要根据问诊及检查情况,用可疑饮水、饲料、中毒动物的胃内容物、粪尿、血液、乳汁、内脏组织等进行毒物检测。很少能预先确定为何种毒物中毒,故现场取材尽可能全面,数量要充足,以免事后无法弥补。常见毒物中毒的适宜检材见表1-2。

表 1-2 常见毒物中毒的适宜检材

| 毒物 | 剩余饲料 | 呕吐物与胃内容物 | 肠内容物 | 粪便 | 血液 | 尿液 | 肝脏 | 肾脏 | 脑 | 牙齿及骨骼 |
|---|---|---|---|---|---|---|---|---|---|---|
| 氰化物 | ++ | ++ | + |  | ++ |  | + |  | + |  |
| 灭鼠药 | ++ | ++ | ++ | + |  | + |  | + |  |  |
| 砷 | ++ | ++ | ++ | + |  |  | ++ |  |  | ++ |
| 汞 | ++ | ++ | ++ |  |  | + |  | + | ++ |  |
| 铅 |  |  |  |  |  |  |  | + |  | ++ |
| 有机磷农药 | ++ | ++ | ++ | ++ |  | + | + |  |  |  |
| 氟乙酰胺 | ++ | ++ | ++ |  | ++ |  | + |  |  |  |
| 亚硝酸盐 | ++ | ++ | ++ |  | + | ++ |  |  |  |  |
| 生物碱 | ++ |  |  |  |  |  | + |  | + |  |
| 霉菌毒素 | ++ | ++ |  |  |  | + | ++ |  |  |  |
| 无机氯 | ++ | ++ | + |  | + | + | + |  |  | ++ |

注：++ 为最适宜样品，+ 为适宜样品。

毒物检验一般分为定性检验和定量检验。定性检验结果必须结合临床症状、病理剖检及病史进行综合分析。如有些毒物虽被检出阳性，但并非是真正的致病原因，如氟、硒、铜及硝酸盐少量存在时并不能引起相应的中毒。

一般认为，饲料中不存在的毒物（如农药、杀鼠剂等）只要定性检测呈阳性，就有诊断意义，若是饲料中添加的物质（如矿物元素、砷制剂等），则必须进行定量检测；而定性检测结果呈阴性也不能作出否定的结论，因为有些毒物可在体外检材中挥发、分解，或在体内经过代谢转化、排出而不被检出。若检出的毒物是自然界或机体组织中的正常成分，则必须进行含量测定，如果在正常范围内，即可作出否定的结论；若该毒物并不是自然界或机体应有的成分，则可以作出肯定的结论。

定量检测结果不仅可作为确诊中毒病的可靠依据，而且对预后判断有重要意义。如氨中毒，血氨值在 20 g/L 以内者，虽然病情严重，但仍可能治愈，而超过 50 g/L 者往往死亡。

#### 1.1.5.5 动物试验

复制动物模型是在试验条件下，采集可疑毒物或用初步提取物对相同动物或敏感动物进行人工复制，复制出与自然病例相同的疾病模型，通过对临床症状、病理变化的观察及相关指标的测定及毒物分析等，与自然中毒病例进行比较，为诊断提供重要依据。

复制动物模型对一些尚无特异的检测法、有毒成分尚不明确、难以提取或目前不能进行毒物分析的中毒病的诊断，具有重要的、不可取代的价值。与此同时，通过治疗试验，可为自然中毒的防治提供依据。

试验动物应选择与自然中毒相同的动物,通常用原患病地方的同种动物。复制动物模型要有生物统计学意义的动物数量,并设立相应的对照组。在动物试验中,阴性结果不能说明没有中毒。

**1.1.5.6 治疗性诊断**

动物中毒病往往发病急剧,发展迅速,在临床实践中不可能全面采用上述各项方法进行诊断。因此,可根据临床经验和可疑毒物的特性进行试验性治疗,通过治疗效果进行诊断和验证诊断。治疗性诊断既适用于个别动物中毒,也适用于大群动物中毒。个别动物中毒时,应从小剂量开始;大群动物中毒时,先选择部分病例进行治疗,在确定疗效后再扩大治疗范围。

### 1.1.6 急性中毒的处理

急性中毒发病迅速,症状比较严重,必须及时采取措施进行急救。中毒的治疗原则是维持生命及避免毒物继续作用于机体。主要采取以下综合治理措施。

**1.1.6.1 立即中断毒物的继续侵入**

(1)经呼吸道吸入的气体毒物引起中毒时,应立即脱离中毒环境,将动物转移到空气新鲜和安静舒适的环境。

(2)经皮肤黏膜吸收的毒物引起中毒时,使用大量清水进行冲洗。

(3)经消化道吸收的毒物引起中毒时,应迅速把毒物从消化道内排除。

①催吐:催吐是迅速排除进入胃内毒物的重要方法,在摄入毒物不久、毒物尚未被吸收时催吐效果良好,一般用于猪、狗、猫等容易呕吐的动物。可选用中枢性催吐剂,如藜芦碱、阿扑吗啡、吐根糖浆等,或者选用刺激性催吐剂,如酒石酸锑钾(又称吐酒石)、硫酸铜等。无催吐药物时,可用棉棒或其他钝物刺激咽喉部反射引起呕吐。催吐必须在动物清醒的情况下进行。摄入腐蚀性毒物时,严禁催吐。

②洗胃:一般在毒物进入消化道 4~6 h 内洗胃效果较好。常用清水洗胃,或根据毒物的种类、性质选用不同解毒剂洗胃,通过吸附、沉淀、氧化、中和、化合等方式使胃内未被吸收的毒物失去活性或阻滞吸收。例如,0.1%高锰酸钾溶液可破坏生物碱,如棉酚中毒;0.3%~0.5%活性炭悬浮液可吸附除氰化物以外的一切化学物质而阻滞吸收;1%~3%鞣酸可使大部分的有机物、无机化合物沉淀,如士的宁、洋地黄、铜、银等;1%~3%过氧化氢溶液可用于有机物中毒、氰化物中毒、磷中毒等。

③下泻:对不适合洗胃的动物,或者毒物已下行肠道时,为加速排除毒物,可使用轻泻剂或缓泻剂进行治疗。通常采用盐类泻剂,下泻的同时提高肠内渗透压,减少毒物吸收。油类泻剂多用于生物碱中毒,严禁用于脂溶类毒物中毒,如有机磷中毒、酚类中毒等。当毒物引起严重的腹泻时,则不必再进行下泻。

④灌肠：灌肠适用于毒物摄入消化道已超过 6 h 的情况，对抑制肠蠕动的毒物，如巴比妥类、吗啡类及重金属中毒尤其适用。灌肠可用清水、肥皂水、1％盐水等。对腐蚀性毒物中毒或极度虚弱的病畜，严禁灌肠。

⑤手术取出毒物：该方法适用于禽类及反刍动物的早期中毒。手术切开嗉囊或瘤胃，直接将毒物取出。

#### 1.1.6.2　及时应用解毒剂

发现动物中毒后要及时应用解毒剂，尤其是一部分毒物有特效解毒剂，但在生产实践中，大部分中毒只能进行对症处理。

(1)物理解毒法：用黏浆剂或吸附剂，如活性炭、木炭末、白陶土、滑石粉或蛋清、牛奶、豆浆等，能吸附胃肠中的各种有毒物质。使用吸附剂的同时，配合使用泻剂，或洗胃，或配合使用催吐剂。

(2)化学解毒法：可选用中和解毒法，碱性物质如氨水中毒时可用 0.5％稀盐酸或食醋进行中和；或选用氧化解毒法，如棉酚中毒时使用高锰酸钾、过氧化氢破坏其成分。

(3)特效解毒剂：如有机磷中毒用胆碱酯酶复合剂，氟乙酰胺中毒用乙酰胺(又称解氟灵)，砷中毒用二巯基丙醇等。

#### 1.1.6.3　促进已吸收毒物的排泄

中毒时间较久，毒物通过胃肠道、呼吸道或皮肤黏膜吸收进入血液时，应及时采取相关措施促进毒物的排除，最大限度地降低毒物的危害和影响。

(1)利尿：大多数毒物经肾排除，因此，利尿是促进毒物排除的重要措施之一。可以使用高渗葡萄糖增加尿量而促进毒物的排除，也可使用呋塞米(又称速尿)、双氢克尿噻、甘露醇、山梨醇等利尿剂。利尿的同时注意水和电解质的平衡，同时还应考虑心脏负荷。如有急性肾衰竭，不宜使用利尿方法。

(2)发汗：如汞、碘可经汗液排除，因此，可以使用发汗剂。

(3)放血：对体壮的动物和中毒初期的动物，可采用颈静脉穿刺放血，使部分毒物随血液排出体外，放血量根据动物的品种、大小和体况决定。放血适用于高铁血红蛋白症及巴比妥类中毒、水杨酸钠中毒和一氧化碳中毒。放血后及时通过补液或者输血补充血容量。

(4)透析：透析适用于 $K^+$、$Na^+$、$Cl^-$、$Ca^{2+}$、氨、尿素、苯丙胺、酚类、抗生素、磺胺类等小分子毒物中毒。常用方法有腹膜透析法和结肠透析法，血液透析因成本高而难以普及。

#### 1.1.6.4　支持和对症处理

很多毒物没有特效解毒方法，此时对症治疗很重要，目的在于保护及恢复重要脏器的功能，维持生命机能的正常代谢过程。

(1)预防和治疗惊厥：可用巴比妥类药物预防和治疗惊厥，同时配合使用肌肉松弛剂或安定剂，但注意巴比妥酸盐抑制呼吸，可能加重因中毒产生的呼吸困难。五氯酚钠中毒时不可使用巴比妥类药物，它们之间有协同作用。

(2)维持呼吸机能：可采用人工呼吸法或应用兴奋呼吸中枢的药物，如尼可刹米、氨茶碱、二甲弗林(又称回苏灵)等。同时注意清除喉头分泌物，保持呼吸道通畅。

(3)维持体温：应随时注意体温变化。体温过低时，用羊毛毯或热水袋保温；体温过高时，用冷水或冰水降温，也可用氯丙嗪、异丙嗪(又称非那根)等。

(4)治疗休克：可采取补充血容量、矫正酸中毒或给予血管扩张药(如苯丙胺和异丙肾上腺素)等方法。

(5)治疗脑水肿：应用甘露醇、山梨醇或地塞米松等。

(6)维持水与电解质的平衡：对腹泻、呕吐或食欲废绝的中毒动物，可静脉注射葡萄糖溶液、生理盐水、复方氯化钠注射液等，脱水严重时要注意补钾。

(7)增强心脏机能：可注射5%～10%葡萄糖溶液，配合应用安钠咖、维生素C等。

(8)预防感染：根据病情适当选用抗生素，预防和治疗继发感染。

## 1.1.7 中毒病的预防

动物中毒病不仅造成巨大的经济损失，而且影响动物性食品的质量与安全。因此，必须全面掌握动物中毒病的种类、分布及发生规律，贯彻"预防为主"的方针，做好以下工作。

**1.1.7.1 加强宣传教育**

主要是加强全民科技素质教育，宣传普及科学养殖、中毒病的防治以及动物源性食品质量与安全等方面的知识，提高动物饲养者防范中毒病发生的意识。在某些中毒病多发地区，应根据实际情况指导农牧民采取禁牧、轮牧、限制放牧或脱毒等有效预防措施。

**1.1.7.2 规范兽药和饲料添加剂的使用**

应严格执行兽药和饲料添加剂管理条例和安全使用规定，并逐步在养殖企业对饲料和动物源性食品中违禁药物和含量超标的药物实施监控，兽医临床上治疗疾病应严格按规定使用药物，从源头上杜绝兽药和饲料添加剂滥用对动物健康造成的危害。

**1.1.7.3 做好饲料加工和储藏**

注意饲料的加工与调制，防止产生有毒物质。妥善储存饲料，严格控制环境的温度和湿度，防止霉败变质。对已经被霉菌污染的饲料或含有其他有毒物质的饲料，必须经过脱毒处理后才能使用。

#### 1.1.7.4 严格执行农药和灭鼠药使用规范

农药和灭鼠药要妥善保管,使用过程中避免污染水源或饲料,严禁将喷洒过农药的植物或种子作为饲料。毒饵应放在安全的地方,以免误食。毒死的鼠类尸体应妥善处理,防止造成动物的二次中毒。

#### 1.1.7.5 改善生态环境

重视生态环境保护,通过治理"三废",加强规模化养殖及饲料加工业的生态文明建设,严格控制重金属及其他污染物对环境的污染,减少污染物通过食物链对动物的影响。

## 1.2 饲料中毒

饲料是动物的粮食,也是人类食物的间接来源。因此,饲料卫生状况与食品质量和安全以及人类的健康密切相关。兽医临床实践证明,饲料毒物引起的动物疾病在动物中毒病中占有绝对重要的地位。

本节所介绍的饲料中毒,主要是指饲料源性毒物通过被动物采食后造成的中毒。所谓"饲料源性毒物",是指饲料中天然存在的物质或饲料中的正常成分,在加工过程中经过转化而产生的毒物,如棉籽饼毒素、菜籽饼毒素、蓖麻籽毒素、光敏性物质、亚硝酸盐、氢氰酸等。

研究动物饲料中毒病的根本目的在于揭示饲料中毒的一般规律,探索饲料中有毒物质存在的原因、中毒机理、危害、诊断和治疗方法以及防治措施,为开展安全性毒理学评价和制定饲料中有毒物质的最高允许量标准提供理论依据,保证饲料工业和养殖业的健康发展。

### 1.2.1 亚硝酸盐中毒

#### 1.2.1.1 概念

亚硝酸盐中毒是家畜过量食入或饮入含硝酸盐或亚硝酸盐的饲料或饮水,引起的以急性胃肠炎、虚脱为特征的化学中毒性高铁血红蛋白症(变性血红蛋白症)。在实际生产中,多由饲料或饮水中硝酸盐转化为亚硝酸盐所致。临床特征为突然发病,黏膜发绀,血液暗红色,呼吸困难,死亡迅速。动物对亚硝酸盐的易感性有很大的种间差别,猪最易感,其次是牛、羊、马和其他动物。所以,本病可发生于各种动物,但多见于猪,俗称"饱潲瘟",少见于牛、羊。

#### 1.2.1.2 病因

对于动物而言,硝酸盐是低毒的,亚硝酸盐是高毒的,自然界中的硝酸盐还原菌在适宜的温度(20~40 ℃)、水分等条件下大量繁殖,迅速将饲料中的硝酸盐还原为亚硝酸盐。亚硝酸盐的毒性比硝酸盐高15倍,动物采食后即可引起中毒。饲料中各种鲜嫩青草、作物秧苗以及叶菜类等均富含硝酸盐,如小白菜、菠菜、卷心菜、萝卜叶、油菜、甘薯藤和南瓜藤等。

引起动物发生亚硝酸盐中毒的原因主要有以下方面:

(1)饲料加工调制不当:蔬菜性饲料文火焖煮时间过长。

(2)饲料堆积发酵、霉烂或长途运输:幼嫩饲料堆积过久,特别是经雨水淋湿或烈日暴晒。

(3)反刍动物胃酸不足或患有胃肠疾病,瘤胃内亚硝酸盐被大量吸收。

(4)误饮含硝酸盐过多的水,如过量施用氮肥地区的井水或附近的水源。水中$NO_3^-$含量超过200 mg/L,即可引起牛、羊中毒。

#### 1.2.1.3 毒理

动物食入过量的亚硝酸盐后,会产生以下毒性反应:

(1)引起急性胃肠炎:亚硝酸盐可刺激胃肠道,导致急性胃肠炎,使动物腹痛、腹泻、呕吐、虚弱等。

(2)使血红蛋白失去携氧能力:亚硝酸盐是一种强氧化剂,使正常的血红蛋白转变为高铁血红蛋白,从而使其丧失携氧能力;高铁血红蛋白还能使正常的血红蛋白在组织中不易与氧分离,在肺部不易与氧结合,造成机体缺氧,心脏和大脑对缺氧尤其敏感,从而引起呼吸麻痹。

(3)导致外周循环衰竭:血液中的$NO_2^-$能够直接作用于血管平滑肌,使血管扩张、松弛,血压降低,导致血管麻痹。

(4)致癌和致畸:亚硝酸盐与仲胺或酰胺结合形成对动物具有很强致癌性的N-亚硝基化合物,长期接触可引发动物肝癌。

(5)引起维生素A缺乏和甲状腺代偿增加:亚硝酸盐含量增高时,会增加机体对维生素A和维生素E的消耗。亚硝酸盐还能与碘结合,造成机体缺碘,导致甲状腺的代偿作用增加。

#### 1.2.1.4 症状

动物食入或饮入含有过量硝酸盐或亚硝酸盐的饲料或水后,一般在0.5～4 h内发生急性中毒,也有5～8 h内才出现临床症状的。猪比牛、羊敏感。

猪中毒后,根据发病快慢可分为最急性型和急性型。最急性型仅在食后15 min到数小时内发病,常无明显症状,或仅稍显不安、站立不稳,随后倒地而死,一般多集中于精神良好、食欲旺盛者。急性型表现出一系列缺氧症状,如兴奋不安,流涎,可视黏膜发绀,皮肤呈灰色或灰紫色,血液呈咖啡色或酱油色,体温正常或偏低,耳及四肢甚至全身厥冷,呼吸高度困难,心跳加速,兴奋不安,无目的地徘徊或做转圈运动,不久后倒地昏迷,四肢泳动,抽搐、窒息而死亡。

牛常于采食后1～5 h发病，表现为精神沉郁，头下垂，步态蹒跚，呼吸急促，心跳加快，尿频，体温低于正常温度，可视黏膜发绀，流涎，瘤胃弛缓，腹痛、腹泻，后肢麻痹至卧地不起，肌肉颤动，最后全身痉挛，虚脱而死。

羊在大量采食后0.5～4 h发病，早期症状是尿频。病羊初期呼吸加快，以后变为呼吸困难，结膜发绀，脉搏快而弱，血液呈咖啡色或酱油色，精神不振，肌肉震颤，站立不稳，步态蹒跚。严重时角弓反张，全身无力，卧地不起，流涎，呼吸困难，腹痛，耳、鼻、四肢以及全身发凉，体温降低，倒地痉挛，口吐白沫，于12～24 h内死亡。慢性中毒时，病羊出现腹泻、跛行、虚弱、受胎率低、流产等症状。

#### 1.2.1.5　病理变化

腹部胀满，口鼻呈乌紫色，并流出淡红色泡沫状液体，眼结膜呈棕褐色，血液呈咖啡色或黑红色、酱油色，凝固不良，长期暴露在空气中也不变色。气管与支气管充满白色或淡红色泡沫状液体，肺气肿明显，伴发肺淤血、水肿。肝、脾、肾等器官充血，呈暗红色。胃肠道出血、充血，黏膜易脱落，常呈现明显的急性胃肠炎病变。心内外膜、心肌有出血点，心肌变性坏死。

#### 1.2.1.6　诊断

根据发病急、呕吐、腹泻、抽搐、皮肤与可视黏膜发绀等临床症状，腹部胀满、口鼻有泡沫状液体、器官出血、血液凝固不良等特征性病理变化，结合饲料加工和储存不当的情况，可作出初步诊断。若要确诊，必须进行变性血红蛋白检查和亚硝酸盐检验，健康牛血液高铁血红蛋白含量为1.2～2.0 g/L，含量为16.5～29.7 g/L时即可出现明显的临床症状，90 g/L为致死性水平。

#### 1.2.1.7　治疗

亚硝酸盐中毒的特效解毒剂是亚甲蓝（又称美蓝）和甲苯胺蓝，配合应用维生素C和高渗葡萄糖溶液效果更好。

症状较轻者，仅需安静休息，投服适量的糖水或牛奶、蛋清即可。有喘气、呼吸困难者，可肌内注射尼可刹米。严重病例应及时静脉注射特效解毒药，其中亚甲蓝用于猪时，使用1%亚甲蓝溶液1～2 mL/kg体重静脉注射（1 g亚甲蓝溶于10 mL乙醇中，再加灭菌生理盐水90 mL）；用于反刍动物时，使用1%亚甲蓝溶液8 mg/kg体重静脉注射。或使用5%甲苯胺蓝溶液5 mg/kg体重静脉注射。或使用25%维生素C（抗坏血酸）溶液，猪的用量为10～15 mL，牛的用量为40～100 mL，静脉注射。

应该注意的是，亚甲蓝是一种氧化还原剂，小剂量时具有还原作用，在体内可被还原型辅酶Ⅰ还原成白色亚甲蓝而具有还原性，可使高铁血红蛋白变成亚铁血红蛋白。亚甲蓝剂量过大时则变为氧化剂，可加重高铁血红蛋白症。故在用药抢救时，应特别注意用量。

#### 1.2.1.8 预防

改善青绿饲料的堆放和蒸煮过程,避免堆积发热和文火蒸煮,煮好的饲料应避免缓慢冷却,不要焖在锅里过夜。改善青绿饲料饲喂方式,富含硝酸盐的青绿饲料最好新鲜生喂,也可将1份可疑饲料和3份干草混喂,避免中毒。反刍动物避免在硝酸盐含量高的草场放牧,接近收割的青绿饲料不再使用氮肥或除草剂。化肥要妥善保管,加强饲养管理。防止把硝酸盐肥料、药品和亚硝酸盐误作为饲料盐使用。

### 1.2.2 食盐中毒

#### 1.2.2.1 概念

食盐中毒是动物在饮水不足的情况下,过量摄入食盐或含盐饲料而引起的以神经症状和消化紊乱为特征的中毒性疾病。主要病理变化为嗜酸性粒细胞性脑膜脑炎。各种动物均可发病,主要见于猪和家禽,其次是牛、羊,马属动物少见。

#### 1.2.2.2 病因

食盐是动物日粮中不可缺少的成分,适量的食盐可增进食欲,增强消化机能,保证机体水盐代谢平衡。但若摄入量过多,特别是限制饮水时,则可发生中毒。该病与动物的年龄、性别无关,而与动物品种、摄入食盐的量以及平时有无饲盐习惯和饮水是否受到限制有关。常见的病因有以下几个方面:

(1)未正确使用腌制食品或乳酪加工后的废渣、废水、酱渣等,如突然饲喂过多,即可引发中毒。

(2)对长期缺盐或处于"盐饥饿"状态的家畜突然加喂食盐,特别是用含盐饮水而未加限制。

(3)饮水不足:自由饮水时可耐受含13%食盐的日粮。

(4)机体内水盐平衡的稳定性可直接影响机体对食盐的耐受性。环境温度过高,胃肠炎、利尿剂等引起的机体脱水,导致食盐耐受性降低。

(5)治疗马疝痛时,食盐过量可引起中毒。

(6)维生素E和含硫氨基酸缺乏,可使食盐敏感性升高。

#### 1.2.2.3 毒理

食盐的毒性作用主要体现在两个方面:一是高渗氯化钠溶液对胃肠道的局部刺激作用;二是$Na^+$在体内潴留造成的离子平衡失调和组织细胞损害。

动物采食后,食盐大部分存留于消化道,会直接刺激胃肠黏膜而引发炎症反应。同时,导致胃肠内容物渗透压升高,体液向胃肠大量渗漏,致使组织失水,丘脑下部抗利尿激素分泌增加,排尿量减少,尿液不能经肾脏及时排出,而游离于血液循环中,积滞于组织细胞内,造成高血钠症和机体的钠潴留,导致神经反应性增高,神经反射活动过强。

采食食盐过多且饮水不足时,一部分食盐被吸收入血液,使血液中 $Na^+$、$Cl^-$ 含量升高,引起高血钠症。组织细胞中钠潴留,引起组织脱水,脑组织水肿,颅内压升高,形成特征性的"袖套"现象,造成嗜酸性粒细胞性脑膜炎,临床表现为神经机能的异常兴奋和麻痹。

食盐摄入量不大,但持续数日甚至数周限制饮水而发生慢性中毒时,通常不会造成胃肠炎症和肠腔积液。此时,机体长期处于水的负平衡状态,吸收的食盐排泄非常缓慢,$Na^+$ 逐渐潴留于各组织,特别是脑细胞内,发生脑水肿,致使颅内压升高而使脑组织缺氧,导致脑组织变性和坏死而出现一系列的神经症状。

#### 1.2.2.4 症状

(1)猪:根据病程可分为最急性型和急性型。最急性型因一次摄入大量食盐而引起,病程在2天左右,临床表现为显著衰弱、肌肉震颤、瘙痒、躺卧、四肢游泳状动作,很快虚脱,以致昏迷而死亡。

急性型发生于摄食食盐较少而饮水不足时,病程为5~7天或更长,临床较为常见。病初饮欲增加,皮肤瘙痒,便秘以及可视黏膜潮红,继而因视觉、听觉障碍而对周围显得淡漠,对光、声、食物等缺乏反应,步态不稳,做转圈运动,大多数病例呈间歇性癫痫样神经症状,角弓反张。发作时表现为肌肉痉挛,唇齿不断发生咀嚼运动,流涎,犬坐姿势,张口呼吸,皮肤黏膜发绀,发作过程为1~5 min。在发作间歇,病猪无任何异常情况,1天内可反复发作多次。发作时,肌肉抽搐,体温升高,但一般不超过39.5 ℃,间歇期体温正常。末期后躯麻痹,卧地不起,常在昏迷中死亡。因口渴而常找饮水,直至意识错乱而忘记饮水。

(2)牛:表现为食欲减退、呕吐、腹痛、腹泻、视觉障碍等。最急性型可在24 h内发生麻痹而死亡。病程较长者,可能出现皮下水肿、顽固性消化障碍、多尿、失明、惊厥或部分麻痹等神经症状。

(3)羊:饮欲增加是羊食盐中毒的重要特征。主要表现为反刍、食欲减弱或停止,瘤胃蠕动停止并伴发瘤胃臌气。发病急剧的病例表现为大量泡沫从口腔流出,瞳孔扩大,结膜发绀,脉搏增快而细弱,呼吸困难,腹泻、腹痛,有时便血。病初兴奋不安,肌肉震颤,磨牙,做转圈运动,盲目行走,继而后肢拖地,行走困难,倒地痉挛,状态是头向后仰,倒地,四肢不规则划动,直至死亡。

(4)禽:表现为精神委顿、运动失调、两脚无力或麻痹、食欲废绝、强烈口渴、口鼻中流出黏液性分泌物、下痢、呼吸困难等。

#### 1.2.2.5 病理变化

(1)猪:胃肠黏膜充血、出血、水肿,呈卡他性或出血性炎症;全身组织及器官水肿,体腔及心包积水。脑、脑膜和脊髓有不同程度的充血、水肿,脑回展平,有水样光泽。组织学检查显示不但有软脑膜和大脑皮层充血、水肿,而且在血管周围有大量的嗜酸性粒细胞和淋巴细胞积聚,形成明显的"袖套"。此外,小静脉和微小血管的内皮细胞肿大、增生,呈脑白质软化症。脑灰质也有充血和呈局灶性或弥漫性水肿等特征。

(2)牛:胃肠黏膜潮红、出血、肿胀,甚至脱落坏死,肠道内有暗红色的稀软带血的粪便,皮下、骨骼呈现水肿,心包积液。

(3)鸡:皮下组织水肿,食道、嗉囊、胃肠黏膜充血或出血,腺胃表面形成假膜;血液黏稠、凝固不良;肝肿大、肾变硬、色淡。病程较长者,还可见肺水肿,腹腔和心包腔中也有积水,心脏有针尖状出血点。

#### 1.2.2.6 诊断

根据病史和限制饮水情况,结合临床症状,基本可以进行初步诊断。定性诊断主要是对眼结膜囊内液的氯化物进行检查。

#### 1.2.2.7 治疗

该病无特效解毒剂。一经确诊,应立即停喂食盐,保证充足、清洁的饮水并严格控制,促进食盐排泄,恢复阳离子平衡,使用5%葡萄糖酸钙溶液或5%氯化钙溶液静脉注射。猪可分点皮下注射5%氯化钙明胶溶液,每点少于50 mL。对症治疗主要是缓解脑水肿,静脉注射25%山梨醇溶液或高渗葡萄糖溶液;促进排泄用利尿剂和油类泻剂;缓和兴奋和痉挛用硫酸镁、溴化钾等。

#### 1.2.2.8 预防

严格控制日粮中的含盐量,利用含盐副产品饲喂时,注意勿使食盐摄入量过高,对幼禽应格外注意;保证充足的、新鲜的洁净饮水。

### 1.2.3 棉籽饼中毒

#### 1.2.3.1 概念

棉籽饼中毒是由于动物长期或大量采食棉籽饼而引起的慢性中毒性疾病。临床表现为出血性胃肠炎、血红蛋白尿、肝和心肌变性、全身水肿等特征性病变。各种动物均可发生,以犊牛、猪和鸡最常见。

#### 1.2.3.2 病因

棉籽饼是棉籽榨油后的副产品,含35%~40%的蛋白质,可作为全价饲料的蛋白质来源,然而其中含有棉酚,在长期饲喂或突然饲喂过多的情况下可引起中毒。若日粮中长期缺乏维生素A和钙,则会促进和加重棉酚中毒。此外,孕畜和低龄动物较为敏感;幼畜也可因吸乳而发生中毒。

#### 1.2.3.3 毒理

棉酚的毒性主要由活性醛基和活性羟基引起。棉酚被动物摄入后,大部分在消化道内形成结合棉酚,随粪便直接排出,只有小部分被吸收,吸收后主要经胆汁随粪便排出,少量随尿液排出,也可以由乳汁排出。棉酚排泄缓慢,在体内有明显的蓄积作用。一般认为,棉酚的毒性和危害主要表现在以下几个方面:

(1)棉酚是一种细胞毒素,能直接刺激胃肠黏膜,导致出血性胃肠炎;吸收后与体内的硫和蛋白质结合,损伤血红蛋白的铁,导致溶血。棉酚也是一种血管毒素,可损害血管壁,使其通透性增加,引起实质性脏器的出血水肿。棉酚还是一种神经毒素,它易溶于磷脂,有较强的嗜神经性,能蓄积在神经干细胞内,损害神经系统。

(2)棉酚可使子宫平滑肌收缩,易引起孕畜流产。

(3)棉籽饼中缺乏维生素 A,长期单纯饲喂可引起眼炎、失明、上皮角化等。

#### 1.2.3.4 症状

棉酚对动物的毒性因动物的种类、品种及饲料中蛋白质水平的不同而异。动物在短时间内大量采食棉籽饼而引起的急性中毒的情况非常少。实际生产中发生的中毒,多是长期不间断饲喂棉籽饼,导致棉酚在体内积累而产生的慢性中毒。反刍动物的瘤胃有发酵解毒的作用,但也有中毒的报道。

动物发生棉酚中毒的症状相似,主要表现为呼吸困难、食欲下降、体重减少、胃肠炎、生长缓慢、尿石症和维生素 A 缺乏等。

(1)牛:病程缓慢,一般为 3~15 天,多引起消化机能紊乱。病牛出现食欲下降、消瘦、腹泻、兴奋等症状。结膜充血,继而黄染,视力障碍,行走摇摆。瘤胃臌气,先便秘,后腹泻,粪便中混有黏液和血液。妊娠母牛常流产或产畸形胎。如果毒素侵害牛的肾脏,则会发生血尿。病情进一步发展,继而出现心跳减弱、呼吸困难,甚至死亡。

(2)猪:其症状和牛相似,此外,还表现为呕吐,瞳孔扩大,畏光流泪,皮肤发绀、出现疹块,精神沉郁,有间歇性兴奋,后肢软弱无力,有时四肢痉挛,往往不出现任何症状就突然倒地昏迷死亡。慢性病猪主要表现出胃肠炎症状,粪便干稀交替。

(3)兔:病初食欲废绝,有轻度震颤,继而胃肠功能紊乱,先便秘,后腹泻,粪便中有黏液和血液,呼吸急促,尿频,尿液呈红色。

(4)鸡:患病鸡多体质健壮。患病初期,精神萎靡、呼吸困难、两腿无力、腿部出现畸形、瘫卧倒地,继而排出黑褐色的稀粪。蛋鸡的产蛋量大幅下降,产褪色蛋和畸形蛋。

#### 1.2.3.5 病理变化

一般可见腹腔和心包腔有大量的淡红色液体,颈部及胸腹部皮下组织有明显的浆液浸润,胃肠道充血并有炎症。

(1)牛:胸腔有淡黄色或红色积液,口腔、鼻腔内有灰白色液体,肺充血、淤血,气管内有白色泡沫,肺门淋巴结充血、肿大;心内外膜出血;腹腔有红色透明的渗出液;肝肿大、充血,胆囊肿大,有出血点或肝水肿;胃肠黏膜出血;脾脏表面和边缘出血。

(2)猪:皮肤充血并出血,有红色斑点,喉有出血点,气管充满泡沫状液体;肺水肿,胸腔积液;病程较长而死亡的猪腹腔内有大量积水,心包有积液;肝充血、肿大,有时伴发坏死;胃肠黏膜有不同程度的出血斑点;全身淋巴结肿大;肾肿大,实质变性,被膜可见点状出血;膀胱壁水肿,黏膜出血,充满红色液体。公猪睾丸重量明显减轻。

(3)鸡:口腔内含有带血丝的黏液,嗉囊和砂囊内充满大量黑褐色内容物,且有腐臭气味,砂囊内膜角化,腺胃和十二指肠有出血点,并有大量黏液;肝充血,胆囊肿大;脾和淋巴结出血;肺淤血、水肿,有小的坏死灶;肾有针点状出血;输卵管肿大,内有白色黏液滞留,输卵管伞部充血,卵泡膜充血、出血,有的卵泡膜变薄、突出,甚至破裂,卵黄流入腹腔。

#### 1.2.3.6 诊断

根据长期或大量饲喂未脱毒的棉籽饼或其副产品,同时结合腹泻、出血性胃肠炎、排暗红色尿液、视力障碍、全身水肿等临床症状及相应的病理剖检变化,可作出初步诊断。

#### 1.2.3.7 治疗

该病无特效解毒剂。发现动物中毒后,立即停止饲喂棉籽饼,饥饿一天,更换饲料,进行排毒和对症处理。

(1)破坏毒物,加速毒物的排除:可用 1∶2000~1∶4000 高锰酸钾溶液或 5% 碳酸氢钠溶液洗胃,内服盐类泻剂,以排除毒素。如果胃肠炎较重,在清理肠道后,可内服收敛性消炎剂,如磺胺脒、鞣酸蛋白、活性炭等,加水制成混悬液,一次灌服。

(2)防止渗出,强心补液:应用安钠咖、葡萄糖、氯化钙等静脉注射,同时肌注适量维生素 C、维生素 A 和维生素 D,效果更好。

(3)对症治疗:如出现肾炎及膀胱炎,可静脉注射利尿剂、乌洛托品,内服呋喃妥因等药物;如出现肺水肿,可少量静脉放血;为促进胃肠蠕动,增强消化功能,可静脉注射氯化钠溶液;为防止胃肠出血,可肌内注射维生素 K。

#### 1.2.3.8 预防

(1)限制饲喂量,间歇使用:不要长期大量使用棉籽饼,可饲喂 1 个月停用 1 个月,或饲喂半个月停用半个月。日喂量为:马、牛不宜超过 1.5 kg,猪不得超过 0.5 kg,雏鸡日粮中不得超过 3%,蛋鸡不得超过 8%,肉仔鸡不得超过 10%。妊娠动物、幼龄动物及种用动物尽可能少喂,最好不喂。

(2)合理调配饲料:用棉籽饼饲喂动物时,日粮要全面营养,特别是注意保证蛋白质、维生素和矿物质的供给,可采取棉籽饼与豆粕饼等量配合使用,或棉籽饼与动物蛋白饲料搭配,并多喂青绿多汁饲料;若单独饲喂棉籽饼,则应添加赖氨酸,这对预防中毒有很好的作用。

(3)去毒处理:用棉叶或棉籽饼等作饲料时,首先进行脱毒处理。

①煮沸法:将粉碎的棉籽饼在温水中浸泡后,将浸泡液倒掉,再加适量水(以浸没饼粕为宜)煮沸,边煮边搅拌,冷却后即可饲喂。

②碱水浸泡法:用石灰水、草木灰或小苏打浸泡,然后倾去浸泡液,用清水洗滤3遍后即可饲喂。

③加铁法:将棉籽饼用硫酸亚铁浸泡后,除去浸泡液,可直接饲喂。但需注意,应使铁剂与棉籽饼充分混合。

### 1.2.4　菜籽饼中毒

#### 1.2.4.1　概念

菜籽饼中毒是由于动物长期或大量采食菜籽饼而引起的中毒病,临床以急性胃肠炎、肺水肿、肺气肿和肾炎为特征,常见于猪和禽类,其次为牛和羊。

#### 1.2.4.2　病因

菜籽饼是菜籽榨油后的副产品,含粗蛋白质34%～43%,是动物优良的蛋白质饲料补充来源。但其含有毒成分硫代葡萄糖苷、芥子酸、芥子碱、芥子酶等,其中对动物造成急性危害的主要是硫代葡萄糖苷。硫代葡萄糖苷本身无毒,但水解后形成异硫氰酸酯或丙烯基芥子油、硫酸氢钾等,对动物有较大毒性。

加热蒸煮菜籽饼,可破坏菜籽饼中的毒性成分,有利于菜籽饼的利用。但不经脱毒处理或处理不当,且长期大量饲喂动物,可引起动物肺、肝、肾及甲状腺等器官损伤。

#### 1.2.4.3　毒理

菜籽饼的急性中毒与其所含的硫代葡萄糖苷等物质有关,硫代葡萄糖苷水解后产生具有辛辣味的挥发性毒物——异硫氰酸酯、硫氰酸酯、噁唑烷硫酮、腈等。

异硫氰酸酯的辛辣味可严重影响菜籽饼的适口性,浓度高时可强烈刺激黏膜,引起胃肠炎、肾炎、支气管炎,甚至肺水肿。异硫氰酸酯与硫氰酸酯中的硫氰酸根离子在血液中可与碘离子竞争,抑制甲状腺滤泡捕捉碘的能力,导致甲状腺肿大,使动物生长缓慢。噁唑烷硫酮的主要毒害作用是抑制甲状腺内过氧化物酶的活性,影响甲状腺中碘的活化、酪氨酸和碘化酪氨酸的偶联,阻碍甲状腺素的合成,引起垂体甲状腺素分泌增加,导致甲状腺肿大,使动物生长缓慢。

菜籽饼中的其他毒性物质,如硝酸盐、腈、半胱氨酸亚砜等,可引起细胞缺氧、肝肾损伤、溶血性贫血和血红蛋白尿等中毒症状,但症状缓慢。另外,还可引起毛细血管扩张,使血容量下降和心率减慢,临床表现为心力衰竭或休克。

#### 1.2.4.4 症状

菜籽饼中毒在临床上一般表现为四种类型,即以精神萎靡、食欲减退或废绝、反刍停止、瘤胃蠕动减弱或停止、明显便秘等为特征的消化型;以血红蛋白尿、泡沫尿和贫血等溶血性贫血为特征的泌尿型;以肺水肿、肺气肿等呼吸困难为特征的呼吸型;以失明、狂躁不安等神经症状为特征的神经型。

(1)猪:多呈急性经过,死亡较快。主要表现为精神委顿,食欲废绝,站立不稳,排尿次数增多,有时为血尿;腹胀、腹痛、下泻带血;可视黏膜发绀,呼吸急促或困难,鼻孔流出粉红色泡沫样液体。重症时,口流白沫,鼻唇发紫,瞳孔扩大,结膜发绀,拱腰,耳尖、蹄部发凉,四肢无力,站立不稳,心脏衰弱,有时出现神经症状,最终虚脱死亡。妊娠母猪可发生流产。

(2)牛:表现为食欲减退或废绝,反刍减少或停止,瘤胃蠕动减弱;腹围增大,腹痛、腹泻或便秘,粪中带血;尿频,尿液呈红褐色或酱油色,尿液落地时可溅起大量泡沫。严重者呈现急性溶血性贫血,主要表现为咳嗽,呼吸急促或困难,可视黏膜发绀,鼻腔流出泡沫样液体,具有急性肺气肿和肺水肿症状。后期精神沉郁,消瘦,常出现视觉障碍、失明以及共济失调、痉挛或麻痹等神经症状。病重者全身衰弱,心力衰竭,虚脱而死。

(3)鸡:表现为精神委顿,食欲减少或废绝,呼吸急促,两腿无力,行走困难,翅膀下垂,腹泻。母鸡产蛋量下降,蛋大小不一,软壳蛋增多,蛋的孵化率降低,有的蛋具有鱼腥味。

#### 1.2.4.5 病理变化

剖检可见胃肠黏膜充血、肿胀、出血,心脏苍白、黄染,肾出血,肝肿大、色黄、质脆;肺充血、水肿、气肿;胸腔和腹腔有浆液性、出血性渗出物;肾有出血性炎症,有时膀胱积有血尿;甲状腺肿大。

#### 1.2.4.6 诊断

根据饲喂菜籽饼的病史,结合胃肠炎、呼吸困难、甲状腺肿大和血尿等临床症状以及病理剖检变化,可进行初步判断。若要确诊,需对饲料中异硫氰酸盐进行定量检测。

#### 1.2.4.7 治疗

该病无特效解毒剂。发现中毒后,立即停喂菜籽饼,用单宁酸或高锰酸钾溶液洗胃,洗胃困难者可进行灌肠或给予硫酸钠、碳酸氢钠、鱼石脂加水内服。可加入适量的淀粉浆、蛋清、牛奶等。

对症治疗,可静脉注射维生素C、维生素B、肾上腺皮质激素、葡萄糖溶液、强心剂、利尿剂、止血药、樟脑水等。

#### 1.2.4.8 预防

（1）限量使用：对于加工适当的菜籽饼，可以不经去毒而直接饲喂，但要控制饲喂量。一般产蛋鸡、种鸡、仔鸡、母猪用量小于总量的5%。肉用仔鸡、生长鸡用量为5%～10%，生长肥育猪用量为8%～12%，奶牛用量小于15%。对妊娠动物和幼龄动物，应严格控制饲喂量或最好不用。一般饲喂60天后暂停20天，以便排出蓄积于体内的毒素。

（2）适当搭配：饲喂菜籽饼时，可适当搭配青绿饲料，并增加维生素A、碘与铜的饲喂量，使其与其中的有毒成分形成螯合物而不被吸收。

（3）去毒处理。

①化学法：如加碱、氨或二价金属离子盐。

②物理法：主要有坑埋法、蒸煮法和浸出法。

③微生物降解法：通过酵母等菌种对菜籽饼进行生物发酵处理。

④专用添加剂法：添加去毒（提高铁、铜、碘等元素的用量，拮抗有害成分）和强化营养（添加赖氨酸和甲硫氨酸等）等方面的组分。经去毒处理后，菜籽饼的安全性和适口性都有很大改善，用量也可适当增加。

### 1.2.5 瘤胃酸中毒

#### 1.2.5.1 概念

瘤胃酸中毒是反刍动物采食大量的谷物类或其他富含糖类的饲料后，瘤胃内产生大量乳酸而引起的一种急性代谢性酸中毒。其特征为消化障碍、瘤胃运动停滞、脱水、酸血症、运动失调、衰弱等，常导致死亡。该病又称乳酸中毒、反刍动物过食谷物、谷物性积食、中毒性消化不良、中毒性积食等。

#### 1.2.5.2 病因

给牛、羊饲喂大量谷物（如大麦、小麦、玉米、稻谷、高粱及甘薯干，特别是粉碎后的谷物）后，谷物在瘤胃内高度发酵，产生大量的乳酸而引起瘤胃酸中毒。舍饲肉牛、肉羊若不按照由高粗饲料向高精饲料逐渐变换的方式饲喂，而是突然饲喂高精饲料，则易发生瘤胃酸中毒。现代化奶牛生产中，常因饲料混合不匀，而使食入精饲料量多的牛发病。在农忙季节，给耕牛突然补饲谷物精料，耕牛会因消化机能不适应，瘤胃内微生物群系失调，迅速发酵形成大量的酸性物质而发病。因饲养管理不当，牛、羊闯入饲料房、仓库或者晒谷场，短时间内采食大量的谷物或豆类、畜禽的配合饲料，可发生急性瘤胃酸中毒。耕牛常因拴系不牢而抢食肥育期间的猪食而引起瘤胃酸中毒。当牛、羊采食苹果、青玉米、甘薯、马铃薯、甜菜及发酵不全的酸湿谷物的量过多时，也可发病。

#### 1.2.5.3 毒理

瘤胃酸中毒是代谢不平衡引起的瘤胃乳酸堆积所造成的代谢性酸中毒。动物采食后6 h内,瘤胃中的微生物群系发生改变,革兰氏阳性菌(如牛链球菌)数量显著增多,糖类饲料被分解为挥发性脂肪酸、D-乳酸和L-乳酸。随着瘤胃中挥发性脂肪酸和乳酸增多,超过了肝代谢能力和瘤胃内酸碱缓冲能力,内容物pH下降。当pH下降至4.5～5.0时,瘤胃中除了牛链球菌外,纤毛虫和分解纤维素的微生物及利用乳酸的微生物受到抑制,甚至大量死亡。牛链球菌继续繁殖并产生更多的乳酸。乳酸、乳酸盐和瘤胃液中的电解质一起导致瘤胃内渗透压升高,体液向瘤胃液转移并引起瘤胃积液,导致血液浓稠,机体脱水。瘤胃内乳酸浓度升高可引起化学性瘤胃炎,损伤瘤胃黏膜,使血浆向瘤胃内渗透,引起机体脱水;瘤胃炎有利于霉菌滋生,可促进霉菌、坏死杆菌和化脓性放线菌等进入血液,并扩散到肝或其他脏器,引起坏死性化脓性肝炎。

大量酸性产物被吸收,引起乳酸血症,血浆二氧化碳结合力降低,尿液pH下降。瘤胃内微生物的代谢产物氨基酸可形成各种有毒的胺类,如组胺、尸胺等;随着革兰氏阴性菌减少和革兰氏阳性菌增多,瘤胃内游离内毒素浓度上升。组胺和内毒素加剧瘤胃酸中毒的过程,损害肝和神经系统,因此,出现严重的神经症状、蹄叶炎、中毒性前胃炎或胃肠炎,甚至休克及死亡。

#### 1.2.5.4 症状

(1)轻型病例:患病动物表现为恐惧,食欲减退,反刍减少,瘤胃蠕动减弱、胀满,呈轻度腹痛(间或后肢踢腹),粪便松软或腹泻。若病情稳定,则无须任何治疗,3～4天后自动恢复进食。

(2)中等症状病例:患病动物精神沉郁,鼻唇镜干燥,食欲废绝,反刍停止,空口虚嚼,流涎,磨牙,粪便细软或呈水样,有酸臭味。体温正常或偏低。如果在炎热季节,患病动物暴晒于阳光下,体温可达41 ℃。呼吸急促,超过50次/分;脉搏增数,为80～100次/分。瘤胃蠕动音减弱或消失,听诊和叩诊结合检查显示有明显的钢管叩击音。以粗饲料为日粮的牛、羊在吞食大量谷物饲料后发病,进行瘤胃检查时,瘤胃内容物坚实或呈面团感。而吞食少量粗饲料的患病动物,瘤胃并不胀满。过食黄豆的动物有明显的瘤胃臌胀。

(3)重症病例:患病动物蹒跚而行,共济失调,眼反射减弱或消失,瞳孔对光反射迟钝;卧地,头回视腹部,对任何刺激的反应都明显下降;有的患病动物兴奋不安,向前狂奔或做转圈运动,视觉障碍,以角抵墙,无法控制。随着病情发展,后肢麻痹、瘫痪、卧地不起;最后角弓反张,昏迷而死。

(4)最急性病例:往往在采食谷类饲料后3～5 h内无明显症状而突然死亡,有的仅精神沉郁、昏迷,然后很快死亡。

#### 1.2.5.5 病理变化

发病后 24~48 h 内死亡的急性病例,瘤胃和网胃内充满酸臭的内容物,黏膜呈糊状,容易随胃内容物脱落,露出暗色斑块,底部出血;血液浓稠,呈暗红色;内脏静脉淤血、出血和水肿;肝肿大,实质脆弱;心内膜和心外膜出血。

病程持续 4~7 天后死亡的病例,瘤胃壁与网胃壁坏死,黏膜脱落,溃疡呈袋状,边缘红色。被侵害的瘤胃壁区增厚 3~4 倍,呈暗红色,形成隆起,表面有浆液渗出,组织脆弱,切面呈胶冻状。脑及脑膜充血,淋巴结和其他实质器官均有不同程度的淤血、出血和水肿。

#### 1.2.5.6 诊断

根据患病动物表现为脱水,瘤胃胀满,卧地不起,具有蹄叶炎和神经症状,结合过食豆类、谷物或富含糖类饲料的病史,瘤胃液 pH 下降至 4.5~5.0,血液 pH 下降至 6.9 以下,血液乳酸含量升高等,可作出诊断。必须注意,病程一旦超过 24 h,由于唾液的缓冲作用和血浆的稀释,瘤胃内 pH 通常可回升至 6.5~7.0,但是酸碱和电解质水平仍显示代谢性酸中毒。此外,在兽医临床上,应注意与瘤胃积食、皱胃阻塞、皱胃变位、急性弥漫性腹膜炎、生产瘫痪、牛原发性酮血症、脑炎和霉玉米中毒等疾病进行鉴别,以免误诊。

#### 1.2.5.7 治疗

(1)纠正酸中毒和脱水:纠正酸中毒,静脉注射碳酸氢钠注射液。补充体液,静脉注射葡萄糖氯化钠注射液、安钠咖注射液、乌洛托品注射液等。

(2)瘤胃冲洗:使用大口径胃管,用碳酸氢钠溶液或氧化镁溶液、温水反复冲洗,分数次冲洗,排液应充分,以保证效果。冲洗后可向瘤胃内投服碱性药物(如碳酸氢钠、氧化镁或碳酸盐缓冲液),补充钙制剂和体液。也可用石灰水洗胃,直至胃液呈碱性。

(3)瘤胃切开术:重症患病动物(心率在 100 次/分以上,瘤胃内容物 pH 下降至 5.0 以下)宜行瘤胃切开术,排空内容物。然后向瘤胃内放置轻泻剂、优质干草和正常瘤胃内容物。

(4)对症治疗:为防止继发瘤胃炎、急性腹膜炎或蹄叶炎,消除过敏反应,可静脉注射扑敏宁,肌内注射盐酸氯丙嗪或苯海拉明等。出现休克时,用地塞米松静脉注射或肌内注射。血钙下降时,静脉注射葡萄糖酸钙。若牛心率低于 100 次/分,出现轻度脱水,瘤胃尚有一定的蠕动功能,则只需投服抗酸药、促反刍药和补充钙剂即可。

(5)护理:在最初 18~24 h 要限制饮水。在恢复阶段,应饲喂品质良好的干草而不是投食谷物和配合饲料,以后逐渐加入谷物和配合饲料。

#### 1.2.5.8 预防

以正常的日粮水平饲喂反刍动物,不可随意加料或补饲。肉羊、肉牛由饲喂高粗饲料向高精饲料变换要逐步进行。耕牛在农忙季节应逐渐补料,绝不可突然一次补给较多的谷物或豆糊。防止牛、羊闯入饲料房、仓库、晒谷场暴食谷物、豆类及配合饲料。

## 1.3 药物中毒

### 1.3.1 有机磷农药中毒

#### 1.3.1.1 概念

有机磷农药中毒是动物接触、吸入或采食某种有机磷制剂导致的病理过程,以体内胆碱酯酶活性受抑制,引起神经生理机能紊乱为特征的中毒性疾病。临床以流涎、腹泻和肌肉痉挛为主要特征,严重者死于呼吸衰竭。各种动物均可发病。

有机磷农药是用磷和有机化合物合成的一类农用杀虫剂的总称,在世界各地普遍生产和使用。有机磷农药大多数为油状液体,呈淡黄色至棕色,稍有挥发性,具有大蒜臭味。除敌百虫外,一般都难溶于水,不易溶于多种有机溶剂,在酸性环境中稳定,在碱性条件下易分解失效。敌百虫遇碱会变成毒性更强的敌敌畏。有机磷农药的毒性大小与化学结构有关,各种有机磷农药的毒性相差很大。近年来,对人和动物毒性大的有机磷农药品种已被逐步取代。

根据大鼠急性经口的半数致死量,有机磷农药可分为:

(1)高毒类:$LD_{50}$小于 50 mg/kg,如甲拌磷(又称 3911)、对硫磷(又称 1605)、久效磷、内吸磷(又称 1059)、氧乐果等。

(2)中毒类:$LD_{50}$为 50~500 mg/kg,如敌敌畏、甲基对硫磷、甲基内吸磷、二嗪农、马拉硫磷等。

(3)低毒类:$LD_{50}$大于 500 mg/kg,如敌百虫、乐果、氯硫磷、乙基稻丰散、二溴磷等。

#### 1.3.1.2 病因

家畜采食或饮用了被有机磷农药污染的饲料、饲草或饮水,可导致中毒;另外,使用有机磷农药治疗体表和胃肠道寄生虫时方法不正确,也可导致中毒。主要病因可分为以下几类:

(1)动物饲养管理粗放:如动物采食或误食喷洒过农药不久的农作物、牧草、蔬菜,或拌、浸农药的种子。

(2)农药管理或使用不当:如在运输和保管中,有破损包装漏出农药污染地面,甚至污染饲料和饮水。在同一库房储存农药和饲料,或在饲料库中配制农药或拌种,造成农药污染饲料。

(3)饮水或饮水器具被有机磷农药污染:如在水源上风处或在池塘、水槽、涝池等饮水处配制农药,洗涤有机磷农药盛装器具和工作服等。农药厂排放废水可使局部地表水受到严重的污染,使鱼类和其他水生动物中毒死亡。

(4)空气污染:农业、林业及环境卫生防疫工作中的喷雾或农药厂生产的有机磷农药的废弃物可污染局部或较远距离的环境空气,动物吸入挥发的气体或雾滴可致中毒。

(5)作为兽药用量过大:有些有机磷化合物用于防治动物疾病时可引起中毒,如滥用或过量应用敌百虫、乐果治疗皮肤病或内外寄生虫而引起的中毒等。

(6)蓄意投毒:即发生人为的投毒,造成中毒。

#### 1.3.1.3 毒理

有机磷农药是一种神经毒物,经消化道、呼吸道和皮肤吸收后分布于全身各脏器,其中以肝中浓度最高,其次是肾、肺、脾等。有机磷农药在体内主要与胆碱酯酶结合,形成比较稳定的磷酰胆碱酯酶而失去分解乙酰胆碱的能力,结果体内胆碱酯酶的活性显著下降,乙酰胆碱在胆碱能神经末梢和突触部位大量蓄积,持续不断地作用于胆碱能受体,使胆碱反应系统机能亢进,引起先兴奋后衰竭的一系列毒蕈碱样、烟碱样和中枢神经系统症状,严重者多死于呼吸衰竭。

有机磷农药与胆碱酯酶的结合具有可逆性,但是结合的时间越久,稳定性越强,最终变成不可逆性。有机磷农药从进入机体到发病,需要经历一个过程。体内一般储备充分的胆碱酯酶,当该类农药进入机体的量少时,如血浆胆碱酯酶的活性降低到70%~80%,往往不出现中毒表现;当进入机体的量大时,若酶活性降低到50%左右,则出现明显的临床症状,若酶活性降低到30%以下,则中毒十分明显。有机磷农药除能抑制胆碱酯酶的活性之外,还能抑制非特异性胆碱酯酶如磷脂酶的活性,使中毒症状复杂化,严重程度增加,使中毒动物病情加重,病程延长。

某些酯烃基及芳烃基有机磷化合物尚有迟发性神经毒作用,有机磷化合物通过抑制体内神经病靶标酯酶(神经毒性酯酶),并使之"老化"而引起迟发性神经性疾病。该毒作用与胆碱酯酶活性被抑制无关,临床表现为后肢软弱无力和共济失调,进一步发展为后肢麻痹。

#### 1.3.1.4 症状

有机磷农药中毒后主要表现为胆碱能神经兴奋,乙酰胆碱大量蓄积,产生毒蕈碱样症状、烟碱样症状及中枢神经系统症状。

(1)毒蕈碱样症状(M样症状):是副交感神经的节前及节后纤维和分布于汗

腺的交感神经的节后纤维等胆碱能神经兴奋而出现的症状,如平滑肌痉挛表现为瞳孔缩小、腹痛和腹泻;括约肌松弛表现为大小便失禁;腺体分泌增加表现为流汗、流泪和流涎;气管分泌物增多表现为咳嗽、呼吸困难、听诊肺部有湿啰音等。

(2)烟碱样症状(N样症状):乙酰胆碱在横纹肌神经肌肉接头处蓄积过多,出现肌纤维颤动、全身肌肉强直性痉挛,也可出现肌力减退或瘫痪,呼吸肌麻痹引起呼吸衰竭或停止。交感神经节后纤维末梢释放儿茶酚胺,表现为血压增高和心律失常。

(3)中枢神经系统症状:由于乙酰胆碱在脑组织中蓄积,影响中枢神经之间冲动的传导而出现过度兴奋或高度抑制,以后者多见。低剂量时毒蕈碱样(M)受体兴奋;剂量增加时 M 受体兴奋加强,而烟碱样(N)受体也开始兴奋;剂量再增加时,中枢神经系统及自主神经中的 M 受体和 N 受体均受到抑制。

①轻度中毒:表现为食欲降低或废绝,流涎,腹泻,牛、羊反刍停止等。

②中度中毒:除以上症状加重外,还出现骨骼肌兴奋和肌肉震颤,严重者全身抽搐,继而发展为麻痹和窒息死亡。全血或红细胞胆碱酯酶活性一般为 30%～50%。

③重度中毒:通常表现为昏迷、抽搐、体温升高、粪尿失禁、全身震颤、突然倒地、心跳加快、瞳孔缩小、很快死亡等。全血或红细胞胆碱酯酶活性一般在 30% 以下。

牛、羊中毒以毒蕈碱样症状为主,表现为不安、流涎、鼻液增多、反刍停止,粪便往往带血,并逐渐变稀,甚至出现水样便;肌肉痉挛,眼球震颤,结膜发绀,瞳孔缩小,不时磨牙、呻吟;呼吸困难或急促,听诊肺部有广泛湿啰音;心跳加快,脉搏增数,肢端发凉,体表出冷汗;最后因呼吸肌麻痹而窒息死亡。妊娠母牛流产。

猪中毒时烟碱样症状明显,表现为肌肉发抖、眼球震颤、流涎,进而步态不稳,身躯摇摆,不能站立,病猪侧卧或伏卧;呼吸困难或急促,部分病例有失明和麻痹后遗症。

家禽中毒时初期表现为不安、流泪、流涎;继而食欲废绝,腹泻,运动失调,肌肉震颤,瞳孔缩小,呼吸困难,黏膜发绀;最后倒地,两肢伸直抽搐,昏迷而死亡。

犬中毒时表现为流涎、呕吐、腹痛、腹泻、瞳孔缩小、呼吸困难、心动过速等。严重者病初表现为兴奋不安、体温升高、肌肉震颤、抽搐、躯干与四肢僵硬,很快转为肌无力、麻痹,终因呼吸抑制和循环衰竭而死亡。

### 1.3.1.5 病理变化

最急性中毒在 10 h 内死亡者,尸体剖检一般无肉眼和组织学病变;经消化道中毒者,胃肠内容物具有有机磷农药的特殊气味或呈蒜臭味,同时消化道黏膜充血。中毒后较长时间死亡的病例,胃肠黏膜大片充血、肿胀或出血,有的出现溃烂和溃疡,黏膜极易剥脱;肝肿大、淤血,胆囊充盈;肾肿大,被膜易剥离,切面紫红色,层次不清晰;心内有小出血点,内膜可见白斑;肺充血、水肿,气管、支气管内充满泡沫状黏液,有卡他性炎症;全身浆膜均有广泛性出血点、出血斑,脑和脑膜充血、水肿。

#### 1.3.1.6 诊断

根据动物接触有机磷农药的病史,结合流涎、腹痛、腹泻、瞳孔缩小、多汗、肌肉震颤、呼吸困难等临床症状,胃内容物及呼出的气体有大蒜味,血液胆碱酯酶活性降低等,可作出初步诊断。

中毒动物的呕吐物、胃内容物、可疑饲料及饮水样品的有机磷农药的定性或定量检测,可为诊断提供依据。此外,通过应用阿托品和解磷定进行治疗试验,可验证诊断。

血液胆碱酯酶活性是诊断有机磷农药中毒的特异性实验指标,对判断中毒程度、疗效和预后极为重要。

#### 1.3.1.7 治疗

中毒动物应立即停止饲喂可疑饲料和饮水,让其迅速脱离被农药污染的环境,并积极采取以下措施。

(1)清除毒物和防止毒物继续被吸收。

①清洗皮肤和被毛:如果是经皮肤用药或体表被农药污染,用微温水或凉水、5%石灰水、0.5%氢氧化钠溶液或肥皂水洗刷皮肤。但敌百虫中毒例外,敌百虫中毒只可使用微温水或凉水洗刷皮肤。

②洗胃和催吐:如果是经消化道发生的有机磷农药中毒,时间小于2 h,可用催吐疗法,猫、犬用0.5%~1.0%硫酸铜溶液50 mL催吐,但若动物已处于抑制状态,则禁用催吐疗法。硫特普、八甲磷、二嗪农、敌百虫等中毒用1%醋酸溶液和食醋等酸性溶液洗胃,其他有机磷农药除对硫磷中毒禁用高锰酸钾外,均可用2%~3%碳酸氢钠溶液、0.2%~0.5%高锰酸钾溶液或食盐水、1%过氧化氢溶液洗胃。

③缓泻和吸附:可灌服硫酸镁、硫酸钠或人工盐等盐类泻剂进行缓泻,用量以大动物150~250 g,猪30~50 g为宜,禁用油类泻剂。灌服活性炭剂量为3~6 mg/kg体重,可吸附有机磷,并促进排出。

(2)应用特效解毒剂:有机磷农药中毒的特效解毒剂包括胆碱对抗剂和胆碱酯酶复活剂两类,二者配合使用效果更好。

①胆碱对抗剂:阿托品可与乙酰胆碱竞争胆碱能节后纤维所支配的器官组织的受体,阻断乙酰胆碱和M受体的结合,可拮抗乙酰胆碱的毒蕈碱样作用,从而解除支气管平滑肌痉挛,抑制支气管腺体分泌,保证呼吸道通畅,防止肺水肿的发生,对中枢神经系统也有治疗效果。

由于胆碱酯酶抑制引起中毒的病畜对阿托品的耐受性增高,因此,解毒应用剂量较大,用量可控制在刚好出现轻度"阿托品化"表现。硫酸阿托品的解毒剂量:牛首次为 0.15～0.5 mg/kg 体重,猪、羊一次总量为 5～10 mg,鸡每只为 1 mg。首次静脉注射 30 min 后,未出现瞳孔放大、口干、皮肤干燥、心率加快、肺湿啰音消失等"阿托品化"表现时,应超量给药,用药途径可改为皮下注射或肌内注射,直至出现明显的"阿托品化"表现后,减少用药次数和剂量。对于有机磷农药中毒症状不再反复,观察 10 h 后病情无恶化者,可考虑停药。在治疗过程中,如出现瞳孔散大、神志模糊、烦躁不安、抽搐、昏迷和尿潴留等,提示阿托品中毒,应立即停药。

②胆碱酯酶复活剂:肟类化合物中毒常用的特效解毒剂有解磷定、氯磷定、双复磷和双解磷等,它们能使被抑制的胆碱酯酶复活,对解除烟碱样症状的效果较为明显。解磷定和氯磷定对内吸磷、对硫磷、甲胺磷、甲拌磷等中毒的治疗效果较好,双复磷对敌百虫、敌敌畏等中毒的治疗效果较好。胆碱酯酶复活剂对已老化的慢性胆碱酯酶抑制的疗效不理想,应以阿托品治疗为主或二者合用。

解磷定用量为 20～50 mg/kg 体重,溶于 100 mL 葡萄糖溶液或生理盐水中,静脉注射、皮下注射或腹腔注射,严禁与碱性药物合用。氯磷定可肌内注射或静脉注射。双复磷的作用强而持久,能通过血脑屏障,对中枢神经系统症状有明显的缓解作用,用量为 40～60 mg/kg 体重,可皮下注射、肌内注射或静脉注射。

③对症治疗:用高渗葡萄糖溶液和维生素 C 静脉注射,加强动物肝脏解毒机能和改善肺水肿;用苯巴比妥类药物进行镇静解痉,禁用吗啡、氯丙嗪等;用 10% 安钠咖注射液、25% 尼可刹米、樟脑磺胺酸或山梗菜碱强心和兴奋呼吸,禁用洋地黄和肾上腺素;配合使用抗生素。

#### 1.3.1.8 预防

建立健全有机磷农药购销、运输、保管和使用制度。喷洒过农药的田地或草场,在 7～30 天内严禁牛羊进入摄食,严禁刈割青草饲喂牛羊。使用敌百虫驱虫时严格控制用量。研制高效、低毒、低残留的新型有机磷农药。

## 1.3.2 有机氟中毒及无机氟中毒

#### 1.3.2.1 概念

有机氟中毒是指有机氟化合物进入机体后,通过一系列"渗入作用",干扰三羧酸循环,引起动物出现以抽搐、惊厥和心律失常等为特征的中毒性疾病。无机氟中毒是指动物吸入含氟量高的气体或摄入含氟量过多的饲料和饮水而引起的急性或慢性中毒。急性氟中毒以胃肠炎、呕吐、腹泻、肌肉震颤、瞳孔散大、虚脱死亡等为临床特征。慢性氟中毒是常见的人畜共患的地方病或环境中毒病,临床表现以消瘦,牙齿出现蚀斑(氟斑牙)、磨灭不齐,肋骨、下颌骨出现骨疣,关节病变,骨骼硬化或疏松为特征。

有机氟中毒病和无机氟中毒病广泛发生于猪、牛、犬、猫等动物和人类。

#### 1.3.2.2 病因

(1)慢性中毒。

①工业污染中毒：这是大量氟中毒发生的主要原因。炼铝厂、氟化盐厂、磷肥厂、炼钢厂、陶瓷厂等排出的废气中所含的氟化氢、四氟化硅、含氟粉尘等在附近地区散落，导致植物、土壤和水系污染。含氟物质在牧草干物质中的含量达 40 mg/kg，即对放牧动物有潜在危害。

②自然条件致病：我国除上海、海南外，其余各地都是不同程度的高氟地区，见于干旱、半干旱地带富氟区，如甘肃、山西和河南，高氟岩石裸露区及氟矿区，如内蒙古自治区，沿海富氟区，如天津和河北，以及富氟温泉区和火山活动区。

③饲料性氟中毒：生产磷酸盐的磷矿石中氟含量很高，长期使用未经脱氟的过磷酸钙作为畜禽的矿物质补饲，可引起氟中毒。

(2)急性中毒。

①无机氟中毒：如奶牛食入大量未经脱氟的过磷酸钙，猪用氟化钠驱虫时用量过大等。

②有机氟中毒：如有机氟农药污染环境、饲料和饮水，氟乙酰胺毒饵或有机氟农药处理过的种子被动物误食，被有机氟毒死的鼠尸被犬、猫、猪或牛吞食造成的二次中毒。

#### 1.3.2.3 毒理

(1)无机氟大量进入机体引起的急性中毒，主要是因为氟可以从血液中夺取钙离子和镁离子，使血钙、血镁降低，患病动物临床上多表现为低血钙症和低血镁症。

(2)无机氟少量长期进入机体引起的慢性中毒，是由于氟同血中钙结合，形成不溶性氟化钙，导致钙代谢障碍，引发成年家畜脱钙，致使骨质松软、易折，生长中的家畜因钙减少，牙齿和骨骼钙化不足，形成对称性斑釉齿和牙齿疏松。

(3)无机氟在动物体内可以抑制酶的活性，对中枢神经系统和心肌产生毒性作用；另外，氟本身是一种腐蚀剂，动物接触氟后，局部会发炎、溃烂等。

(4)有机氟(如氟乙酰胺)进入动物机体后，形成氟乙酸，经乙酰辅酶 A 活化，与草酰乙酸缩合，生成氟柠檬酸，使糖代谢反应中止，三羧酸循环中断。这种作用发生在所有细胞中，但脑和心肌中的反应最强烈。

#### 1.3.2.4 症状

(1)急性无机氟中毒：各种动物的临床症状基本相似，主要表现为流涎、呕吐、腹痛、腹泻等，另外还有明显的肌肉震颤、感觉过敏、瞳孔扩张等，可在几小时内死亡。

(2)慢性无机氟中毒:以发育中的幼畜表现最为明显,一般表现为氟斑牙,出现对称性斑釉齿,切齿和臼齿过度磨损,牙齿松动,门齿磨损畸形。严重的表现为氟骨症,即跛行,往往先出现在一肢,随后四肢交替发生或呈"对角线"跛行;骨折,肋骨有不规则膨大,下颌增大。此外,尚有角膜炎、结膜炎和皮肤炎等变化。

(3)急性有机氟中毒:临床表现可以分为突然发病型和潜伏发病型。突然发病型动物没有明显的前驱症状,表现为突然跌倒,剧烈抽搐,惊厥或角弓反张,迅速死亡;潜伏发病型动物中毒5~7天后,仅表现为食欲降低,不反刍,不合群,单独倚靠墙壁而立或卧地,有的逐渐康复,有的在静止中死去。

#### 1.3.2.5 病理变化

(1)无机氟中毒动物:主要表现为骨组织变化,呈白垩状,表面不光滑,多孔,肋骨易骨折,常有数量不等的膨大,形成骨疣,骨骼畸形。牙齿常见釉质形成不良,釉柱排列紊乱、不紧密,中间出现间隙,釉面无光泽。严重时成釉细胞坏死,釉质缺损,形成氟斑牙。另外,还表现为牙齿钙化过程紊乱,质地变脆,易磨损,表面凹凸不平,凹处有色素沉着。

非骨组织的变化有:胃溃疡及出血,肝发生广泛的退行性病变,局部区域肝细胞坏死,整个肝脏脂肪变性;睾丸组织结构被破坏,生精细胞层数减少,血睾屏障被破坏,附睾和卵巢组织等结构也有相应变化;外周血免疫细胞、脾、淋巴结形态结构被破坏,免疫机能降低,脑组织皮质和海马结构有不同程度损伤,心肌细胞部分线粒体膜破裂,肾小球滤过、肾小管重吸收障碍等。

(2)有机氟中毒动物:无特征性剖检变化,一般尸僵迅速,内脏器官黏膜出血、脱落等。牛、羊可见眼结膜发绀,上部食道黏膜有白色坏死灶,咽黏膜出血,气管内有血色带泡沫的液体,黏膜有散在出血点,下段气管弥漫性出血。整个肺淤血,肺切面出血,有大量粉红色带泡沫的液体,心包膜出血,心肌松软,心内膜、心外膜出血,心房内积血,肝色淡、肿胀、质地较脆,胆囊膨大,充满胆汁,肾色深,膀胱黏膜潮红,各胃黏膜极易剥离,黏膜下大面积出血,十二指肠黏膜弥漫性出血,黏膜脱落,小肠内容物稀薄,呈米黄色。

猪剖检可见胃肠黏膜脱落,黏膜下出血,肝质脆、易碎、淤血,心肌松软,心脏灰白色变性,心外膜出血,脑充血、水肿。

#### 1.3.2.6 诊断

(1)无机氟中毒的诊断:根据动物周围是否为高氟环境、牙齿的损伤和骨骼的变形情况进行初步判断。若要确诊,需要检验饲料、饮水、动物骨骼和尿液中的氟含量。

(2)有机氟中毒的诊断:根据动物采食被有机氟污染的饲料、饮水或因有机氟中毒而死亡的动物尸体等发病史,结合动物发病突然、盲目奔走、心律失常等症状,可作出初步诊断。若要确诊,需检测血液柠檬酸和氟含量及血清肌酸激酶活性,并进行毒物定性或定量分析。

#### 1.3.2.7 治疗

(1)急性中毒:迅速查明中毒原因,停用被氟化物污染的饲料和饮水。

①无机氟中毒:使用0.5%氯化钙溶液洗胃,或内服鸡蛋清、牛奶和浓茶水,也可静脉注射葡萄糖酸钙注射液,用维生素D、维生素$B_1$和维生素C治疗。

②氟乙酰胺中毒:使动物立即脱离中毒现场,初期用高锰酸钾溶液或石灰水洗胃,用鸡蛋清或氢氧化铝胶保护胃肠黏膜,用盐类或油类泻剂导泻,肌内注射特效解毒剂解氟灵0.1 g/(kg·d),首次使用日量的一半,一般用3~4次。针对动物出现脑水肿、低血钙、呼吸抑制等症状,注射甘露醇控制脑水肿,注射葡萄糖酸钙控制低血钙,注射尼可刹米、山梗菜碱解除呼吸抑制等。

(2)慢性中毒:无特效治疗措施,治疗原则是减少氟在消化道内的吸收,促进其从粪便中排出,或改变氟的生物学活性,使其毒性降低,如脱离氟区,供给硫酸铝、氯化铝、铝酸钙和硫酸钙,或供给滑石粉40~50 g/d,每日2次。

#### 1.3.2.8 预防

对于动物氟中毒,尤其是无机氟中毒,应注重预防。

(1)自然发病区。

①实行划区放牧:牧草干物质中氟含量在60 mg/kg以上的地区为高氟区,严禁放牧;氟含量为30~40 mg/kg的地区为危险区,仅允许短期放牧成年畜。

②采取轮牧制:即低氟区和危险区轮牧,危险区每年放牧少于3个月,且不得集中放牧。

③寻找低氟水源(低于20 mg/kg)供饮用,或进行简便脱氟,可采用熟石灰法和明矾沉淀法。

④牛每日添加滑石粉30~40 g,每日2次,拌入饲料中饲喂。

(2)工业污染区。

①根本措施在于回收氟。

②牧场应远离氟污染区。

③加强舍饲、饲料管理,饲草应从非氟区采购。

④日粮中补给滑石粉。

⑤污染区内以饲养经济、生命较短的畜禽为宜。

### 1.3.3 砷中毒

#### 1.3.3.1 概念

砷中毒是指砷化合物进入机体后释放砷离子,通过对局部组织的刺激及抑制酶系统,与多种酶蛋白的巯基结合使酶失去活性,影响细胞的氧化和呼吸及正常代谢,引起的以消化功能紊乱及实质性脏器和神经系统损害为特征的中毒性疾病。各种动物均可发生砷中毒。

#### 1.3.3.2 病因

砷本身毒性不大,但其化合物却是剧毒,且种类繁多,应用广泛,其中以三氧化二砷(又称砒霜和信石)的毒性最强,其他的还有三氯化砷、五氧化二砷、砷酸、砷酸钙等。

砷广泛用于冶金、玻璃、颜料、纺织、制药、制革、半导体等工业,农业上用作杀虫剂、除草剂和木材防腐剂及皮毛、制革业的消毒防腐剂。常见的砷中毒原因如下:

(1)误食被砷化物污染的饲草和饮水:喷洒杀虫剂如砷酸铅、砷酸钙、亚砷酸钙、亚砷酸钠和巴黎绿(醋酸铜和偏砷酸的复盐)后引起动物中毒,或浸种、拌种时被动物误食导致中毒。

(2)用含砷药物治疗疾病时用药不当:如新砷凡纳明(又称914)、硫砷凡纳明(又称606)、氧化砷等药物及对氨基苯砷酸等动物生长促进剂等,使用不当或添加过量可导致中毒。

(3)含砷农药厂或硫酸工厂、氮肥厂以及金属冶炼厂附近的牧场被污染。

#### 1.3.3.3 毒理

砷及砷化合物一般经呼吸道、消化道和皮肤进入机体,吸收迅速,在3～6 h内被吸收,首先聚于肝脏,然后逐渐分布到其他组织;慢性中毒时,砷主要积聚于骨骼、皮肤及角质组织。

大部分砷化合物经肾随尿排出,少部分经汗、乳及粪排出体外,故砷中毒的哺乳母畜可通过哺乳引发幼畜中毒。母鸡有机砷中毒后,所下鸡蛋中有较高浓度的砷。

砷化合物属于细胞原浆毒,主要作用于机体的酶系统,抑制酶蛋白的巯基,如6-磷酸葡萄糖脱氢酶、乳酸脱氢酶、细胞色素氧化酶、磷酸氧化酶、胆碱氧化酶和氨基转移酶,更易与丙酮酸氧化酶的巯基结合,阻碍细胞的氧化和呼吸作用,导致组织和细胞死亡。

砷酸进入线粒体与磷酸竞争,可使氧化磷酸化过程解偶联,不能形成高能磷酸键,干扰细胞的能量代谢。砷作用于肝细胞线粒体,可引起肝损害。砷还可以麻痹血管平滑肌,破坏血管壁的通透性,造成组织器官淤血和出血,损害神经细胞,引起广泛的神经性损害。砷化合物对皮肤和黏膜具有腐蚀和刺激作用。

#### 1.3.3.4 症状

(1)最急性中毒的动物突然剧烈腹痛,站立不稳,虚脱,瘫痪,甚至见不到症状而迅速死亡。

(2)急性中毒的动物突然发病,哞叫,流涎,口黏膜潮红,重症出血脱落,齿龈呈黑色,有蒜臭样气味($AsH_3$);继而出现胃肠炎症状(腹痛、腹泻),粪便中有血液和脱落的肠黏膜;接着出现神经症状和严重的全身症状,表现为兴奋、敏感,随后转为沉郁,肌肉震颤,共济失调,呼吸迫促,脉细,体温下降,瞳孔散大,最后因呼吸或循环衰竭而死亡。

(3)慢性中毒的动物主要表现为消化机能扰乱和神经功能障碍等,如流涎、食欲降低、腹痛,持续性腹泻或与便秘交替,粪便中有潜血,黏膜和皮肤发炎,进行性消瘦,营养水平下降,精神高度沉郁,皮肤感觉减退,四肢衰弱或麻痹,少尿、血尿或蛋白尿,因心机能障碍和呼吸困难而死亡。

(4)家禽中毒时表现为食欲不振,双翅下垂,羽毛蓬乱,颈部肌肉震颤,头偏向一侧,口流黏液,冠髯发绀,粪便稀且带血,体温下降。

### 1.3.3.5 病理变化

(1)尸体一般不腐败;严重中毒时,尸体会脱水而成干尸。

(2)胃肠黏膜充血、出血、水肿、糜烂等。

(3)腹腔内有蒜臭样气味。

(4)实质器官脂肪变性,脾肿大、充血,胸膜、心内外膜、肾和膀胱有点状或弥漫状出血。

### 1.3.3.6 诊断

根据病史、场地环境条件,结合主要症状以及尸体剖检变化,可作出初步诊断。若要确诊,需对饲料、饮水、胃肠内容物、尿液、被毛、肝、肾等作毒物分析。一般认为,健康动物肝、肾中砷含量小于 1 mg/kg(湿重),超过 3 mg/kg 即可确定为中毒。

### 1.3.3.7 治疗

(1)急性中毒时,首先用2%氧化镁溶液或0.1%高锰酸钾溶液、5%～10%药用炭反复洗胃。为防止毒物被吸收,将硫酸亚铁 10 g、氧化镁 15 g、水 150 mL 混合为粥样,每 4 h 灌服一次,马、牛用量为 500～1000 mL,鸡用量为 5～10 mL。

(2)砷化物被吸收后,使用以下药物治疗:

①二巯基丙醇:马、牛 15～20 mL/kg 体重,猪、羊 2～5 mL/kg 体重,鸡 0.1 mg/kg 体重,肌内分点注射,6 天为一个疗程,第一天 4 h 一次,以后每天一次。

②二巯基丙磺酸钠或二巯基丁二酸钠。

③硫代硫酸钠。

(3)对症治疗:强心、补液、保护胃肠黏膜、缓解腹痛、防止麻痹等。

注意:砷化物中毒禁用碱性药物及含钾制剂,以防止形成亚砷酸钾而加快吸收。

#### 1.3.3.8 预防

严格管理含砷农药,严禁在喷洒过农药的地边、田埂和下风地段放牧。保管好农药拌过的种子,以防动物误食;妥善保管用砷制剂防腐的木材,防止毒物舔食中毒;使用砷制剂药物时注意用法用量;加强治理砷化物企业引起的环境污染。

## 1.4 有毒动植物中毒

### 1.4.1 栎树叶中毒

#### 1.4.1.1 概念

栎树叶中毒,又称青冈树叶中毒、橡树叶中毒和柞树叶中毒,是动物采食其枝叶后引起除犬、猫之外的家畜和多种实验动物发生的以便秘或腹泻、水肿、胃肠炎和肾损害为临床特征的中毒性疾病,其中对牛的危害最严重。这类中毒多发生在春季。

#### 1.4.1.2 病因

大量流行病学调查表明,栎树叶中毒的发生具有一定的区域性和季节性特点。其区域性是由栎属植物的自然分布决定的,主要发生在多次砍伐的次生栎树林区,海拔为 500~1100 m。栎树叶中毒主要发生于春季,橡子中毒主要发生于秋季。这是因为春季栎属植物萌芽早、生长快、覆盖度大,在草场植被中占优势,且对耕牛有一定适口性,加之冬春补饲不足,富含蛋白质的饲料缺乏,常出现耕牛"撑青",连续大量采食 5~9 天即发生中毒。

#### 1.4.1.3 毒理

栎树幼嫩枝叶中的有毒物质主要为栎树丹宁,它在胃肠道内经生物降解产生低分子酚类化合物,经胃肠黏膜吸收进入血液,分布于全身器官,以后经肾脏随尿液排出体外,对胃肠道和其他实质器官产生一系列的损害。酚类化合物作用于细胞蛋白质,使之变性,导致细胞死亡;刺激胃肠黏膜,导致出血严重;经肾脏排出,导致肾小管变性和坏死,最后因肾衰竭而死亡。

#### 1.4.1.4 症状

病牛表现为精神沉郁,反应迟钝,被毛竖立,体温下降,食欲减少,喜食干草,瘤胃蠕动减弱,频频努责,粪便呈柿饼状,干硬、色黑,附有大量黏液或纤维素性黏稠物及褐色血丝,鼻镜干燥,肌肉震颤,尿量减少且浑浊,呈蛋白尿、酚性尿,尿 pH 下降,肾衰竭,体躯下垂部位皮下水肿,体腔积液,最后因肾衰竭而死亡。

#### 1.4.1.5 病理变化

自然中毒的病牛肛门周围、腹下等有淡黄色脂肪样浸润,胸腔、腹腔和心包腔蓄积大量的黄色液体,皮下结缔组织、肌肉间水肿,呈胶样浸润,体腔积液,消化道表现出炎症,实质性器官出血,肾小管坏死。

#### 1.4.1.6 诊断

根据采食或饲喂栎树嫩叶或橡子的生活史,发病主要集中在4～5月,结合胃肠道弛缓和肾病的症状及特征性病理变化,即可作出初步诊断。实验室检查尿沉渣有肾上皮细胞、白细胞和管型,尿液和血液中游离酚含量升高,血清天冬氨酸氨基转移酶和丙氨酸氨基转氨酶活性升高等,可提供辅助诊断。

#### 1.4.1.7 治疗

该病目前无特效解毒疗法。对中毒动物立即停喂栎树叶,或禁止在栎树林放牧,供给优质青草或青干草。可采以下综合治疗措施:

(1)解毒:早期病例,用10%硫代硫酸钠溶液100～150 mL,一次静脉注射,注射1～3次,也可静脉注射葡萄糖溶液解毒。初期可灌服适量生豆浆水。

(2)润肠缓泻:可灌服植物油或蜂蜜,禁用盐类泻剂。为减少和阻止胃肠中残留的丹宁继续水解,可投服鸡蛋清,或用盐水瓣胃注射。

(3)碱化尿液和利尿:后期病例,结合应用强心利尿剂,瓣胃注射2%～3%盐水,青霉素、普鲁卡因、生理盐水混合腹腔注射、灌肠等。

#### 1.4.1.8 预防

该病最根本的预防措施是杜绝或限制动物采食栎树叶,可采取以下预防措施:

(1)"三不"措施:在发病季节,不在栎树林区放牧,不采集栎树叶喂牛,不采用栎树叶作垫料。

(2)日粮控制:减少栎树叶在日粮中的比例,控制其含量不得超过40%。可上半天舍饲,下半天放牧,或缩短放牧时间,补饲或加喂夜草。

(3)补饲添加剂:在春天发病季节定期使用1%石灰水,每日每头500 mL,或每次用0.05%～0.075%高锰酸钾溶液400 mL,每日或隔日一次。

### 1.4.2 白苏中毒

#### 1.4.2.1 概念

白苏中毒是动物采食大量白苏茎叶引起的以急性肺水肿和肺气肿为特征的中毒性疾病,主要发生于水牛和黄牛,死亡率高,其他动物少见。

白苏,唇形科紫苏属一年生草本植物,又名玉苏子,分布于我国河北、山西、江苏、安徽、湖北、四川、福建、云南、贵州等地。野生白苏主要生长在田埂、路边、山坡、池沼与水库周围,以及村前、屋后、树林、竹园等潮湿背阴的地方。白苏是一种有名的油料植物,又是药用和香料植物,全国各地都有栽培。

#### 1.4.2.2 病因

在潮湿的地区,白苏丛生,芳香、鲜嫩。每年的5～7月间,牛因大量采食幼嫩多汁的白苏茎叶而引起中毒,多呈突然起病,症状重剧,病程短促,死亡率高。

**1.4.2.3 毒理**

关于白苏的中毒机理仍不十分清楚。白苏中化学成分多样,已知的有紫苏醛、紫苏酮、香薷酮、左旋柠檬烯、蒎烯、肉豆蔻醚、莳萝油脑、豆甾醇等。白苏中的挥发油含有紫苏酮和β-去氢香薷酮等,能扩张毛细血管,刺激汗腺发汗,减少支气管黏膜分泌。毒物被消化道吸收后,首先侵害中枢神经系统,引起外周毛细血管扩张,脑及脑膜充血,延脑呼吸中枢和血管运动中枢麻痹,肺毛细血管高度扩张和充血,导致急性肺气肿和间质性肺气肿,出现呼吸机能严重障碍、微循环衰竭、口色乌紫、皮肤发绀、皮温下降、四肢冰凉、流涎、呕吐等症状,因窒息和心力衰竭而迅速死亡。

**1.4.2.4 症状**

水牛白苏中毒一般呈急性经过。初期全身症状不明显,仍然采食、反刍,表现为闷呛,吸气用力,鼻翼开张,向上掀起,形成"皱鼻"现象,口角附着少量泡沫,流涎。随着病情的进一步发展,严重者1~2 h内出现急性肺水肿。呼吸急促有力,头颈伸展,腹式呼吸。胸部听诊,初期肺泡音粗粝,干性啰音,继而出现湿性啰音,呼吸极度困难。耳、角根、背、腰腹以及内股部发凉,四肢厥冷。体温正常,皮温不整。脉搏急速,脉律不齐,心音不清晰,被呼吸音掩盖,但第二心音增强。颜面静脉怒张,神情不安,咳嗽无力,不断闷呛。时起时卧,卧地时头颈伸展贴地,力图缓解呼吸困难。

后期病情急剧恶化,中毒动物极度不安,呈现间断性呼吸,黏膜、皮肤发绀,微循环障碍,全身肌肉震颤,呈现窒息和循环虚脱状态。突然倒地,用力挣扎,从口鼻排出大量白色泡沫状液体,呼吸极度困难,最后因心肌麻痹和窒息而死亡。

**1.4.2.5 病理变化**

病例剖检可见皮肤毛细血管扩张、淤血,皮肤剥离后,皮下组织有血液溢出,呈溶血现象。肺极度膨胀,被膜光泽,胃和其他实质器官都有不同程度的水肿和出血。

**1.4.2.6 诊断**

根据大量采食白苏的病史,结合急性肺水肿和肺气肿的临床症状,可作出诊断。诊断时应注意把该病与热射病和有机磷农药中毒相区别。

**1.4.2.7 治疗**

水牛白苏中毒经过急剧,从出现前驱症状至死亡时间较快,因此,治疗贵在"三早":早发现、早确诊、早治疗。由于白苏中毒的机理不清,因此,治疗较困难。轻度病例可采取降低颅内压、缓解呼吸困难、促进毒物排出等对症治疗措施,病情较重的病例治疗困难。

将中毒动物牵至阴凉通风处,避免刺激和兴奋。可使用安溴静脉注射。必要时,先大量放血,再用复方氯化钠注射液或葡萄糖生理盐水、安钠咖溶液,另加维生素 C,静脉注射。

对症治疗的主要措施是降低颅内压,呼吸困难时,用甘露醇静脉注射。微循环衰竭时,可同时应用较大剂量的硫酸阿托品皮下注射。兴奋呼吸中枢,缓解呼吸困难,可用尼可刹米溶液皮下注射。

#### 1.4.2.8 预防

在白苏生长区,加大宣传白苏对水牛的严重危害性,提高认识。夏季是该病的流行季节,加强对水牛的饲养管理,禁止用白苏饲喂水牛或在白苏生长地区放牧。

### 1.4.3 蛇毒中毒

#### 1.4.3.1 概念

蛇毒中毒是动物被毒蛇咬伤,毒汁通过伤口进入动物体内引起的以溶血、感觉神经末梢麻痹和休克为特征的急性中毒性疾病。各种动物均可发生,常见于放牧动物和犬。

#### 1.4.3.2 病因

世界上毒蛇有 650 多种,剧毒蛇有眼镜蛇、响尾蛇、蝮蛇等 150 多种。中国目前发现的毒蛇有 50 多种,对人和动物有生命危害的剧毒蛇有眼镜蛇、海蛇、蝰蛇、蝮蛇等。家畜在放牧时有被毒蛇咬伤的风险,伤口越接近中枢神经及血管丰富的部位,症状就越严重。

#### 1.4.3.3 毒理

毒蛇有毒牙和毒腺。毒蛇咬伤动物时,张口压迫毒腺,排出毒液,通过毒牙注入动物机体,发生中毒。

蛇毒进入机体后散布的方式有两种:一种是毒液直接随血液散布,极少量毒液可很快散布全身,造成死亡;另一种是毒液随淋巴循环散布,这是蛇毒散布的主要方式,这种方式散布速度缓慢,若及时处理,则能将大部分毒液吸出,减轻中毒症状。

蛇毒是蛋白质,根据毒性作用可以分为神经毒素和血液循环毒素。各种蛇毒因所含的神经毒素及其理化性质不同而作用不同,如银环蛇毒素主要干扰乙酰胆碱的释放和作用,而眼镜蛇毒素对乙酰胆碱的合成有抑制作用,但二者又都可以阻断神经肌肉接头间的冲动传导,导致骨骼肌麻痹,同时又都抑制颈动脉窦化学感受器缺氧呼吸兴奋中枢,使机体缺氧加深,导致呼吸衰竭,进入脑组织,抑制延脑呼吸中枢。血液循环毒素主要作用于血液循环系统,损害心肌,导致心力衰竭、出血和溶血。

#### 1.4.3.4 症状

由于蛇毒的种类不同,故其中毒症状也有所不同。

(1)神经毒素类中毒:金环蛇、银环蛇的毒素中毒均属此类。局部症状表现不明显,其中眼镜蛇例外,在咬伤局部表现为组织坏死、溃烂和不愈。全身症状表现为四肢麻痹无力,呼吸困难,脉搏不正,瞳孔散大,吞咽困难,血压下降,休克和昏迷,因呼吸麻痹而死亡。

(2)血液循环毒素类中毒:竹叶青、蝰蛇、五步蛇的毒素中毒均属此类。局部症状表现为伤口及周围很快出现肿胀、发硬、剧痛、灼热,并伴淋巴结肿大、压痛、皮下出血,有的出现水泡、血泡以致组织溃烂、坏死。全身症状表现为战栗、发热、心动过速、脉搏加快、血压下降、呼吸困难、不能站立,最后倒地,因心肌麻痹而死亡。

蝮蛇、眼镜蛇、眼镜王蛇等的蛇毒中既有神经毒素,又有血液循环毒素,但以神经毒素为主,一般中毒表现为先呼吸衰竭而后循环衰竭。

#### 1.4.3.5 病理变化

可见咬伤部位肿胀,中心部位可能发现牙痕,皮下浆液性浸润,附近肌肉呈煮肉状。如为血液循环毒素致死者,多见皮肤、黏膜、内脏出血,心肌出血、坏死。

#### 1.4.3.6 诊断

根据毒蛇咬伤的病史,结合伤口的牙痕,局部水肿、出血、坏死和全身症状,即可作出诊断。

#### 1.4.3.7 治疗

毒蛇咬伤后应采取急救措施,治疗原则是防止蛇毒扩散,排毒解毒,对症治疗。

(1)防止蛇毒扩散:早期结扎,结扎在伤口上方,紧度以能阻断淋巴、静脉回流为宜,但不能妨碍动脉血的供应。结扎后应每隔一定时间放松一次,以免造成组织坏死。经排毒和服蛇药后即可解除。

(2)冲洗伤口:结扎后用清水、冷开水、肥皂水、过氧化氢溶液(又称双氧水)或0.02%高锰酸钾溶液冲洗。

(3)扩创排毒:冲洗后用干净的小刀挑破皮肤,使毒液外流,并检查伤口内有无毒牙。扩创的同时可点状注入1%高锰酸钾溶液、胃蛋白酶,或用0.5%普鲁卡因100~200 mL进行深部环状封闭。

(4)解毒:内服或外用蛇药,如南通蛇药等。

#### 1.4.3.8 预防

大力宣传普及防止毒蛇咬伤的知识,掌握毒蛇的活动规律及其特性,及时清理养殖场周围的杂草、乱石,使毒蛇无藏身之地。避免在毒蛇活动的时间放牧。

## 1.5 真菌毒素中毒

### 1.5.1 黄曲霉毒素中毒

#### 1.5.1.1 概念

黄曲霉毒素中毒是由于动物采食的饲料被黄曲霉污染而导致的以全身性出血、消化机能障碍、肝功能紊乱、神经症状为特征的中毒性疾病。该病主要侵害肝脏，造成肝细胞变性、坏死、出血，胆管和肝细胞增生等病理变化，长时间、小剂量摄入黄曲霉毒素有致癌作用。

各种动物均可发病，幼年动物比成年动物易感，雄性动物比雌性动物（妊娠期除外）易感，对等量黄曲霉毒素最敏感的是鳟，其他依次为雏鸭、雏鸡、兔、猫、仔猪、豚鼠、大鼠、猴、犊牛、成年鸡、肥育猪、成年牛、绵羊和马。高蛋白饲料可降低动物对黄曲霉毒素的敏感性。

#### 1.5.1.2 病因

黄曲霉毒素是目前已发现的各种霉菌毒素中最稳定、毒性最强的一类毒素，是黄曲霉和寄生曲霉等产生的有毒代谢产物，共 20 多种，其中以 $B_1$、$B_2$、$G_1$、$G_2$ 的毒力最强，易感染植物种子，包括花生、玉米、豆类、麦类等。畜禽中毒主要是采食被污染的种子及其副产品的结果。

该病一年四季均可发生，但多发生在多雨季节，以及温度和湿度又比较适宜时。若饲料加工、储藏不当，则更易被黄曲霉菌污染，使动物中毒的发生率增加。

#### 1.5.1.3 毒理

黄曲霉毒素经胃肠吸收后，主要分布在肝，肝含量比其他组织高 5~10 倍。黄曲霉毒素 $B_1$ 进入机体后，在肝细胞内混合功能氧化酶的作用下转化为环氧化黄曲霉毒素 $B_1$，影响 RNA 和 DNA 的合成与降解，蛋白质、脂肪的分解与代谢，线粒体代谢及溶酶体的结构和功能，引起碱性磷酸酶、转氨酶、异柠檬酸脱氢酶活性升高，肝脂肪增多，肝糖原下降以及肝细胞变性、坏死。此外，黄曲霉毒素还具有致癌、致突变和致畸性，可使人畜诱发肝癌、胃腺癌、肾癌、直肠癌、乳腺癌、卵巢癌和皮下肿瘤等。

#### 1.5.1.4 症状

畜禽黄曲霉毒素中毒后以肝脏损害为主，同时伴有血管通透性破坏和中枢神经损伤等，临床多表现为黄疸、出血、水肿和神经症状。由于畜禽品种、年龄、性别、营养状况和个体耐受性不同，临床症状也有显著差异。

(1) 猪：黄曲霉毒素中毒可分为急性、亚急性和慢性 3 种类型。急性型发生于

2~4月龄仔猪,尤其是食欲旺盛、体质健壮的猪发病率较高,多数在临床症状出现前突然死亡。亚急性型体温升高1~1.5℃或接近正常,表现为精神委顿,食欲降低,粪便干燥,直肠出血,异嗜,稍后兴奋、狂躁、冲跳,结膜黄染,皮肤充血发红,以后变蓝,严重者卧地不起,常于2~3天内死亡。慢性型多发生于育成猪和成年猪,表现为精神沉郁,食欲减少,生长缓慢或停滞,消瘦,可视黏膜黄染,皮肤表面出现紫斑,呈现精神障碍和肝功能障碍,血浆蛋白下降。

(2)家禽:雏鸡、雏鸭和火鸡最敏感,中毒多呈急性经过,且病死率很高。幼鸡多发生在2~6周龄,表现为食欲不振、生长不良、衰弱、贫血、排血色稀粪等。雏鸭食欲消失,脱毛,步态不稳,跛行,角弓反张,死亡率可达90%。成年鸡、鸭和鸽的耐受性较强,慢性中毒初期多表现为食欲减退、消瘦、不愿活动、贫血,长期可诱发肝癌。母鸡发生脂肪综合征,产蛋率和孵化率降低。蛋鸭表现为皮下出血、肝肿大。病死家禽肝肿大,弥漫性出血或坏死,亚急性型和慢性型发生肝细胞增生、纤维化和硬变,常发生心包积水和腹水症,其他脏器出血。病程1年以上者可发生肝细胞癌和胆管癌。

**1.5.1.5 病理变化**

(1)猪:主要发生贫血和出血,胸腹腔出血,浆膜有淤血斑点,肠出血,肝有针尖状或淤血斑状出血,肝硬变、黄色脂变。

(2)鸡和鸭:肝脏有特征性损害,如肝肿大、色淡白、有出血斑等。病程1年以上者可见肝癌结节。

**1.5.1.6 诊断**

根据病史、饲料霉败情况,结合特征性临床症状(黄疸、出血、水肿和神经症状)和病理学变化(肝细胞变性、坏死和增生),可进行初步诊断。若要确诊,必须对饲料样品进行产毒霉菌的分离和培养,鉴定黄曲霉毒素并测定其含量。

**1.5.1.7 治疗**

该病无特效疗法。发现中毒时,立即停喂霉败饲料,改喂富含碳水化合物的青绿饲料和高蛋白饲料,减少或不喂脂肪过多的饲料。轻型病例不需要药物治疗,可逐渐康复。重型病例及时投服泻剂,如硫酸钠、人工盐等,加速胃肠道毒物的排出。同时采用保肝和止血疗法,静脉注射20%~50%葡萄糖溶液、维生素C注射液、10%葡萄糖酸钙溶液或氯化钙溶液。心脏衰弱者,皮下或肌内注射强心剂。

**1.5.1.8 预防**

做好饲料的防霉和去毒工作,平时加强对饲料的安全性检测,将黄曲霉毒素的含量控制在安全剂量范围内。

### 1.5.2 黑斑病甘薯毒素中毒

**1.5.2.1 概念**

黑斑病甘薯毒素中毒是家畜采食一定量的黑斑病甘薯后发生的以急性肺气肿、间质性肺气肿、严重呼吸困难以及皮下气肿为特征的中毒性疾病,俗称"喘气病"或"喷气病"。该病主要发生于甘薯种植区,以牛最常见,羊、猪也可发生。

**1.5.2.2 病因**

黑斑病甘薯的病原是甘薯长喙壳菌和茄病镰刀菌。这些霉菌寄生在甘薯表面的虫害部位和表皮裂开处,甘薯受侵害后表皮干枯、凹陷、坚实,有圆形或不规则形的墨绿色斑块。家畜采食或误食黑斑病甘薯后引起中毒。黑斑病甘薯毒素是甘薯的代谢产物,耐高温,煮、蒸、烤均不能破坏其毒性,故以黑斑病甘薯为原料酿酒、做粉时产生的酒糟、粉渣不能用于饲喂家畜,否则会引发中毒。

**1.5.2.3 毒理**

黑斑病甘薯中的毒素是甘薯酮及其衍生物,具有很强的刺激性。在消化吸收过程中,导致消化道黏膜出血和发炎;导致肝实质细胞肿大,肝功能降低,引起心脏内膜出血和心肌变性、心包积液;对延脑呼吸中枢的刺激,导致迷走神经机能抑制和交感神经机能兴奋,支气管和肺泡壁长期松弛和扩张,气体代谢障碍导致氧饥饿,发生肺泡气肿,肺泡壁破裂,吸进的气体窜入肺间质,造成间质性肺气肿,由肺基部窜入纵隔,再进入颈部和躯干部皮下,形成皮下气肿。

**1.5.2.4 症状**

该病的临床表现因动物种类及采食黑斑病甘薯的数量不同而异。

(1)牛:病初表现为精神不振,食欲大减,反刍减少或停止,急性重症伴有全身肌肉震颤。体温一般无显著变化。特征性表现为呼吸困难,病初气喘,呼吸急促浅表,频率为80~100次/分,以后呼吸逐渐加深而次数减少,呼吸用力,呼吸音增强,似"拉风箱"音。由于支气管和肺泡出血及渗出液蓄积,不时出现咳嗽,肺部有啰音。继而肺泡弹性减弱,发展成呼气性呼吸困难,动物呈典型的腹式呼吸,鼻翼翕动,张口伸舌,头颈伸展,流大量血性鼻液,心脏衰弱,脉搏在100次/分以上,颈静脉怒张。后期肺泡壁破裂,造成间质性肺气肿,甚至在肩胛、腰背部皮下发生气肿,触诊有捻发音。动物严重缺氧,可视黏膜发绀,眼球突出,瞳孔扩大,全身痉挛,多因窒息而死亡。

(2)羊:主要表现为精神沉郁,结膜充血或发绀,食欲减退,反刍减少或停止,瘤胃蠕动减弱或废绝,脉搏数为90~150次/分,心机能减弱,心音增强或减弱,脉搏节律不齐,呼吸困难。严重者还会出现血便,因衰竭、窒息而死亡。

(3)猪:表现为精神沉郁,食欲锐减,口流白沫,张口呼吸,可视黏膜发绀,心机能亢进,节律不齐。腹围增大,便秘,粪便干硬、发黑,后转为腹泻,粪便中有大量黏液和血液。阵发性痉挛,运动失调,步态不稳。重症出现神经症状,最后抽搐死亡。

#### 1.5.2.5 病理变化

该病的特征性病理变化为肺脏显著肿胀,比正常大1~3倍。轻型病例发生肺水肿和肺气肿,重症病例发生间质性肺气肿。肺间质变宽,被膜变薄,呈灰白色透明状。肺边缘肥厚,质地脆弱,大小肺叶有斑状出血。胃肠黏膜充血、出血或坏死。肝肿大,实质有散在点状出血,切面似槟榔样。胆囊肿大1~3倍,充满稀薄、深绿色胆汁。心、肾、脾有不同程度的出血、变性。

#### 1.5.2.6 诊断

依据病史和发病季节,结合呼吸困难和皮下气肿、肺气肿和肺水肿等临床症状和剖检变化,可作出诊断。

#### 1.5.2.7 治疗

该病无特效解毒疗法,治疗原则是排出体内毒物,缓解呼吸困难,提高肝解毒能力和肾排毒能力。

早期在毒物尚未被完全吸收以前,通常可以洗胃,使用大量生理盐水反复冲洗瘤胃,再用胶管吸出,直至酸味消失,再用碳酸氢钠300 g、硫酸镁500 g、克辽林20 g,溶于水进行灌服。或内服氧化剂,如1%高锰酸钾溶液1500~2000 mL,或1%过氧化氢溶液500~1000 mL,一次灌服。

缓解呼吸困难,使用5%~20%硫代硫酸钠溶液100~200 mL,维生素C 1~3 g静脉注射,或使用输氧疗法。

#### 1.5.2.8 预防

预防的根本措施是消灭黑斑病病原菌,防止甘薯污染而发病。为此,可用杀菌剂浸泡种薯,如用甲基托布津稀释液浸泡。在收获甘薯的过程中,力求甘薯完整。储藏和保管时,保持干燥和密封,控制温度。已发生霉变的甘薯,禁止乱扔乱放,应集中烧毁或深埋。禁止使用霉败甘薯及其加工后的副产品饲喂动物。

# 第 2 章　动物营养代谢病

## 2.1　营养代谢病概述

### 2.1.1　概念

营养代谢是生物体内部和外部之间营养物质通过一系列同化和异化、合成与分解过程,实现生命活动的物质交换和能量转化的过程。它能确保生命机体的延续、发展和进化,是生物与非生物之间最根本的区别。

营养代谢病是营养性疾病和代谢障碍性疾病的总称。前者是指动物所需的某类营养物质缺乏或过多(包括绝对性和相对性的)所致的疾病;后者是指因机体内一个或多个代谢过程异常导致机体内环境紊乱而引起的疾病。

在现代畜牧业中,把以生产人类食品为主要目标的动物,如乳牛、肉牛、肉鸡、蛋鸡等的饲养,纳入工业生产范畴。它包括三个环节,即原料供给、加工转化和产品投放市场。这些环节之间必须紧密结合,通过科学的饲养管理和繁殖育种,使畜禽维持在最佳的营养代谢水平的基础上,才能保证有优质、高效的产品投放市场,最大限度地满足人类物质生活的需要。虽然现代畜牧生产的规模化、集约化生产方式是按照畜禽各自的生理特征和生产性能,制定出各种饲养标准,但不可避免地要受到畜舍建筑结构、管理设施和制度、内外理化生物学环境因素、日粮配合、饲养方法等一系列生产流程的控制和支配,只要产生任何与健康和生产不相适应的内外环境因素的变化,都可导致机体代谢失调或营养障碍。

随着畜牧业的发展和产业结构的调整,群发性动物营养代谢病日趋严重,特别是亚临床型所致的生产发育缓慢和生产性能降低,是造成经济损失的主要原因。了解畜禽营养代谢病的基本规律和诊断方法,对这类疾病的监测预报、早期诊断、预防和治疗具有重要意义。

### 2.1.2　营养代谢病的发生原因

(1)营养物质摄入不足:以蛋白质(特别是必需氨基酸)、维生素、矿物元素的缺乏最为常见,主要由日粮不足、品种单一、日粮中缺乏某种物质、动物食欲降低或废绝引起。

(2)营养物质消化吸收不良:主要由胃、肠、肝、胰等机能障碍所致,这些机能障碍还会影响营养物质在机体内的合成代谢。

(3)营养物质的需求增多：

①生理情况：如公畜的配种期、母畜的妊娠期和泌乳期、幼畜的生长期、家禽的产卵期等。

②病理情况：热性病、结核病、马传染性贫血、寄生虫等造成营养消耗增多。

③饲料中存在抗营养成分：如蛋白酶抑制剂、皂甙等能降低蛋白质的消化和代谢利用率；植酸、草酸等能降低矿物元素的溶解和利用率；脂氧合酶能抗维生素A、维生素E及维生素K。

(4)营养物质平衡失调：动物体通过转化、依赖和拮抗等作用维持营养间的平衡。

①转化：糖、脂肪和蛋白质可以互相转化。

②依赖：钙、磷、镁的吸收需要足够的维生素D；脂溶性维生素需要脂肪作为载体；磷过少时钙难以沉积；维生素E和硒具有协同作用。

③拮抗：钾、钠可维护神经-肌肉的应激性，具有拮抗钙的作用；充足的锌和铁可以防止铜中毒；日粮中钙过多，可引起对锌的需求量增加，造成猪缺锌，患角化不全症。

(5)动物体机能衰退：导致机体对营养物质的吸收和利用能力降低。

(6)遗传因素：如牛和猪的先天性卟啉症、安格斯牛的甘露糖苷过多症、白色来航鸡的维生素$B_2$缺乏症等。

## 2.1.3　营养代谢病的发生特点

(1)地方流行性和群体发病：许多营养代谢病在一个养殖场或一个地区大群发生，不同动物品种均有发病，症状基本相同或相似。

(2)发病与生理阶段和生产性能有关：某些营养代谢病发生在不同的生理阶段，而且和生产性能有关。

(3)发病缓慢、病程较长：营养代谢病的发生一般要经过体内组织器官机能和结构的改变，才出现临床症状，一般需要数周、数月，甚至更长的时间。

(4)早期诊断困难：营养代谢病一般缺乏特征的临床症状，主要表现为精神沉郁、食欲不振、消化障碍、生长发育停滞、贫血、异嗜、生产性能下降、生殖机能紊乱等，容易与营养不良、寄生虫病与中毒相混淆。因此，营养代谢病的诊断必须借助于详细的流行病学调查、饲草料分析、体内相关指标的测定及预防和治疗效果的综合判断。

(5)以生长发育不良和生产性能低下为主要特征。

## 2.1.4 营养代谢病的诊断

营养代谢病的病因诊断十分复杂,各种营养代谢病的诊断方法也不一样。对于这类疾病的诊断,不仅要依靠临床兽医工作者,还要有其他专家的共同努力、密切配合,相互借鉴与补充。为此,对这类疾病的诊断,要按照一定程序进行。

(1)要排除传染病、寄生虫病及中毒病。由于许多营养代谢病具有群发、人畜共患和地方流行性的特点,很容易与上述疾病混淆,因此,诊断时应利用各种经典的或现代的测试手段,排除上述三类疾病。如从病畜体内分离不出病原微生物,寻找不到可疑的寄生虫或其卵,检测不出可疑的毒物;用抗生素药物、驱虫药等治疗,都不奏效或收效甚微,仅对某些并发症有效;不能根除或防治这类疾病。

(2)诊断营养代谢病应从临床或亚临床的变化入手。如在群养动物中,长期存在生长迟缓、发育停滞、繁殖功能低下、屡配不孕,常有流产、死胎或胎儿畸形及精子发育异常等,家禽产蛋逐渐减少,蛋的受精率下降,出壳率明显降低,有些动物呈不明原因的贫血、跛行、脱毛、异嗜等非典型症状。有些生长特别快,产乳量、产蛋量高的个体,突然出现厌食、消瘦、步样强拘、跛行以至瘫痪。这些现象意味着动物体内出现代谢紊乱。实践中应仔细观察病死或扑杀后动物的病理变化,测定血液、脑脊髓液、尿液及呕吐物中化学成分及酶活性,观察病死动物器官或组织中某些矿物质成分,动物所采食饲料、饮水以及生活区土壤中某些矿物质的异常变化,作为建立诊断的依据,为进一步调查提供方向和线索。

(3)在对饲料、饮水或土壤中可疑的营养性成分进行测定时,不仅要测定可直接致病的因素,还要测定与该营养成分有关的其他成分。如铜缺乏症不仅可由缺铜所致,还可由高钼、高硫等诱发。锌缺乏症不仅可由饲料中锌含量过少引起,还可由饲料中高铜、高铁、高钙甚至不饱和脂肪酸含量过高等引起。单纯缺乏某种营养成分引起的缺乏症,称为原发性营养代谢病。由于其他因素的干扰作用而发生的营养代谢病,则称为条件性营养代谢病或继发性营养代谢病。

(4)病因调查时,动物经常采食的饲料应予以注意。过多饲喂菜籽饼,不仅可引起菜籽饼中毒,还可因菜籽饼能干扰碘的吸收而引起甲状腺肿。过多地饲喂生鱼或蕨类植物,可引起硫胺素缺乏症。这是因为此类食物中所含的硫胺素酶分解和破坏其中的硫胺素。有些饲料可能是造成代谢病的主要因素,但发病时早已被吃完,而现场所采集的样品可能无致病作用;有些饲料因堆放、储存时间太长,即使没有霉变,但因某些挥发性成分如碘、硒等已挥发或被氧化(可使饲料中维生素A和不饱和脂肪酸消耗过多),亦可造成营养代谢紊乱。

(5)调查动物生活区的土壤和水源时,也应注意元素间的协同与拮抗作用。石灰岩风化后的土壤,常影响植物对许多微量元素的吸收,如铜、锰、钴等。土壤中某些营养成分过多,也会影响植物对某些矿物质的吸收。如大量施用氮肥和钾肥的草地,易引起反刍动物缺镁。土壤中腐植酸盐含量过高,可影响植物对硒的吸收。土壤中pH、含水量,甚至通透性等,都可影响植物对矿物质的吸收、利用,造成植物中某些营养成分不足,最终导致动物营养缺乏症。水源调查是病因调查的又一重要环节。水中动物必需矿物质含量多少,水源是否受到污染及其污染程度,是发生营养代谢病的重要原因。我国江西耕牛钼中毒诱导的缺铜病,就是因河水被矿区的"尾砂水"污染,再用于灌溉农田,水中的钼转入稻草中,牛长期食用这种稻草引起体内铜排泄增多所致。即使在硒贫乏地区,地势低洼处生长的草内硒含量也特别高,可引起硒中毒现象。这是由土壤中可溶性硒被雨水冲刷后相对集中于洼地引起的。

(6)动物试验。人工复制出的疾病与自然发生的疾病相同,针对可疑的病因进行试验性治疗获得成功,是诊断此类疾病的决定性依据。选择来自健康地区生活的同一种动物,用病区可疑的饲料及饮水喂养,并接受病区同样的管理方式,经过一段时间的饲喂试验后,如果试验动物出现的临床症状、血清成分变化、病理剖检及组织学变化与自然发生的病例完全一样,而针对可疑病因、添加某种营养因子后再饲喂的对照组动物却健康存活,即可作出进一步诊断。若用同种动物确有困难,则尽量使用与患病动物生理特点接近的动物作为试验对象。饲养的条件应严格控制,防止饲料、饮水被可疑因子"沾染",也要防止试验期间意外因素干扰,造成受试动物死亡,使试验失败。有些动物试验需经历较长时间,这期间将会受到许多意想不到的因素干扰。

### 2.1.5 营养代谢病的防治措施

(1)饲养的日粮要合理。根据畜禽的种类、用途和生理的不同阶段,合理搭配日粮的数量和质量,既要考虑机体的生理需要(绝对量),又要考虑营养物质间的平衡(相对量);既要考虑一般时期的需要,又要考虑某段时间的特殊需要。

(2)要做好饲料的收获、储存工作,防止饲料变质。饲料的加工、调制要合理,防止营养成分被破坏。畜禽应加强运动,多晒太阳,避免影响营养物质的消化和吸收,防治消耗性疾病。

## 2.2 能量物质营养代谢病

### 2.2.1 奶牛酮病

#### 2.2.1.1 概念

奶牛酮病是高产奶牛体内碳水化合物及挥发性脂肪酸代谢障碍引起的,以酮血、酮尿、酮乳和低血糖症为特征的代谢性疾病。该病对高产牛群的危害最大，可造成血酮、乳酮和尿酮水平升高，泌乳量下降，乳品质下降，体重减轻，生殖系统和其他系统发病率增高。该病主要发生于产后2～6周，产前和分娩8周后也可发生。

#### 2.2.1.2　发生特点

(1)与分娩的关系：大部分病例发生在泌乳量开始增加时，以3～6胎次的牛常见。

(2)与季节的关系：寒冷、运动不足、饲料的改变(尤其是品质优良的粗饲料不足、给予过多的青贮饲料)等均可诱发该病。因此，该病多发生在冬、春季节。

(3)与饲料的关系：分娩前后，错误地给予过多的蛋白质和脂肪饲料，而碳水化合物饲料给予不足，或者三者均减少，会影响正常的瘤胃消化和血糖水平的维持，导致该病的发生。

#### 2.2.1.3　病因

一般认为，该病主要由蛋白质、脂肪和糖类三者之间代谢不平衡引起。酮体是脂肪酸氧化的中间产物，包括乙酰乙酸、β-羟丁酸和丙酮。例如，牛的能量和葡萄糖主要来自瘤胃微生物分解大量纤维素生成的挥发性脂肪酸，其中丙酸生糖，乙酸和丁酸转变为乙酰辅酶A后进入三羧酸循环，如草酰乙酸缺乏即转变为乙酰乙酸和β-羟丁酸，从而产生酮病。酮病又分三种：

(1)自发性或营养性酮病：即动物摄食高蛋白、高脂肪和低糖，使泌乳早期营养不平衡，先动员肝糖原，随后动员体脂和蛋白质而产生大量酮体的酮病。

(2)母羊妊娠毒血症：动物在产前存在高度营养不良，在多胎妊娠后期大量动员体储备而发生酮病。

(3)母牛消耗型酮病：动物产前过度肥胖，在产后泌乳早期因高度营养缺乏而大量动员体储备导致发病。

#### 2.2.1.4　症状

奶牛酮病在临床上表现为两种类型：消耗型和神经型，消耗型酮病占85%左右，但大部分的病牛同时存在消耗症状和神经症状。

(1)消化紊乱：表现为食欲减少或废绝、异嗜、反刍减少、粪便干稀不定并有恶臭。

(2)呈现一定的神经症状：如兴奋不安、空口虚嚼、流涎、眼球震颤、颈背部肌肉痉挛，或做转圈运动。

(3)呼出的气体、乳汁、尿液中有酮味。

(4)无并发症时，体温、呼吸和脉搏无变化，只是泌乳量显著减少，机体消瘦。

#### 2.2.1.5　治疗

酮病的治疗原则是补糖抗酮，对症处理。

(1)补糖疗法：静脉注射25%～50%葡萄糖溶液500～1000 mL，可重复或少量多次注射。

(2)激素疗法：为了促进糖原异生作用，皮下注射氢化可的松 1.5 g 或肾上腺皮质激素(ACTH)1 g，地塞米松等。

(3)水合氯醛治疗：首次剂量为 30 g，以后用 7 g，每天 2 次，连用 3～5 天。目的是使大脑产生抑制，降低兴奋性，使病畜安静，缓解病情；还可调节瘤胃内容物的发酵过程，使其朝着丙酸方向进行，以增加淀粉的分解，促进葡萄糖的生成和吸收。

(4)纠正酸中毒：用碳酸氢钠。

### 2.2.2　营养性衰竭症

#### 2.2.2.1　概念

营养性衰竭症是机体能量代谢过程中的异化作用加剧，机体内营养物质的储备严重消耗，以慢性渐进性消瘦为特征的营养不良综合征，包括马属动物的过劳症、耕牛的衰竭症和低温病、猪的瘦母猪综合征和僵猪症。该病的临床特点表现为渐进性消瘦、全身衰竭、体温低下、四肢末端发凉或水肿。

#### 2.2.2.2　病因

(1)过度使役、营养不足：如在农忙季节，使役过重，饲料不足，或管理不当，家畜得不到充分的休息和营养补充，机体处于疲劳和饥饿状态。

(2)饲料种类和自然条件的改变，破坏了机体原来的消化适应性和生活规律性，多见于从外地引进的马匹。

(3)老年动物由于牙齿磨损过度或松动，或消化机能减退，易发该病。

(4)各种寄生虫病、传染病、齿病、慢性消化紊乱以及某些微量元素缺乏症等，可继发营养衰竭症。

#### 2.2.2.3　病理变化

(1)由于机体营养不良，首先引起消化器官和神经系统机能下降。虽然家畜能摄食一些营养物质，但消化道不能很好地消化吸收，异常产物损害肝脏。

(2)机体动员自身的储备脂肪和糖原，蛋白质自体分解。能量物质严重消耗，热能反应降低，物质代谢严重障碍，导致机体进行性消瘦，体温降低，心肌、胃肌、平滑肌变薄，紧张度下降，胃肠迟缓，发生充血性心力衰竭。

#### 2.2.2.4　症状

(1)进行性消瘦：被毛粗乱，皮肤干枯、多屑，全身主要的骨骼肌萎缩，肌腱紧张度下降；全身骨架显露，肋骨历历可数，往往卧地不起。

(2)体温：正常或低下，多在 37 ℃以下，甚至在 35 ℃左右，并表现为末梢器官发冷。

(3)消化系统：一般有一定的食欲和饮欲，但采食减少，胃肠迟缓，消化紊乱。

(4)血液学变化:呈现贫血现象。

(5)其他症状:呼吸增数或气喘,心力衰竭,精神沉郁,反射机能减退。

#### 2.2.2.5 治疗

该病的治疗原则是加强护理,改善营养,增强消化机能。

早期病例应着重改善饲养管理,经补糖、补钙和强心后,体况大多改善。稍晚出现卧地不起的病例,一般疗程较长,单靠药物治疗难以奏效,组织代谢呈不可逆转性的,建议作淘汰处理。

### 2.2.3 猫、犬脂肪肝综合征

#### 2.2.3.1 概念

猫、犬脂肪肝综合征是由于脂质蓄积于肝细胞而造成肝脏肿大的一类疾病,以皮下脂肪蓄积过多、容易疲劳、消化不良等为特征。

#### 2.2.3.2 病因

该病可由身体过度肥胖、糖尿病或长期摄入高脂肪、高能量、低蛋白饲料,后来突然减食,甚至严重饥饿而引起。体内激素分泌障碍,对糖尿病治疗不恰当,或错误用药,如使用四环素、糖皮质激素太多,使用药物时间太长,使用某些内毒素等,均可引起该病的发生。

#### 2.2.3.3 症状

猫、犬脂肪肝综合征表现为体躯肥胖,皮下脂肪丰富,容易疲劳,消化不良,有易患糖尿病的倾向。血糖浓度升高,容易感染并产生菌血症。高度肥胖者,因心脏冠状动脉及心包周围有大量脂肪,常表现为呼吸困难,稍事运动即气喘吁吁,并产生多种器官病理变化。

#### 2.2.3.4 治疗

用高蛋白、低脂肪、低糖食物饲喂猫、犬,可防止过胖,同时,定时、定量饲喂是防治该病的有效措施。但脂肪肝综合征的临床症状一旦显现后,治疗效果常不够理想。

### 2.2.4 蛋鸡脂肪肝综合征

#### 2.2.4.1 概念

蛋鸡脂肪肝综合征是产蛋鸡的一种营养代谢病,临床上以过度肥胖和产蛋能力下降为特征。该病多出现在产蛋量高的鸡群或鸡群的产蛋高峰期,病鸡体况良好,其肝脏、腹腔及皮下有大量的脂肪蓄积,常伴有肝脏小血管出血,故又称为脂肪肝出血综合征。该病发病突然,病死率高,经济损失大。

#### 2.2.4.2 病因

(1)遗传因素:肉种鸡的发病率高于蛋种鸡。为提高产蛋性能而进行的遗传选择是脂肪肝综合征的诱因之一,高产蛋频率刺激肝脏沉积脂肪,这与雌激素代谢增强有关。

(2)营养因素:过量的能量摄入是造成脂肪肝综合征(fatty liver syndrome, FLS)或脂肪肝出血综合征(fatty liver hemorrhagic syndrome, FLHS)的主要原因之一。大量的碳水化合物可引起肝脏脂肪蓄积,这与过量的碳水化合物通过糖原异生转化成为脂肪有关。高能量蛋白比的日粮也可诱发该病。产蛋鸡日粮使用的能源类型也影响鸡肝脏的脂肪含量。饲喂以玉米为基础的日粮,产蛋鸡亚临床脂肪肝综合征的发病率高于以小麦、黑麦、燕麦或大麦为基础的日粮。低钙日粮可使肝脏的出血程度增加,体重和肝重增加,产蛋量减少,影响程度依钙的缺乏程度而定。与能量、蛋白质、脂肪水平相同的玉米、鱼粉日粮相比,采食玉米、大豆日粮的产蛋鸡,FLHS 的发生率较高。抗脂肪肝物质(如某些维生素和微量元素)的缺乏可导致肝脏脂肪变性。

(3)应激:任何应激都可能是 FLS 的诱因。突然应激可增加皮质酮的分泌。皮质类固醇刺激糖原异生,促进脂肪合成。尽管应激会使体重下降,但会使脂肪沉积增加。有时高产蛋鸡接种传染性支气管炎油佐剂灭活苗可暴发 FLS。

(4)温度:环境温度升高可使能量需要减少,进而使脂肪分解减少。

(5)饲养方式:笼养是 FLS 的一个重要诱发因素。因为笼养限制了鸡的运动,活动量减少,过多的能量转化成脂肪。

(6)毒素:黄曲霉毒素是产蛋鸡患 FLS 的基本因素之一。

(7)激素:肝脏脂肪变性的产蛋鸡,其血浆的雌二醇浓度较高。过量的雌激素促进脂肪形成,后者并不与反馈机制相对应。甲状腺的状况也影响肝脏脂肪沉积。

#### 2.2.4.3 发病机理

目前该病的发病机理仍不十分清楚。母鸡在产蛋期,为了维持生产力(1 个鸡蛋大约含 6 g 脂肪,其中的大部分是由饲料中的碳水化合物转化而来的),肝脏合成脂肪的能力增加,肝脂也相应增加,对某些未成熟母鸡,肝脂由干重的10%~20%提高到干重的45%~50%即可,另一些母鸡则需提高到50%以上,这就促使 FLS 的发生。同时,由于禽类合成脂肪的场所主要在肝脏,特别在产蛋期间,在雌激素作用下,肝脏合成脂肪的能力增加,每年由肝脏合成的脂肪总质量几乎等于家禽的体重。合成的脂肪以极低密度脂蛋白(very low density lipoproteins, VLDL)的形式被输送到血液,经心、肺小循环进入大循环,再运往脂肪组织储存,或运往卵巢。当肝内缺少脱脂肪蛋白和合成磷脂的原料,或 VLDL 的形成机能受阻,或血浆 VLDL 含量增高时,肝脂输出过慢而在肝中积存形成脂肪肝。

蛋是由各种蛋白质、脂类、矿物质和维生素组成的。如果饲料中蛋白质不足，将影响脱脂肪蛋白的合成，进而影响 VLDL 的合成，使肝脏输出 VLDL 减少，产蛋量减少；当饲料中缺乏合成脂蛋白的维生素 E、生物素、胆碱、维生素 B 和甲硫氨酸等亲脂因子时，VLDL 的合成和转运会受阻，造成脂肪浸润而形成脂肪肝。同时，由于产蛋鸡摄入能量过多，作为在能量代谢中起关键作用的肝脏不得不最大限度地发挥作用，肝脏脂肪来源大大增加，大量的脂肪酸在肝脏合成，但是肝脏无力完全将脂肪酸通过血液运送到其他组织或在肝脏氧化，从而造成脂肪代谢平衡失调，导致脂肪肝综合征。

#### 2.2.4.4 症状

该病主要发生于重型鸡及肥胖鸡。有的鸡群发病率较高，为 31.4%～37.8%。当病鸡体重超过正常体重的 25% 时，产蛋率波动较大，可从 60%～75% 下降为 30%～40%，甚至仅为 10%，在下腹部可以摸到厚实的脂肪组织。病鸡冠及肉髯色淡，或发绀，继而变黄，萎缩，精神委顿，多伏卧，很少运动。有些病鸡食欲下降，鸡冠变白，体温正常，粪便呈黄绿色，水样。当拥挤、驱赶、捕捉或抓提方法不当时，引起强烈挣扎，甚至突然死亡。易发病鸡群中，月均死亡率为 2%～4%，有时可高达 20%。

#### 2.2.4.5 病理变化

病鸡血清胆固醇含量明显增高，为 605～1145 mg/100 mL 或以上（正常为 112～316 mg/100 mL）；血钙含量增高，为 28～74 mg/100 mL（正常为 15～26 mg/100 mL）；血浆雌激素含量增高，平均为 1019 $\mu$g/mL（正常为 305 $\mu$g/mL）；450 日龄病鸡血液中肾上腺皮质胆固醇含量比正常鸡高 5.71～7.05 mg/100 mL。此外，病鸡肝脏的糖原和生物素含量很少，丙酮酸脱羧酶活性大大降低。

病死鸡的皮下、腹腔及肠系膜均有大量的脂肪沉积。肝脏肿大，边缘钝圆，呈黄色油腻状，表面有出血点和白色坏死灶，质脆、易碎，如泥样，用刀切时，切面上有脂肪滴附着。有的鸡由于肝破裂而发生内出血，肝脏周围有大小不等的血凝块。有的鸡心肌变性，呈黄白色。有的鸡肾略变黄，脾、心、肠道有不同程度的小出血点。

组织学观察仍可见到肝细胞，但视野中到处都是零乱的脂肪泡，可干扰内部结构，有些区域显示小血管破裂以及继发性炎症、坏死和增生。

#### 2.2.4.6 诊断

根据病因、发病特点、临床症状、临床病理学检验结果和病理学特征即可作出诊断。应注意与鸡脂肪肝和肾综合征的鉴别诊断。

#### 2.2.4.7 防治

限制饲料采食量或降低日粮的能量水平是预防 FLS 的有效方法。因此，可采取以下防治措施：

(1)合理调整日粮中能量和蛋白质含量的比例。一般采用饲料代谢能与粗蛋白质的比例为160～180。产蛋初期取低值，后期取高值。

(2)根据鸡日龄、体重、产蛋率甚至气温和环境，及时调整饲料配方，在控制高能物质供给的同时，掺入一定比例的粗纤维，可使肝脏脂肪含量减少，且对产蛋量没有不利的影响。

(3)适当限制饲喂量，减少饲料供给。

(4)选择体重合适的鸡，剔除体重过大的个体。或分群饲养，限制饲喂，控制体重增长。

(5)控制饲养密度，提供适宜的温度和活动空间，减少应激因素，特别是夏季，做好通风降温措施。

(6)在饲料中供应足够的胆碱、叶酸、生物素、核黄素、吡哆醇、泛酸、维生素E、硒、干酒糟、酵母、钴、甲硫氨酸、卵磷脂、维生素$B_{12}$、肌醇等，做好饲料的保管工作，防止霉变。

### 2.2.5 家禽痛风

**2.2.5.1 概念**

家禽痛风是一种与核蛋白营养有关的尿酸血症。尿酸在血中大量蓄积，导致关节囊、关节软骨、内脏及其他间质组织尿酸盐沉积。临床上表现为运动迟缓、四肢关节肿胀、厌食、衰弱及腹泻，并引起尿酸及尿酸盐的排泄增加及肛门充血。

该病在大型集约化养鸡场中常有发生，特别是在给肉用仔鸡饲喂大量的动物核蛋白饲料时经常见到。

**2.2.5.2 病因**

该病是在饲喂大量的富含核蛋白和嘌呤碱的蛋白质饲料，同时伴发肾机能不全时发生的。蛋白质饲料主要包括动物内脏(胸腺、肝、胰和肾)、脑、肉屑、鱼粉、大豆粉等；引起肾机能不全的因素包括铅中毒、钙过多、维生素A缺乏、磺胺药物中毒等。

**2.2.5.3 症状**

根据尿酸盐在体内沉积的部位不同，该病分为内脏型痛风和关节型痛风。

(1)内脏型痛风：表现为食欲不振，精神较差，贫血，冠苍白，脱毛，周期性体温升高，心跳增速，气喘，出现神经症状，皮肤瘙痒，不自主地排泄尿酸盐，血液中尿酸水平增高。剖检发现胸腹膜、肠系膜、肺、心包、肝、脾、肠、肾的表面散布大量的石灰样白色尘屑状物质，尿酸钠在显微镜下呈针状结晶。

(2)关节型痛风：病鸡运动迟缓，跛行，不能站立，腿和翅关节增大，切开可见灰白色沉着物积聚(可引起关节面坏死和溃疡),并形成所谓的"痛风石"。

#### 2.2.5.4 防治

目前该病的治疗方法不多,关节型痛风可手术摘除尿酸盐"痛风石",治疗可用别嘌呤醇。防治方法有减少核蛋白饲料,改变饲料配合比例,供给富含维生素A的饲料,增加维生素$B_2$,适当增加运动。

### 2.2.6 肥胖母牛综合征

#### 2.2.6.1 概念

肥胖母牛综合征又称牛脂肪肝病和牛妊娠毒血症,是由于母牛妊娠期间过度肥胖而发生的以厌食、抑郁、脂肪肝和致死率极高为特征的一种脂质代谢紊乱性疾病。

#### 2.2.6.2 病因

妊娠母牛过度肥胖是该病的主要病因。引起母牛过度肥胖的因素有:干乳期,甚至从上一个泌乳后期开始,大量饲喂谷物或者青贮玉米;干乳期过长,能量摄入过多;未把干乳期牛和正在泌乳的牛分群饲养,精饲料供应过多。分娩、产乳、气候突变、临分娩前饲料突然短缺等是该病的诱发因素。

#### 2.2.6.3 发病机理

由于上述因素使母牛妊娠期间过肥,同时怀双胎的肉用母牛于妊娠后期及乳牛分娩以后,随产乳量增加,机体对能量的需要量剧增,加上分娩、产乳等应激作用,或因饲料供应短缺,或者所供给的饲料不适应这一生理需要,可导致动用体脂。大量的游离脂肪酸从体内脂肪组织涌入肝、肾等组织,造成肝细胞脂肪变性或脂肪沉着,肝糖原合成减少,脂蛋白合成降低。脂肪酸在肝内氧化减少,加速肝内脂肪合成与沉积,并产生酮血症和低糖血症。后期因血糖转化为肝糖原受阻,呈现高糖血症。

有些影响脂肪酸氧化或脂蛋白合成的因素,可加速脂肪在肝脏内积累。如有毒羽豆、四氯化碳、四环素等可影响肝细胞功能,甲硫氨酸和丝氨酸缺乏可影响脂蛋白合成,胆碱缺乏不仅影响磷脂合成,还可影响脂肪运输。

#### 2.2.6.4 症状

患肥胖母牛综合征的病牛显得异常肥胖,脊背展平,毛色光亮。乳牛产后几天内表现为食欲下降,逐渐停食。动物虚弱,躺卧,体内酮体增加,酮尿严重。用治疗酮病的措施常无效。肥胖牛群还经常出现真胃扭转、前胃弛缓、胎衣滞留、难产等,用治疗这些疾病的常用方法疗效甚差。部分牛呈现神经症状,如举头、头颈部肌肉震颤,最后昏迷,心动过速。病牛致死率极高。病牛愈后休情期延长,牛群中不孕及少孕几率增加,对传染病的抵抗力降低,容易继发乳房炎、子宫炎、沙门菌病等,某些代谢病如酮病和生产瘫痪等发病率增高。

肥胖肉母牛常于产犊前表现不安,易激动,行走时运步不协调,粪少而干,心动过速。如在产犊前2个月发病者,常有较长时间停食,精神沉郁,躺卧、伏卧在地,呼吸加快,鼻腔有明显分泌物,口圈周围出现絮片,粪便少,后期呈黄色稀粪、恶臭,死亡率很高,病程为10~14天,最后昏迷,并在安静中死亡。

血清谷草转氨酶、鸟氨酸氨甲酰转移酶和山梨醇脱氢酶活性升高,血清白蛋白含量下降,胆红素含量增高,提示肝功能损害。血清酮体、尿酮体含量增高,出现蛋白尿。患病动物常有低钙血症[血钙浓度为 1.5~2.0 mmol/L（60~80 mg/L）],血清无机磷浓度升高到 64.6 mmol/L（200 mg/L）。开始时呈低糖血症,而后期呈高糖血症。白细胞总数减少,中性粒细胞减少,淋巴细胞减少。

#### 2.2.6.5　病理变化

剖检可见肝脏轻度肿大,呈黄白色,脆而油润,肝中脂肪含量在20%以上。肾小管上皮脂肪沉着,肾上腺肿大,色黄,真胃内常有寄生虫侵袭性炎症,出现霉菌性瘤胃炎和灶性霉菌性肺炎等。

#### 2.2.6.6　诊断

该病均发生于肥胖母牛,肉牛多发于产犊前,奶牛于产犊后突然停食、躺卧等;利用临床病理学检验结果(如肝功能损害、酮体含量增高等)进行诊断;同时根据肝脏活体采样检查进行诊断。

#### 2.2.6.7　防治

该病的死亡率高,经济损失大,应采取预防措施。

(1)妊娠期间特别是妊娠后期,防止摄入过多的能量饲料。建议对妊娠后期母牛分群饲养,通过观察牛体重的变化,防止过度肥胖。经常监测血液中葡萄糖及酮体浓度,对预防该病有重要参考意义。

(2)尽快使分娩牛恢复食欲,防止体脂过多动用,提供质量较高的青干草,让其自由采食,精饲料的饲喂应做到少喂勤添。

(3)在饲料中提供适量且平衡的蛋白质,不但有助于预防脂肪肝,而且有助于产乳量的提高。

(4)对产后某些疾病,如真胃变位、子宫内膜炎、酮病等,应及时进行适当治疗。当血糖浓度下降时,除静脉滴注葡萄糖外,还应使用丙二醇促进其生糖,可减少体脂动用。

对该病的治疗应持慎重态度,完全丧失食欲者,常归于死亡。对尚能维持一定食欲者,应采取综合治疗措施。

## 2.2.7 仔猪低糖血症

### 2.2.7.1 概念

仔猪低糖血症又称乳猪病或憔悴猪病,是仔猪在出生后最初几天内因饥饿致体内储备的糖原耗竭而引起的一种营养代谢病。其特征是血糖显著降低,血液非蛋白氮含量明显增多,临床上呈现迟钝、虚弱、惊厥、昏迷等症状,最后死亡。

该病是1周龄内小猪死亡的主要原因之一,有的猪群死亡率高达25%。

### 2.2.7.2 病因

仔猪出生后吮乳不足是发病的主要原因。引起仔猪吮乳不足的因素有:仔猪不能吮乳;母猪泌乳不足或不能泌乳;窝猪头数比母猪奶头数多;管理因素,如产仔栏的下横档位置不适当,使小猪不能接近母猪乳房。

环境寒冷或空气湿度过高使机体受寒是发病的诱因。仔猪缺乏皮下脂肪,体热很容易散失。若仔猪生活环境阴冷潮湿,其体温的维持需要迅速利用血中的葡萄糖和糖原储备,但仔猪在出生后第1周内不能进行糖异生作用,若母乳不足,则易发生低糖血症,可很快引起死亡。

### 2.2.7.3 症状

同窝猪中的大多数仔猪均可发病,由正常的活泼有力、能吮奶,变成有气无力,不愿吮乳,离群独卧。仔猪皮肤冷湿、苍白,体温低,肌肉松弛,对外界刺激反应迟钝或消失。仔猪甚至出现运动失调,用鼻唇部抵在地上维持站立姿势;随后呈胸卧式或侧卧式卧地不起;最后仔猪呈现惊厥,伴有空口咀嚼,流涎,角弓反张,眼球震颤,前肢、后肢收缩,昏迷和死亡。

血糖水平由正常的4.995~7.215 mmol/L下降到0.278~0.833 mmol/L。当下降到2.775 mmol/L以下时,通常就有明显的临床症状。血液非蛋白氮通常升高。

### 2.2.7.4 诊断

一般而言,根据仔猪、母猪的情况,环境因素的检查,尸体剖检时内容物缺少、脱水、肝脏小而硬以及仔猪对葡萄糖治疗的反应等,可作出诊断。

### 2.2.7.5 防治

通常采取病因疗法,补给糖,并改善饲养条件和加强护理。

临床多应用葡萄糖溶液腹腔内注射,每天注射4~6次,直至症状缓解并能自行吮乳。也可灌服葡萄糖水,或用倍量水稀释过的蒸发乳灌服。同时,将患病仔猪置于温暖环境中,温度应保持在16 ℃以上,以保证疗效。

初生仔猪应及早吃食初乳,防止饥饿,注意保暖。不会吮乳的仔猪要尽快学会吮乳。

## 2.3 常量元素代谢紊乱性疾病

### 2.3.1 佝偻病

**2.3.1.1 概念**

佝偻病是幼畜因维生素 D 缺乏及钙磷代谢障碍导致软骨骨化障碍、骨基质钙盐沉积不足的一种慢性疾病,临床表现以消化紊乱、异嗜癖、跛行、骨骼变形等为特征。该病主要发生于犊牛、羔羊、仔猪等,在冬季多发。

**2.3.1.2 病因**

(1)母乳和断奶后饲料中维生素 D 不足和缺乏,以及缺乏足够的日光照射和运动,均可导致幼畜维生素 D 缺乏。

幼畜所需的维生素 D,一是通过饲料和母乳获得,二是经过阳光照射使皮肤中维生素 D 原转变为维生素 D,故母畜营养不良、饲喂劣质干草、光照不足等,尤其是关禁饲养,均可引起维生素 D 缺乏。另外,幼畜消化紊乱也可影响胃肠对维生素 D 的吸收,从而导致维生素 D 缺乏。

维生素 D 的生理作用有 3 种:一是调节血中钙磷的比例;二是促进肠道内钙磷的吸收;三是刺激钙在软骨内沉着。因此,维生素 D 缺乏影响钙磷的吸收,导致成骨细胞钙化过程延迟、骨骼中钙含量降低、骨样组织多而发生该病。

(2)机体钙磷不足、比例不当:如幼畜断乳过早、胃肠疾病、气候干旱等,均可引起机体钙磷不足或比例不当。

**2.3.1.3 症状**

(1)一般症状:表现为精神沉郁、喜卧、异嗜、运动障碍、发育停滞、消瘦等。

(2)骨骼变形:四肢关节肿胀、骨骼弯曲、呈内弧(O 型)或外弧(X 型)肢势,肋骨于肋软骨结合部呈念珠状肿胀,肋骨扁平,头骨、鼻骨肿胀,胸廓狭窄,脊柱向侧方或向上、向下弯曲。

**2.3.1.4 防治**

除改善饲养管理、加强护理以外,主要防治措施是供给维生素 D 制剂,如鱼肝油、骨化醇等;供给钙剂,如碳酸钙、磷酸钙、乳酸钙等。

### 2.3.2 骨软症

**2.3.2.1 概念**

骨软症是成年动物软骨内骨化作用完成以后,由于钙磷代谢障碍导致骨质的进行性脱钙、骨质疏松的一种慢性疾病,临床表现以消化紊乱、异嗜、跛行、骨质疏松、骨变形等为特征。该病多发生于牛、羊，尤其多见于妊娠母牛和高产母牛，猪多见于产后。

#### 2.3.2.2 病因

该病主要由饲料、饮水中钙磷比例不平衡所致。牛的骨软症由磷含量不足或饲料中的钙过剩所致，猪的骨软症多由钙缺乏所致。

#### 2.3.2.3 症状

该病主要表现为消化紊乱、异嗜癖、跛行等症状。骨骼系统变化表现为一般性的骨关节疼痛、运动障碍、四肢外形异常，牛的最后 1～2 尾椎骨移位、变形，重者变软、消失。人工可使牛尾卷曲，病牛不感疼痛。禽类表现为异嗜，产蛋率下降，蛋壳易破或变软，站立困难，瘫痪，胸骨常发生变形。

#### 2.3.2.4 防治

（1）在发病地区，尤其是对妊娠母牛和高产乳牛，重点应放在预防上，如注意饲料搭配、调整钙磷比例、补饲骨粉等。

（2）对于早期病畜，单纯补饲骨粉即可，牛的剂量为 250 g/d，5～7 天为一个疗程；猪使用鱼粉或杂骨汤也有很好的效果。对于病情较重的病牛，可静脉注射 20% 磷酸二氢钠溶液 300～500 mL 或 3% 次磷酸钙溶液 1 000 mL。

### 2.3.3 纤维性骨营养不良

#### 2.3.3.1 概念

纤维性骨营养不良是由于日粮中磷过剩而继发钙缺乏或原发性钙缺乏而发生的一种以马属动物为主的骨骼疾病。该病的特征性病变是骨组织呈现进行性脱钙及软骨组织纤维性增生，进而骨体积增大而重量减轻，尤以面骨和长骨骨端显著。该病的临床特征是消化紊乱、异嗜癖、跛行、拱背、面骨和四肢关节增大，且尿色澄清、透明。

#### 2.3.3.2 病因

马属动物和猪易发病，常见于日粮中磷过剩而继发钙缺乏。

#### 2.3.3.3 发病机理

由于饲料中含钙不足或含磷过剩，或含钙正常而含磷特别高，引起机体钙磷代谢紊乱。血磷过高将使血钙（主要是离子钙）浓度下降，从而刺激甲状旁腺，引起甲状旁腺激素分泌增多（继发性甲状旁腺机能亢进），促进溶骨，在钙被动员溶出的同时，磷酸盐也被溶出，使血磷浓度更高。同时，磷的潴留又使肠吸收钙减少，加重了钙的负平衡，更促进骨钙的溶出。

该病的骨组织进行性脱钙过程与骨软病相同，但在脱钙后，骨软病的骨组织是被未钙化骨样组织所代替，而该病的骨组织则是被含细胞丰富的纤维组织所代替。多在长骨骨端、扁骨处被破坏的旧骨与膨大的新骨出现囊肿状改变,囊腔中充满纤维细胞、钙化不良的新骨及大量的毛细血管,巨大多核的破骨细胞衬在囊壁。马属动物常在下颌支、额骨、上颌骨和鼻骨发生囊性膨隆。

在典型的纤维性骨营养不良病例中,骨组织出现大量的多核破骨细胞和破骨细胞性巨细胞,薄片样骨组织消失。因此,在组织学上能发现头骨被广泛破坏,骨样组织的骨小梁零乱地排列,钙化组织被吸收后造成的间隙被纤维结缔组织所填充,这就是骨纤维化和增大的原因,并且在纤维细胞的基质中,发现大量散乱的破骨细胞及破骨细胞性巨细胞。

#### 2.3.3.4 症状

典型的马纤维性骨营养不良病例,临床上主要表现为消化紊乱、异嗜癖、跛行、拱背、面骨和四肢关节增大等特征。病马到处啃食木槽、屋柱、系马桩和树皮。由于出现消化紊乱,病马喜食食盐和精饲料,排出的粪球带有大量液体,粪球落地后立即破碎,含大量未消化的粗糙渣滓。病马尿色澄清、透明亦为临床特征之一,当其病情开始好转时(通常经治疗之后),尿色随之转为浑浊的乳白色或黄白色。

猪患纤维性骨营养不良时,其骨损害及症状与马相似,严重病例不能站立和走路,四肢扭曲,关节和面部增大。病情较轻的病例表现为跛行,不愿站立,站立时疼痛,腿骨弯曲,但面骨及关节一般正常。

病畜额骨的硬度下降,骨穿刺针很容易刺入。X射线透视检查发现,尾椎骨的皮质变薄,皮质与髓质之间的界限模糊;颅骨表面不光滑,骨质密度不均匀;掌骨可发现外生骨疣及骨端愈着。血液学检查发现,血钙和血磷水平的测定无特殊临床意义,但血清碱性磷酸酶及其同工酶水平的测定则可用于判定破骨性活动的程度。

#### 2.3.3.5 诊断

马纤维性骨营养不良呈地方流行性和一定的季节性流行,只要注意饲养上的问题和临床上的特征,通常不难诊断,特别是一些典型病例。

#### 2.3.3.6 治疗

对马的预防,应注意日粮中钙、磷适当平衡问题,二者的比例以钙略高于磷为宜。病马应采用钙剂治疗,减少日粮中的麸皮和米糠,补充石粉,约占精饲料的10%,静脉注射10%水杨酸钠溶液和5%氯化钙溶液(二者交替进行,即第一天用水杨酸钠,第二天用氯化钙,每日1次,每次100 mL)。也可两药各半,疗程为7~10天。当发现马尿液由原来的透明茶黄色转变成浑浊的黄白色时,则表明药物(包括补充石粉)治疗奏效。猪的治疗通常用钙剂,而不用无机磷酸盐。

#### 2.3.3.7 预防

调整马的日粮中钙磷比例接近1∶1,以1.2∶1最理想。用石粉预防有显著的效果。

### 2.3.4 水牛血红蛋白尿

#### 2.3.4.1 概念

水牛血红蛋白尿是以水牛红尿为显著特征的一种代谢性疾病。所谓"红尿",是指红细胞在血液中大量解体,释放出的血红蛋白经肾脏随尿液排出体外,而尿中无红细胞。该病主要发生于水牛,是发生在华东地区(如苏南茅山地带、苏北洪泽湖沿岸及皖东滁州地区)的一种独立性疾病。

#### 2.3.4.2 病因

该病的发生原因尚不十分清楚,可能与无机磷的缺乏有关。天气寒冷,特别是骤然寒冷,是该病的诱因。

#### 2.3.4.3 症状

(1)以红尿为主要特征:病初尿液由淡红色、红色、暗红色逐渐加深,变为紫红色、棕褐色,随着症状的减轻,颜色由深变浅,直至无色。排尿次数增多,但每次尿量相对减少;尿潜血检查为阳性,但尿沉渣检查通常无红细胞。

(2)呼吸、体温和食欲基本无变化:严重时食欲稍降,呼吸次数增多,脉搏数增多,心搏动急速而快,颈静脉怒张,出现明显的阴性搏动。

(3)贫血:随病情的发展而逐渐加剧,可视黏膜及皮肤(乳房、乳头、股内侧和腋下)变成淡红色、苍白色。

(4)血液检查:血红蛋白由正常的 50%～70% 下降到 20%～40%,红细胞数由 500 万～600 万/$mm^3$ 下降到 100 万～200 万/$mm^3$。

#### 2.3.4.4 治疗

以补磷为主,辅以对症治疗等。补磷采用 20% 磷酸二氢钠 300～500 mg,静脉注射,1～2 次/日,连用 2～3 天。

### 2.3.5 青草搐搦

#### 2.3.5.1 概念

青草搐搦是反刍兽在采食生长繁茂的幼嫩青草或谷苗后突然发生的一种低镁血症,临床上以肌肉强直性或阵发性痉挛和抽搐为特征。该病常出现在早春放牧开始后的前 2 周内,也见于晚秋季节。施用氮肥和钾肥的牧草危险性最高。

#### 2.3.5.2 病因

幼嫩青草和生长繁茂的牧草比成熟牧草中镁含量低,而且栽培牧草大量施用钾肥和氮肥,导致土壤高钾和偏酸,进一步降低了牧草对土壤中镁的吸收。泌乳高峰期的牛、羊对镁的需求量高,更容易发病。此外,瘤胃和消化道偏低的 pH 环境有利于机体对镁的吸收,但采食幼嫩青草后导致瘤胃 pH 升高,抑制机体对钙、镁的吸收,而且采食青草导致食物在消化道中迅速通过,并形成大量不溶性的矿物质,进一步降低了机体对镁的吸收。此外,采食燕麦、大麦等谷物的幼苗后也能引起大规模发病,称为麦草中毒。

**2.3.5.3 发病机理**

镁重要的生理作用就是抑制神经肌肉的兴奋性,镁缺乏时则出现神经肌肉兴奋性升高,表现为血管扩张和抽搐,严重时死亡。

**2.3.5.4 症状**

早期出现轻微的步态强拘,头高抬,眼圆睁和凝视,驱赶或突然兴奋时跌倒,并发生四肢强直和抽搐,或出现划水样动作,第三眼睑颤动。病畜大声咀嚼,嘴唇上有白沫。眼圆睁和嘴唇上有白沫是该病的两大特征。

亚急性病例发病较缓和,发病 3~4 天内出现轻微的食欲不振,面部表情凶狠,甩头,步态强拘,拒绝驱赶,后肢和尾巴震颤或轻微抽搐。频频排尿和排粪是亚急性病例的特征。

**2.3.5.5 诊断**

根据感觉过敏、抽搐、泌乳母畜最先发生,结合其采食谷苗或幼嫩青草的病史,可作出初步诊断。

**2.3.5.6 治疗**

应避免使患畜兴奋,以免发生阵挛,出现痉挛时应镇静。立即用 15% $MgSO_4$ 溶液 400 mL 皮下注射,同时用钙镁合剂(250 g 硼酸葡萄糖酸钙、50 g $MgSO_4$,加水 1000 mL)缓慢静脉注射,牛 500 mL,羊 50 mL,并灌服 60~90 g 焙烧后的磷镁矿或其他类似物,以恢复肠道的镁水平。

**2.3.5.7 预防**

可在饮水中添加醋酸镁(每头牛每天 60 g)进行预防。牧草尽可能少施用钾肥和氮肥,最好在肥料中添加镁盐。保证牛、羊摄入足够的食盐,防止摄入大量钾盐。

## 2.3.6 低钠血症

**2.3.6.1 概念**

低钠血症是临床上常见的电解质紊乱。$Na^+$ 主要存在于细胞外液中,细胞外液中 $Na^+$ 占体钠总量的 1/3~1/2,包含几乎所有的可利用和可交换的 $Na^+$。体内水与 $Na^+$ 之间相互依存、相互影响,水与 $Na^+$ 的正常代谢及平衡是维持机体内环境稳定的重要因素。

**2.3.6.2 病因**

(1)假性低钠血症:见于高脂血症和高蛋白血症,在这些疾病中,由于血浆或血清中含有大量脂肪和蛋白质,致使溶解在血浆或血清中的 $Na^+$ 减少,出现假性低钠血症。

(2)失钠性低钠血症:能引起 $Na^+$ 丢失并随之出现有效循环血量减少的因素通常能引起低钠血症,包括呕吐、腹泻、多汗和肾上腺分泌不足。机体对有效循环血量减少的反应是出现渴感和分泌抗利尿激素(antidiuretic hormone,ADH),促进动物饮水和肾脏保钠保水,目的是使水潴留以维持血容量和防止循环衰竭。水潴留达到一定程度后,导致血浆 $Na^+$ 降低并使血液呈低渗状态,形成低渗性低钠血症。

体腔积液也可造成低钠血症,这种情况见于腹水、腹膜炎或膀胱破裂。由于细胞外液大量进入体腔,发展迅速时可引起血容量快速下降,并随之出现代偿性水滞留,导致血钠降低。

(3)稀释性低钠血症:该症是指体内水分原发性潴留过多,总体水量增多,但总钠不变或稍有增加而引起的低钠血症。总体水量增多是因为肾脏排水能力发生障碍,或者肾功能虽然正常,但摄入水量增多,一时来不及排出,导致总体液量增加,血液被稀释,从而出现低钠血症。这种情况见于精神性烦渴、抗利尿激素分泌异常综合征和某些肾脏疾病。

(4)低血钠伴有总钠升高:原发因素是 $Na^+$ 潴留。$Na^+$ 潴留必然伴有水潴留,如果水潴留大于 $Na^+$ 潴留,则引起渐进性低钠血症。这种情况见于充血性心力衰竭、肝功能衰竭、慢性肾衰竭和肾病综合征。其发生机制较复杂,常涉及多种体液因子和肾内水盐代谢机制。

(5)无症状性低钠血症:见于严重肺部疾病、恶病质、营养不良等,可能是由于细胞内外渗透压平衡失调,细胞内水向外移,最终引起体液稀释。细胞脱水使血浆抗利尿激素(ADH)分泌增加,促进肾小管对水的重吸收,使细胞外液在较低渗状态下维持新的平衡。该症的命名欠妥,因为许多低钠血症早期或发展缓慢的病例也不出现症状。

#### 2.3.6.3 症状

该病的症状取决于血钠下降的程度和速度。急性低钠血症在很大程度上与血容量和有效循环血量下降有关,通常出现颈静脉扩张、毛细血管再充盈时间延长、血压下降等。患畜出现疲乏,视力模糊,肌肉疼痛性痉挛或阵挛,运动失调,腱反射减退或亢进,严重时发展为惊厥、昏迷甚至死亡。

#### 2.3.6.4 诊断

根据失钠病史(呕吐、腹泻、利尿剂治疗、抗利尿激素分泌异常综合征)和体征(血容量不足和水肿)可以作出初步诊断。实验室检查包括血浆渗透压以及血中 $Na^+$、$K^+$、$Cl^-$ 和 $HCO_3^-$ 的测定等,有助于诊断。尿 $Na^+$ 水平可用于区分某些原因引起的低钠血症,如由呕吐、腹泻、多汗、体腔积液引起的低钠血症,由于肾脏 $Na^+$

重吸收增加,尿 $Na^+$ 水平极低;由肾上腺分泌不足引起的低钠血症和高钾血症,尿钠水平高;抗利尿激素分泌异常综合征引起的低钠血症,尿 $Na^+$ 有升高的趋势;精神性烦渴引起的低钠血症,尿 $Na^+$ 有降低的趋势。

#### 2.3.6.5 治疗

应根据低钠血症发生的原因和机制进行适当的治疗。对于失钠性低钠血症,除治疗原发病外,可口服或静脉补给氯化钠。对于稀释性低钠血症,应控制水的摄入量,并使用利尿剂利尿。低钠性低渗状态有时还伴有其他电解质的缺失,需作相应补充。

### 2.3.7 "母牛卧倒不起"综合征

#### 2.3.7.1 概念

"母牛卧倒不起"综合征又称"爬行母牛"综合征,该病不是一种独立的疾病,而是某些疾病的一种临床综合征。从广义上说,凡是经一次或两次钙剂治疗无反应或反应不完全的倒地不起母牛,都可归属在这一综合征范畴内。

#### 2.3.7.2 病因

病因不明。

#### 2.3.7.3 症状

病牛在发病前,往往见不到症状。卧倒不起常发生于产犊过程或产犊后 48 h 内。病牛表现机敏。饮、食欲基本正常,但食量有时有所减少。体温正常或稍有升高,心率增加到 80~100 次/分,脉搏细弱,但呼吸无变化。排粪和排尿正常。最初病牛常常很想爬起来,但其后肢不能充分伸展。以上是典型病例的临床病症。

大多数是生产瘫痪综合征,或是非生产瘫痪,故血浆钙水平有时正常;血浆磷和血浆镁水平有时可在正常范围以内,但有时出现低磷酸盐血症、高镁或低镁血症、高糖血症及低钾血症。有时有中度的酮尿症。许多病例有明显的蛋白尿,也可在尿中发现一些透明圆柱和颗粒圆柱。有些病牛可见低血压和心电图异常。

#### 2.3.7.4 诊断

根据钙疗无效,或治疗后虽然精神状态好转,但依然爬不起来,以及病牛机敏,没有精神沉郁与昏迷的症状,可以作出初步诊断。临床病理学检查结果有助于分析原因和确定治疗方案。

#### 2.3.7.5 治疗

可以将诊断分析的结果作为治疗依据,否则任意用药不仅无效,而且可导致不良后果。卧地不起的母牛,应防止肌肉损伤和褥疮形成,可适当给予垫草及定期翻身,或在可能的情况下人工辅助站起,经常投予饲料和饮水,并可静脉补液和对症治疗,有助于病牛的康复。

### 2.3.8 母犬、母猫生产搐搦

#### 2.3.8.1 概念

母犬、母猫生产搐搦可发生于产前、产中及产后,以产后 1~4 周居多。该病多发于小型犬、猫,尤其是易兴奋、产仔多的品种,以低钙血症、肌肉痉挛和惊厥发作为临床特征。

#### 2.3.8.2 病因

该病的发生与日粮营养失衡、钙需要量增加(泌乳及胎儿生长)、钙利用率降低、泌乳应激及遗传因素有关。一般 6 岁后不再发病。

#### 2.3.8.3 症状

病犬初期呈现不安、恐惧、焦虑、呜咽和呼吸加快。随着病程的发展,后肢僵硬,步态摇摆,体温升高。倒地不起的病例可伴有呼吸困难、脉搏疾速、黏膜充血、流涎等。肌肉纤维性震颤,继之短暂的间歇之后,震颤进行性加重,以致短时间的惊厥发作。濒死期动物处于休克状态,黏膜发白、干燥,瞳孔散大。常伴有血钙降低($<1.75$ mmol/L)。

#### 2.3.8.4 治疗

静脉注射 10%葡萄糖酸钙溶液或 10%葡萄糖氯化钙溶液 5~10 mL 可迅速治愈。断乳 24 h 有助于疾病的恢复。补充钙和维生素 D 可防止复发。日粮钙含量 1%和磷含量 0.8%有预防作用。

### 2.3.9 笼养蛋鸡疲劳症

#### 2.3.9.1 概念

笼养蛋鸡疲劳症是由笼养产蛋鸡钙磷代谢障碍、缺乏运动等因素所致的骨质疏松症,其临床特征是站立困难、骨骼变形和易发生骨折,软壳蛋增加,蛋的破损率增高。

#### 2.3.9.2 病因

高产蛋鸡的钙代谢率相当高,其中 60%由消化道吸收,40%来自骨骼。一个产蛋周期所消耗的碳酸钙相当于蛋鸡体重的 2 倍,这可引起生理性骨质疏松。如果日粮中钙磷含量不足,加之笼中饲养使蛋鸡缺乏运动,可导致严重的骨质疏松。用低钙、低磷、低维生素 D 的日粮可实验性复制该病。低钙和维生素 D 缺乏的日粮可使产蛋量严重下降,而低磷仅导致轻度下降。

#### 2.3.9.3 症状

病鸡两腿无力,站立困难,瘫倒在地,脱水,产蛋量严重减少,软壳蛋增加,蛋的破损率增高。尸检可见腿、翼和胸骨骨折,易折断。胸骨变形,肋骨特征性向内弯曲(由细小骨骨折所致)。卵巢退化,甲状腺肿大。皮质骨变薄,髓质骨减少。

#### 2.3.9.4 防治

产蛋前增加日粮钙的含量,以增强皮质骨和髓质骨的强度。如将病鸡移至笼外,按常规饲养,可于4~7天恢复。产蛋高峰期日粮中钙和磷含量应分别保持在3.5%和0.9%。

## 2.4 微量元素不足或缺乏症

动物体内的微量元素与三大营养物质代谢关系密切,微量元素不足或缺乏时会引起贫血、生长停滞、抗氧化能力下降、生产力下降、免疫功能降低等。本节主要介绍硒缺乏症、铜缺乏症、铁缺乏症、锰缺乏症、锌缺乏症、钴缺乏症和碘缺乏症。

### 2.4.1 硒缺乏症

#### 2.4.1.1 概念

硒缺乏症是因硒缺乏导致动物骨骼肌、心肌及肝脏等组织变性、坏死的一种营养代谢病。该病具有明显的地域性和群体选择性,主要发生于幼龄动物。

#### 2.4.1.2 流行病学特点

该病的流行病学特点如下:

(1)发病的地区性:该病虽然在世界范围内发生,但具有明显的地区性。我国有一条从东北经华北至西南的缺硒带,包括黑龙江、吉林、辽宁、青海、四川、西藏和内蒙古等省、自治区,其中黑龙江是缺硒最严重的省份,其他地区如新疆、山西、陕西、甘肃等地的动物缺硒症发病率在30%左右。

(2)发病的季节性:该病一年四季均可发生,但每年的冬末初春多发。这可能与漫长的冬季里舍饲状态下青绿饲料缺乏,某些营养物质(如维生素类)不足有关。此外,春季正是畜禽集中产仔、孵化的旺季,而该病主要侵害幼龄畜禽,形成春季发病高峰。

(3)发病群体的年龄:该病多发于幼龄阶段,如仔猪、雏鸡、羔羊、雏鸭、犊牛及驹等,这与幼龄动物生长发育迅速,代谢旺盛,对营养物质需求量增加,对硒的缺乏更为敏感有关。

#### 2.4.1.3 病因

该病的直接病因是日粮或饲料中含硒量低于正常的低限营养需要量(0.1 mg/kg),一般认为,硒含量低于0.05 mg/kg可能引起动物发病,低于0.02 mg/kg则必然发病。而饲料中的硒源于土壤中的硒,因此,土壤硒含量低是缺硒症的根本原因。导致土壤缺硒的因素包括：年降雨量大于 560 mm；地势海拔高于 250 m；土壤偏酸性，pH<6.5；与硒相拮抗的元素如 S、Hg、Ar、Cd、Pb 等含量过高。

#### 2.4.1.4 发病机理

硒在动物体内的作用是多方面的。适量补硒对动物的生长、增重、繁殖、抗癌、提高免疫力等方面均有作用，但其最重要的生理作用是抗氧化，并与同样具有抗氧化作用的维生素 E 有互补作用；硒是谷胱甘肽过氧化物酶的组成成分，与维生素 E 都是动物体内抗氧化防御系统的组成成分，可破坏自由基并将其分解。

动物机体在代谢过程中产生各种内源性的过氧化物，如有机过氧化物和无机过氧化物，这些过氧化物和氧自由基以及有机自由基与细胞膜的不饱和脂肪酸磷脂膜（脂质膜）发生脂质过氧化反应，如果这种非正常的生物变性反应十分剧烈，将造成细胞、亚细胞膜的功能和结构损伤，导致 DNA、RNA 和酶等发生异常，影响细胞分裂、生长、发育、繁殖、遗传等，使组织发生变性、坏死等一系列病理变化和功能改变，出现各种临床症状。

硒通过谷胱甘肽过氧化物酶破坏、分解自由基和过氧化物，产生脂质过氧化反应。只要动物体内有充足的硒和谷胱甘肽过氧化物酶，就可破坏过氧化物和自由基发动的脂质过氧化反应。谷胱甘肽过氧化物酶和维生素 E 在抗氧化作用中起协同作用，共同使组织免受过氧化作用的损伤，保护细胞和亚细胞膜的完整性。

#### 2.4.1.5 症状

该病主要发生在幼龄动物，缺硒的共同症状主要是运动障碍、生长迟缓、排稀粪、消瘦、贫血及心功能不全。

雏鸡站立不稳，行走时两腿外展，快步急走，躯体向前倾斜，往往倒地不起；雏鸭站立时跗关节屈曲、外展或跗关节着地，甚至卧地不起；病仔猪站立不稳，行走时后躯摇晃，有的卧地呈犬坐姿势或卧地不起；病羔羊、犊牛四肢僵直，行走时后躯不灵活、摇摆，有的卧地不起，头弯向颈侧。

缺硒幼龄动物排稀便，消瘦，生长停滞，贫血，心功能不全，体温基本正常；成年动物缺硒则表现为繁殖机能障碍，生产性能降低，公畜精液品质不良，母畜受胎率降低，孕畜流产，甚至不孕，乳牛胎衣不下，母鸡产蛋率和孵化率降低。

不同种属及不同年龄的个体动物，又各有其特征性的临床症状。

(1)反刍动物：羔羊、犊牛的白肌病或肌营养不良主要表现为运动障碍，步态强拘，站立不稳，伴有顽固性的腹泻，心跳加快，节律不齐；成年母牛可出现产后胎衣停滞，有的出现肌红蛋白尿。

(2)猪：腹下出现水肿，运动障碍明显，站立困难，甚至出现犬坐姿势，步态不稳，后躯摇摆，心跳加快，节律不齐，肝实质病变严重的可伴有皮肤黏膜黄疸。成年猪有时排肌红蛋白尿。急性病例常在剧烈运动、驱赶过程中突然跃起、尖叫而发生心性猝死,多见于1~2月龄营养良好的个体。肝营养不良主要见于21~120日龄的仔猪;桑葚心的病猪外表健康,但可于几分钟内突然抽搐、跳跃同时嚎叫而死亡。

(3)雏鸡:雏鸡缺硒的突出表现是出现渗出性素质(皮下呈淡绿色水肿),两后肢外展,运步蹒跚,甚至卧地不起,排白色、绿色粪便,消瘦,贫血,腿及喙由正常的淡黄色变为灰白色,食欲减退,精神萎靡。

(4)雏鸭:运动障碍明显,食欲减少,排稀便,贫血,喙由正常的黄色变为灰白色,个别鸭出现视力减退或失明。

(5)经济动物:犬、水貂、狐、兔、鹿等均可发病。尤其是水貂,常在吃富含不饱和脂肪酸的鱼类后出现黄膘病(脂肪组织炎),这是缺乏维生素E引起的症状,是否与硒缺乏有关尚待进一步探讨。

(6)马属动物:幼驹腹泻,成年马出现肌红蛋白尿、运动障碍及臀部肌肉肿胀。

**2.4.1.6 诊断**

可根据发病的地域性(所在地区是否缺硒)、动物生长发育速度、年龄(幼龄畜禽多发)、特征性的临床症状、病理变化及用硒制剂治疗有特效等进行判断,从而确诊。

为查明病因,可测定基础日粮、血液或被毛的硒含量,分别低于 0.02 mg/kg、0.05 $\mu$g/mL 和 0.25 $\mu$g/g,则可以判断为该病。配合测定全血含硒谷胱甘肽过氧化物酶活性,该酶在日粮硒含量低于 0.03 mg/kg 时,与血硒呈正相关。

**2.4.1.7 防治**

多用亚硒酸钠溶液进行治疗,或用硒-维生素E注射液、硒酵母、人用亚硒酸钠片以及其他含硒添加剂混入饲料或饮水中,让动物自由采食或饮用。最佳办法是将动物需要量的硒混入日粮中,只要混合或搅拌均匀即可。配合应用适量维生素E,效果更好。防治动物硒缺乏,可应用有机硒制剂,如硒酵母。对土壤、作物、牧草喷施硒肥,可有效地提高玉米等作物及牧草的硒含量,尤其是籽实的硒含量。

## 2.4.2 铜缺乏症

**2.4.2.1 概念**

铜缺乏症主要是由体内铜缺乏或不足而引起的以贫血、腹泻、共济失调、被毛褪色、生长受阻、繁殖障碍等为特征的营养代谢病。该病又称羔羊晃腰病、牛的舔(盐)病和摔倒病、骆驼摇摆病和猪铜缺乏症,属于原发性缺铜症;泥炭泻样拉稀、英国牛羊"晦气"病、犊牛消瘦病、牛消耗病及羔羊地方性运动失调等,均属于条件性或继发性缺铜症;海岸病和盐病则既缺铜又缺钴。

#### 2.4.2.2 病因

(1)原发性铜缺乏症：长期饲喂低铜土壤上生长的饲草是常见的病因。低铜土壤包括：①缺乏有机质和高度风化的砂土，如沿海平原、海边和河流淤泥地带的土壤，这类土壤不仅缺铜，还缺钴；②沼泽地带的泥炭土和腐殖土等有机质土，这类土壤中的铜多以有机络合物的形式存在，不能被植物吸收；③高磷、高氮及富含有机质的土壤，这类土壤不利于植物对铜的吸收。一般认为，饲料铜含量低于3 mg/kg，可以引起发病；3～5 mg/kg 为临界值，8～11 mg/kg 为正常值。

(2)继发性铜缺乏症：土壤和日粮中含有充足的铜，但动物对铜的吸收受到干扰，主要是饲料中干扰铜吸收利用的物质如钼、硫等含量太多，这是最主要的致铜缺乏因素。钼浓度在 10～100 mg/kg（以干物质计）或以上，铜、钼浓度比小于5∶1，易产生继发性铜缺乏症，如果铜、钼浓度比保持在(6～10)∶1，则比较安全。饲喂硫酸钠、硫酸铵、甲硫氨酸、胱氨酸等含硫过多的物质，经过瘤胃微生物作用均转化为硫化物，形成一种难溶解的铜硫钼酸盐复合物($CuMoS_4$)，可降低铜的利用；无机硫含量超过 0.4%，即使钼含量正常，也可产生继发性铜缺乏症。除此以外，铜的拮抗因子还有锌、铁、铅、镉、银、镍、锰等。饲料中的植酸盐含量过高、维生素 C 摄入量过多，都会干扰铜的吸收利用。

吮母乳的犊牛在 2～3 月龄后，也会发生铜缺乏症；人工喂养的犊牛因可吃到已补充铜的饲料，不会发生铜缺乏症；但转入低铜草地或高钼草地放牧，待体内铜耗竭时，很快就会产生铜缺乏症。1 岁龄犊牛缺铜现象比 2 岁龄以上牛更严重。与原发性铜缺乏症相比，继发性铜缺乏症发生年龄稍迟。该病除冬天发生较少（因精料中补充了铜）外，其他季节都可发生。春季，尤其是多雨、潮湿、施大量氮肥或掺入一定量钼肥的草场，发生该病的比例最高。

#### 2.4.2.3 发病机理

铜是体内许多酶的组成成分，如铜蓝蛋白酶、酪氨酸酶、单胺氧化酶、赖氨酰氧化酶、超氧化物歧化酶和细胞色素氧化酶等。当机体缺乏铜时，血浆铜蓝蛋白不足，将 $Fe^{2+}$ 氧化为 $Fe^{3+}$ 的能力减退，铁不能与球蛋白结合为铁传递蛋白，不能进入骨髓合成血红蛋白，造成低色素性贫血；铜还可以加速幼稚红细胞的成熟及释放。酪氨酸酶活性下降，造成色素代谢障碍，引起被毛褪色。细胞色素氧化酶活性下降，ATP 生成减少，磷脂合成发生障碍，造成神经脱髓鞘作用和神经系统损伤，产生运动失调。由于赖氨酰氧化酶活性下降，血管壁内锁链素和异锁链素增多，血管壁弹性下降，因而引起动脉破裂，导致病例突然死亡。单胺氧化酶活性降低，胶原溶解度增加，完整性被破坏，从而导致骨折、骨关节异常和骨质疏松症。

继发性铜缺乏症中，钼酸盐和硫是影响铜吸收的最大拮抗因子。钼酸盐可以与铜形成钼酸铜或与硫化物形成硫化铜而沉淀，影响铜的吸收；钼和硫可形成硫钼酸盐,特别是三硫钼酸盐和四硫钼酸盐,与瘤胃中可溶性蛋白质和铜形成复合物,降低铜的可利用性。在含硫化合物中,钼酸盐可抑制硫酸盐转化为硫化物,有缓解硫干扰铜吸收的作用。但如果是含硫氨基酸,钼酸盐促使甲硫氨酸等分子中的硫形成硫化铜,因而有促进铜缺乏的作用。四硫钼酸盐在pH<5时可被还原为三硫钼酸盐。四硫钼酸盐与三硫钼酸盐在小肠内有封闭铜吸收的部位,可增加铜排泄,并使血铜浓度暂时升高。铜进入血液后,可与血液中的白蛋白和硫钼酸盐形成Cu-Mo-S蛋白复合物,导致铜不易被组织利用。在肝脏中,四硫钼酸盐与三硫钼酸盐可直接夺取金属硫蛋白上的铜,结果使肝脏铜储备严重耗竭,肝铜含量降至 5～15 mg/kg 或以下,血铜浓度从高于正常而逐渐降低至 0.5 mg/L 以下,并出现铜缺乏症。

通常情况下,血浆铜浓度在 0.8 mg/kg 以上时,临床上没有异常,但补铜后可大大改善生产能力。

#### 2.4.2.4 症状

(1)原发性铜缺乏症:运动障碍是该病的主要症状,多见于羔羊和仔猪。病畜两后肢呈"八"字形站立,行走时跗关节屈曲困难,后肢僵硬,蹄尖拖地,后躯摇摆,极易摔倒,急行或转弯时,更加明显;重症者做转圈运动,或呈犬坐姿势,后肢麻痹,卧地不起。骨骼弯曲,关节肿大,易骨折,特别是骨盆与四肢骨。被毛褪色,由深变浅,黑毛变为棕色、灰白色,常见于眼睛周围,状似戴白框眼镜;被毛稀疏、粗糙,缺乏光泽。羊毛弯曲度减小,甚者消失,被称为"直毛"或"丝线毛"。可出现间歇性腹泻。成年牛表现为体质衰弱、产奶量下降、贫血和暂时性不育。

(2)继发性铜缺乏症:其主要症状与原发性铜缺乏症类似,但贫血现象少见,腹泻现象明显,腹泻的严重程度与钼摄入量成正比。多发生于1～2月龄,少数于生后出现。主要表现为运动不稳,后躯萎缩,驱赶或行走时易跌倒,后肢软弱而坐地,若波及前肢,则动物卧地不起,易骨折。少数病例可出现腹泻,但食欲正常。

#### 2.4.2.5 病理变化

血红蛋白浓度降为 50～80 g/L,红细胞数降为 $(2～4) \times 10^{12}$/L,大量红细胞内有亨氏小体,但无明显的血红蛋白尿现象,贫血程度与血铜浓度下降成比例。

牛血浆铜浓度从 0.9～1.0 mg/L 降至 0.5 mg/L 以下,则出现铜缺乏症。牛毛正常铜含量为 6.6～10.4 mg/kg,原发性铜缺乏症的牛毛铜含量可降至 1.8～3.4 mg/kg,继发性铜缺乏症的牛毛铜含量可降至 5.5 mg/kg。

肝铜浓度变化非常显著,对于初生动物,幼畜肝铜浓度都较高,如牛为 380 mg/kg,羊为 74～430 mg/kg,猪为 233 mg/kg,但生后不久因合成铜蓝蛋白而迅速下降,牛为 8～109 mg/kg,羊为 4～34 mg/kg。成年牛缺铜时,肝铜浓度从 100 mg/kg 降至 15 mg/kg,甚至仅为 4 mg/kg。羊从 200 mg/kg 以上降至

25 mg/kg以下。因此,当肝铜(干物质)浓度大于100 mg/kg时为正常,肝铜浓度小于30 mg/kg时为缺乏。

猪毛正常铜含量为8 mg/kg,低于8 mg/kg可诊断为铜缺乏。研究证明,肝铜含量与毛铜和血铜含量呈正相关,并且毛铜含量变化甚小,毛铜可以作为诊断铜缺乏症的敏感指标。成年猪正常肝中铜含量平均为19 mg/kg,低于19 mg/kg为铜缺乏。

缺铜时某些含铜酶活性改变,血浆铜蓝蛋白正常值为45~100 mg/L,低于30 mg/L就是铜缺乏,下降程度与血浆铜浓度成比例。细胞色素氧化酶和单胺氧化酶活性下降,它们对慢性铜缺乏症有诊断意义。

#### 2.4.2.6 剖检变化

剖检可见病牛消瘦,贫血,血液稀薄、量少,血凝缓慢,肝、脾、肾内有过多的血铁黄蛋白沉着。犊牛原发性缺铜时,腕、跗关节囊纤维增生,骨骺板增宽,骺端矿化作用延迟,骨骼疏松。大多数摇背症羊还有急性脑水肿、脑白质破坏和空泡生成,但无血铁黄蛋白沉着。牛的摔倒病表现为病牛心脏松弛、苍白、肌纤维萎缩,肝、脾肿大,静脉淤血等。

#### 2.4.2.7 诊断

(1)病史调查:有采食低铜饲料和高钼饲料的病史。

(2)临床特征:临床上出现贫血、腹泻、消瘦、被毛褪色、关节肿大及运动失调等症状。

(3)实验室检测:对饲料、血液、肝脏等组织铜浓度和某些含铜酶进行测定。如怀疑为继发性铜缺乏症,还应测定钼和硫等元素的含量。牧草的缺铜临界值为3~5 mg/kg(干物质)。饲草铜含量低于3 mg/kg,即可诊断为铜缺乏症。患牛肝铜含量低于30 mg/kg,血铜含量低于1.2 μg/mL,毛铜含量低于5.5 mg/kg时,可以诊断为铜缺乏症。如果血铜含量低于3.6 μmol/L,肝铜含量低于14.8 mg/kg,加之日粮中铜含量低于5 mg/kg,可以确诊为铜缺乏症。

(4)治疗性诊断:补饲铜以后疗效显著。

#### 2.4.2.8 治疗

该病的治疗原则是去除继发因素,补铜,对症治疗。

(1)去除继发因素:例如,降低饲料中钼和硫的含量,或禁止使用高钼饲料。

(2)补铜:犊牛从2~6月龄开始每周补4 g硫酸铜,成年牛每周补8 g硫酸铜,连续3~5周,间隔3个月后再重复治疗1次。对原发性和继发性铜缺乏症都有较好的效果。

在饲料中补充铜,牛、羊对铜的最小需要量是15~20 mg/kg(以干物质计);猪为8~10 mg/kg;鸡为8~10 mg/kg;用含铜盐砖供动物舔食;用甘氨酸铜作皮下或肌内注射,成年猪 30~40 mg,仔猪 5~10 mg,每 3 个月注射 1 次;内服硫酸铜,每日 1 次,成年猪 20~30 mg,仔猪 5~10 mg,连用 15~20 天,如配合钴剂治疗,效果更好。

(3)对症治疗:止泻、强心、补液。

#### 2.4.2.9 预防

(1)间接补铜:低铜草地上,如 pH 偏低,可施用含铜肥料,每公顷施硫酸铜 5~7 kg,一次喷洒可保持 3~4 年。喷洒后需等降雨或 3 周以后才能让牛、羊进入草地。碱性土壤不宜用此法补铜。

(2)直接补铜:可在精料中按动物对铜的需要量补给,每千克饲料中铜含量应为:牛 10 mg,羊 5 mg,母猪 12~15 mg,架子猪 3~4 mg,哺乳仔猪 11~20 mg,鸡 5 mg。采用甘氨酸铜溶液皮下注射,成年牛 400 mg(含铜 120 mg),犊牛 200 mg(含铜60 mg),预防作用持续 3~4 个月。或投放含铜盐砖,让牛、羊自由舔食(盐砖铜含量为:牛 2%,羊 0.25%~0.5%)。口服 1%硫酸铜溶液,牛 400 mL,羊 150 mL,每周 1 次。妊娠母羊于妊娠期持续补铜,在母羊怀孕期间,从怀孕第 2~3 周开始到产羔羊后 1 个月灌服 10%硫酸铜溶液,绵羊 50 mL,山羊 40 mL,每半个月 1 次,共 6~8 次,可防止羔羊地方性运动失调和摇背症;羔羊出生后,口服 1%硫酸铜溶液,每 2 周 1 次,每次 3~5 mL。

国外近年来研制出含铜、钴、硒的玻璃丸,将其投放到反刍动物的网胃内,以一定速度溶解,可持续释放铜、钴、硒达 1 年之久,起到防治铜、钴、硒缺乏症的作用。

用 EDTA 铜钙、甘氨酸铜或氨基乙酸铜与矿物油混合作皮下注射,其中含铜剂量为:牛 400 mg,羊 150 mg。羊每年 1 次,年轻牛 4 个月 1 次,成年牛 6 个月 1 次,效果很好。犊牛 6 周龄之后,亦可应用上法预防铜缺乏症。

### 2.4.3 铁缺乏症

#### 2.4.3.1 概念

饲料中缺乏铁或铁摄入不足、铁丢失过多,引起幼畜贫血、疲劳和活力下降的营养缺乏症,称为铁缺乏症。铁缺乏症主要发生于幼龄动物,多见于仔猪,其次为犊牛、羔羊和幼犬。

#### 2.4.3.2 病因

原发性铁缺乏症常发生于出生后不久的幼畜,如 3~6 周龄仔猪,饲喂牛(羊)奶及其制品的犊牛(羔羊)。该病的病因为乳中铁含量较少,不能满足快速生长的需要。成年动物因饲料中缺铁也可引起缺铁性贫血。该病通常由于猪、鸡饲料中添加的铁盐或有机铁含量不足而发生。

继发性铁缺乏症病因多样,常发生于大量吸血性内外寄生虫(如虱子、圆线虫、球虫、钩虫等)感染,因失血而损耗大量铁;营养物质(如铜、吡多醇等)缺乏;日粮中存在干扰物质(如植酸);用棉籽饼或尿素作蛋白质补充物,又未给动物补充铁,如圈养时,无法从食物以外的途径获得铁,即可引起继发性铁缺乏症。

#### 2.4.3.3 发病机理

幼年动物除兔外,从母兽体内获得的铁量都很少。每合成 1 g 血红蛋白需铁 3.5 mg。幼龄动物缺铁性贫血可分为四个阶段:生理性贫血阶段、骨髓造血机能增强阶段、病理性贫血阶段、血红蛋白含量提高阶段。以羔羊为例,正常初生羔羊出生后血红蛋白含量逐渐下降,是由于胎儿期由母体供给足够的造血原料,骨髓和脾脏共同造血,而出生后改由自己摄取造血原料,骨髓独自造血,其造血能力与新生羊生长发育强度不适应而引起生理性贫血。随着骨髓造血机能的增强,出生时体内的铁被消耗,从母乳中获得的铁不能满足需要。此时若缺乏铁,则会影响血红蛋白的生成,由生理性贫血转为病理性贫血,即小细胞低色素性贫血。若同时伴有铜缺乏,则会使贫血更加严重。若在病理性贫血时能及时补充外源铁,则可使缺铁性贫血逐渐减轻,血红蛋白含量逐渐增多,直至恢复正常。

铁还是细胞色素氧化酶、过氧化物酶的活性中心,三羧酸循环中有一半以上的酶中含有铁。当机体缺乏铁时,首先影响血红蛋白、肌红蛋白及多种酶的合成和功能。体内铁一旦耗竭,最初的表现是血清铁浓度下降,铁饱和度降低,肝、脾、肾血铁黄蛋白中铁含量减少。随之血红蛋白浓度下降,血色指数降低。动物品种不同,血色指数下降的程度不尽相同。猪除有血红蛋白浓度下降外,还有肌红蛋白含量减少和细胞色素 C 活性降低。犬仅有血红蛋白浓度降低,而肌红蛋白含量和含铁酶的活性变化不明显。鸡最早表现为血红蛋白减少,然后才有肌红蛋白含量、肝脏细胞色素 C 含量和琥珀酰脱氢酶活性的变化。对于猪、犊牛及大鼠,过氧化氢酶活性明显降低。当血红蛋白含量低于 25% 时,即为贫血;降低至 50%~60% 时将出现临床症状,如生长迟缓,可视黏膜淡染,易疲劳、气喘,易受病原菌侵袭致病等。常因奔跑或激烈运动而突然死亡。

#### 2.4.3.4 症状

幼畜缺铁的共同症状是贫血,表现为可视黏膜微黄或淡白,懒动,疲劳,稍事运动即喘息不止,易受感染。

该病表现为低染性、小细胞性贫血,并伴有骨髓红细胞系增生,肝、脾、肾中几乎没有血铁黄蛋白,血清铁、血清铁蛋白浓度低于正常,血清铁结合能力增加,铁饱和度降低。

缺铁性贫血多发生于出生后 3~6 周龄仔猪、犊牛和羔羊,各具临床特点。

(1)仔猪铁缺乏症:发病前仔猪生长良好或生长缓慢,发病后采食量下降,通常有腹泻,但粪便颜色无异常。腹泻导致仔猪生长进一步减慢。严重时呼吸困难,昏睡;运动时心搏加剧,可视黏膜淡染,甚至苍白。白色仔猪黏膜淡黄,头部、前躯水肿,似乎较胖,但多数病猪消瘦,大肠杆菌感染率剧增,很容易诱发仔猪白痢。有的猪还有链球菌性心包炎。如能耐过 6~7 周龄,开始采食后可逐渐恢复。初生仔猪血红蛋白浓度为 80 g/L,出生后 10 天内可下降至 40~50 g/L,属生理性血红蛋白浓度下降。缺铁仔猪血红蛋白可降至 20~40 g/L,红细胞数从正常时的 $(5~8) \times 10^{12}/L$ 降至 $(3~4) \times 10^{12}/L$,呈现典型的低染性、小细胞性贫血。剖检可见心肌松弛,心包液增多,肺水肿,胸腹腔充满淡黄色清亮液体,血液稀薄,如红墨水样,不易凝固。

(2)犊牛、羔羊铁缺乏症:以牛乳或羊乳为唯一食物来源,或受大量吸血性寄生虫侵袭时,犊牛、羔羊血红蛋白浓度下降,红细胞数减少,呈低染性、小细胞性贫血,血清铁浓度从正常时的 1.70 mg/L 降至 0.67 mg/L。

(3)鸡铁缺乏症:未见自发病例的报道,实验性铁缺乏症可表现为贫血。用大量棉籽饼代替豆饼时,则应给饲料中补充铁。

(4)犬、猫铁缺乏症:多因钩虫感染或消化道对铁吸收不足而引起,单纯吮乳的幼崽亦可出现生理性贫血。随着体重增加,红细胞压积可降至 25%~30%。该病表现为小细胞低色素性贫血,红细胞大小不均,骨髓早幼红细胞和中幼红细胞明显增多,而多染性红母细胞等晚幼红细胞减少,网织红细胞消失。

### 2.4.3.5 病理变化

缺铁的鸡和大鼠的血清甘油三酯、脂质浓度升高,血清和组织中脂蛋白酶活性下降。

幼犬、仔猪、鸡和大鼠在实验性铁缺乏时,可表现为肌红蛋白浓度下降,骨骼肌比心肌、膈肌更敏感。

缺铁的仔猪、犊牛、大鼠体内含铁酶如过氧化氢酶、细胞色素氧化酶的活性下降明显,肌肉中细胞色素氧化酶的活性降至正常时的一半,过氧化氢酶活性的下降幅度更大。

### 2.4.3.6 诊断

该病的诊断有赖于对流行病学调查及红细胞参数测定,主要依据是初生吮乳幼畜发病,血红蛋白、红细胞数及红细胞压积明显降低,用铁剂治疗和预防效果明显。

注意该病应与自身免疫性溶血性贫血相鉴别,后者常有血红蛋白尿和黄疸,而且发病年龄更早。猪附红细胞体病可发生于各种年龄猪,红细胞内可见到寄生原虫。还应注意与其他因素缺乏,如缺铜、缺维生素 $B_{12}$ 和缺钴、缺叶酸等引起的贫血相鉴别。

**2.4.3.7　治疗**

该病的治疗原则是补铁。必须给仔猪、犊牛等幼畜补铁；若给母畜补充铁，则无论是在妊娠期间，还是在分娩以后，都收效甚微。因为给母畜补铁既不能增加仔猪体内的铁储备，也不能使乳中铁明显增多。

(1) 仔猪缺铁性贫血：用硫酸亚铁 2.5 g、硫酸铜 1 g、水 100 mL 制成溶液，每天按 0.25 mL/kg 体重灌服，连用 2 周。灌服焦磷酸铁 30 mg/d，连用 7～14 天。肌内注射 50 mg/mL 右旋糖酐铁 2 mL，深部肌内注射 1 次即可，重者隔周再注 1 次。2 周龄以内的仔猪用葡聚糖铁钴 2 mL 深部肌内注射，重症者隔 2 天重复 1 次，并配合应用叶酸、维生素 $B_{12}$、维生素 $B_6$ 等。用含铁 200 mg/mL 的血多素 1 mL 于后肢深部肌内注射。补铁的同时配合应用叶酸、维生素 $B_{12}$ 等。补铁时剂量不能过高，否则可引起中毒乃至死亡。

(2) 羔羊缺铁性贫血：给 7 日龄羔羊肌内注射 100 mg 葡聚糖铁，可提高血红蛋白含量。给 1～2 日龄羔羊肌内注射 200 mg 葡聚糖铁，10 日龄重复 1 次，可使羔羊在 60 日内不发生贫血。内服硫酸亚铁 70～80 mg 或制成 0.2%～0.3%溶液自由饮用，连用 5～7 天。用 0.2%硫酸亚铁、0.2%氯化钴、0.1%硫酸铜混合溶液内服，每只 5 mL/d。

(3) 犊牛缺铁性贫血：按每磅体重肌内注射右旋糖酐铁 70 mg/kg，或经口投服，疗效甚好。向饲料中添加硫酸亚铁。用平均含铁 1 μg/g（干物质）的牛乳育犊时，可每天向乳中添加铁 45 mg，直到 9 个月为止。

**2.4.3.8　预防**

改善饲养管理，让仔猪有机会接触垫草、泥土或灰尘，可有效防止缺铁性贫血。补充铁制剂的方法包括：

(1) 口服或肌内注射铁制剂，灌服或掺入含糖饮水中使其自由饮用，可有效地防治仔猪缺铁性贫血。

(2) 用硫酸亚铁、氯化钴、硫酸铜、水配成 500～1000 mL 溶液，混合后用纱布过滤，涂在母猪乳头上，或混于水或代乳料中，让仔猪自饮、自食。

(3) 每天口服硫酸亚铁溶液或正磷酸铁，连用 7 天。

(4) 出生后第 3 天，深部肌内注射右旋糖酐铁，可防止贫血、促进生长。

(5) 犊牛、羔羊所饮的乳中适当添加硫酸亚铁，或让其舔食含铁盐砖。成年牛、马发生铁缺乏症后，最经济的方法是每天用 2～4 g 硫酸亚铁口服，连续 2 周可取得明显效果。

## 2.4.4 锰缺乏症

### 2.4.4.1 概念

锰缺乏症又称滑腱症，是日粮中锰供给不足引起的一种以生长停滞、骨骼畸形、生殖机能障碍（发情异常、不易受胎或容易流产）以及新生畜运动失调为特征的疾病。该病往往会群发，呈地方性流行，各种动物均可发生，家禽最为敏感（称为骨短粗病），其次是猪、羊、牛。

### 2.4.4.2 病因

(1)原发性锰缺乏症：由日粮内锰含量过低而引起。

(2)继发性锰缺乏症：可能是由机体对锰的吸收受干扰所致。饲料中钙、磷、铁、钴以及植酸盐含量过多，可影响机体对锰的吸收和利用。禽类高磷酸钙日粮会加重锰的缺乏，原因是锰被固体的矿物质吸附而造成可溶性锰减少。此外，动物机体罹患慢性胃肠道疾病时，妨碍对锰的吸收和利用。

### 2.4.4.3 发病机理

锰是精氨酸酶、丙酮酸羧化酶、RNA 聚合酶、醛缩酶和锰超氧化物歧化酶等的组成成分，并参与三羧酸循环反应系统中许多酶的活化过程。锰还可以激活 DNA 聚合酶和 RNA 聚合酶，因此，对动物的生长发育、繁殖和内分泌机能是必不可少的。锰还是超氧化物歧化酶的活性中心，与体内自由基清除关系密切。锰具有促进骨骼生长的作用，作用机制在于它是形成骨基质黏多糖成分的硫酸软骨素的主要成分。因此，锰是正常骨骼形成所必需的元素，锰与黏多糖合成过程中所必需的多糖聚合酶和半乳糖转移酶的活性有关。锰缺乏时黏多糖合成障碍，软骨生长受阻，骨骼变形。胆固醇是合成性激素的原料，锰是胆固醇合成过程中二羟甲戊酸激酶的激活剂，锰缺乏时，该酶活性降低，胆固醇合成受阻，以致影响性激素的合成，引起生殖机能障碍。

### 2.4.4.4 症状

动物锰缺乏表现为生长受阻，骨骼短粗，骨重量正常，腱容易从骨沟内滑脱，形成滑腱症。动物缺锰常引起生殖机能障碍，母畜不发情，不排卵；公畜精子密度下降，精子活力减退；母鸡产蛋量减少，鸡胚易死亡等。各种家畜锰缺乏症的临床症状各不相同。

(1)禽类：禽类对锰缺乏比较敏感，尤其是鸡和鸭。鸡的特征症状是出现骨短粗症和滑腱症。可见单侧或双侧跗关节以下肢体扭转，向外屈曲，跗关节肿大、变形，长骨和跖骨变粗短，腓肠肌腱脱出而偏斜。两肢同时患病者，站立时呈 O 形或 X 形，一肢患病者一肢着地，另一肢显短而悬起，严重者跗关节着地移动或麻痹卧地不起，因无法采食而饿死。种母鸡的主要表现是受精蛋孵化率下降，常孵至 19～21 天发生胚胎死亡；刚孵出的雏鸡出现神经症状，如共济失调，出现观星姿势。

雏鸭表现为生长发育不正常，羽毛稀疏、无光泽，生长缓慢，一般在10日龄出现跛行，随着日龄增加跛行更加严重，胫跗关节异常肿大，胫骨远端和跗骨的近端向外弯转，最后腓肠肌腱脱离原来的位置，因而腿部弯曲或扭曲，胫骨和跗骨变短、变粗。当两腿同时患病时，病鸭蹲于跗关节上，不能站立。

(2)牛：新生犊牛表现为腿部畸形、跗关节肿大与腿部扭曲，运动失调。缺锰地区犊牛发生麻痹者较多，主要表现为哞叫，肌肉震颤乃至痉挛性收缩，关节麻痹，运动障碍明显，生长发育受阻，被毛干燥无光泽。成年牛表现为性周期紊乱，发情缓慢或不发情，不易受胎，早期发生原因不明的隐性流产、弱胎或死胎。直肠检查通常有一个或两个卵巢发育不良，比正常要小。乳量减少，严重者无乳。种公牛性欲减退，严重者失去交配能力，同时出现关节周围炎、跛行等。

(3)猪：常发生于4~11月龄的仔猪，主要症状是骨骼生长缓慢，肌肉无力，肥胖，发情不规律、变弱或不发情，无乳，胎儿吸收或死胎。腿无力，前肢呈弓形，腿短粗而弯曲，跗关节肿大，步态强拘或跛行。由缺锰母猪所生的仔猪矮小，体质衰弱，骨骼畸形，不愿活动，甚至不能站立。

(4)羊：骨骼生长缓慢，四肢变形，关节有疼痛表现，运动障碍明显。山羊跗关节肿大，有赘生物，发情期延长，不易受胎，早期流产、死胎。羔羊的骨骼缩短而脆弱，关节疼痛，舞蹈步态，不愿走动。

#### 2.4.4.5 诊断

根据不明原因的不孕症，生殖机能下降，骨骼发育异常，关节肿大，前肢呈"八"字形或罗圈腿，后肢跟腱滑脱，头短而宽，新生幼畜平衡失调等，可作出可疑诊断。根据日粮中补充锰以后，食欲改善，青年动物开始发情受孕，鸡胚发育后期死亡现象明显好转等，可作出进一步诊断。如能配合对环境、饲料和动物体内锰状态进行调查，并进行综合分析，则有利于确诊。同时，还应注意：若饲料中钙、磷含量高，要求锰含量亦相应增高，才不会产生疾病。

#### 2.4.4.6 防治

改善饲养，供给含锰丰富的青绿饲料。亦有人建议在缺锰地区或条件性缺锰地区，母牛每天补充4 g硫酸锰，可防止锰缺乏。将硫酸锰掺入化肥中，每公顷草地施用7.5 kg，可有效地防止放牧牛、羊缺乏锰。已发生骨短粗和跟腱滑脱的，很难完全康复。

### 2.4.5 锌缺乏症

#### 2.4.5.1 概念

锌缺乏症是饲料中锌含量绝对或相对不足所引起的一种营养缺乏病，临床上以生长缓慢、皮肤角化不全、生殖机能紊乱及骨骼发育异常为特征。各种动物均可发生,猪和鸡常见。

#### 2.4.5.2 病因

(1)原发性缺乏:主要原因是饲料中锌含量不足。动物对锌的需要量受年龄、生长阶段和饲料组成,尤其是日粮中干扰锌吸收利用因素的影响,所以,实际应用的锌水平要高于正常需要量。饲料中锌的含量因植物种类而异。酵母、糠麸、油饼及动物性饲料含锌丰富,块根类饲料含锌仅为 4~6 mg/kg,高粱、玉米含锌也较少,为 10~15 mg/kg。饲料中锌水平与土壤锌含量,特别是有效态锌含量密切相关。我国土壤锌含量总的趋势是南方土壤高于北方土壤。缺锌地区的土壤 pH 大都在 6.5 以上,主要是石灰性土壤、黄土和黄河冲积物所形成的各种土壤以及紫色土。过多施石灰和磷肥也会使草场锌含量极度减少。

(2)继发性缺乏:主要是由于饲料中存在干扰锌吸收利用的因素。已发现钙、镉、铜、铁、铬、锰、钼、磷、碘等元素均可干扰饲料中锌的吸收。例如,饲喂高钙日粮可使猪发生继发性锌缺乏症,呈现皮肤角化不全和蹄病。不同饲料的锌利用率亦有差别,动物性饲料的锌吸收利用率均较植物性饲料高。

#### 2.4.5.3 发病机理

锌具有多种生物学功能。已知有 200 多种酶含有锌,锌在含锌酶中起催化、结构、调节和非催化作用,参与多种酶、核酸及蛋白质的合成。缺锌时,含锌酶的活性降低,胱氨酸、甲硫氨酸等氨基酸代谢紊乱,谷胱甘肽、DNA、RNA 合成减少,细胞分裂、生长和再生受阻,动物生长停滞,增重缓慢。

锌是味觉素的结构成分,起支持、营养和分化味蕾的作用。缺锌时,味觉机能异常,引起食欲减退。锌还参与激素合成,缺锌大鼠的脑垂体和血液中生长激素含量减少。

锌可通过垂体—促性腺激素—性腺途径间接或直接作用于生殖器官,影响其组织细胞的功能和形态,或直接影响精子或卵子的形成和发育。缺锌时,公畜睾丸萎缩,精子生成停止;母畜性周期紊乱,不孕。因为锌是碳酸酐酶的活性成分,而该酶是碳酸钙得以合成并在蛋壳上沉积所不可缺少的,所以,鸡产软壳蛋与锌缺乏有一定的关系。

锌在骨质形成中的作用还不清楚,但锌作为碱性磷酸酶的组成成分,参与成骨过程。生长阶段的动物缺锌,特别是禽类,骨中碱性磷酸酶活性降低,长骨、成骨活性亦降低,软骨形成减少,软骨基质增多,长骨随缺锌的程度而按比例缩短变厚,以致形成骨短粗病。

一般认为,缺锌时皮肤胶原合成减少,胶原交联异常,表皮角化障碍。锌还参与维生素 A 的代谢和免疫功能的维持。缺锌可引起内源性维生素 A 缺乏及免疫功能缺陷。

#### 2.4.5.4 症状

锌缺乏症以慢性、非炎性皮炎为特征,基本临床症状是生长发育缓慢乃至停滞,生产性能减退,生殖机能下降,骨骼发育障碍,皮肤角化不全,被毛、羽毛异常,免疫功能缺陷,胚胎畸形。

(1)牛、羊:犊牛食欲减退,增重缓慢,皮肤粗糙、增厚、起皱,乃至出现裂隙,尤以肢体下部、股内侧、阴囊及面部为甚,四肢关节肿胀,步态僵硬,流涎。母牛生殖机能低下,产乳量减少,乳房皮肤角化不全,易发生感染性蹄真皮炎。绵羊羊毛弯曲度丧失、变细、乏色、易脱落、蹄变软,发生扭曲。羔羊生长缓慢,流泪,眼周皮肤起皱、皲裂。母羊生殖机能降低,公羊睾丸萎缩,精子生成障碍。

(2)猪:多发生在快速生长的猪,断乳后7~10周龄最易发生。表现为食欲减退,生长缓慢,腹部、大腿及背部等处皮肤出现境界清楚的红斑,而后转为直径为3~5 cm的丘疹,最后形成结痂和数厘米长的裂隙,而痂块易碎,形成薄片,呈鳞屑状,这一病理过程通常有2~3周。常见呕吐及轻度腹泻症状。锌严重缺乏时,由于蹄壳磨损,行走时在地面留下血印。母猪产仔减少,新生仔猪初生体重降低。

(3)禽:采食量减少,生长缓慢,羽毛发育不良、卷曲、蓬乱、折损或色素沉着异常,皮肤角化过度,表皮增厚,以翅、腿、趾部最为明显。长骨变粗、变短,跗关节肿大。产蛋减少,产软壳蛋,孵化率下降,胚胎畸形,主要表现为躯干和肢体发育不全。有的血液浓缩,红细胞压积容量在原有水平上升高25%左右,单核细胞增多。临界性缺锌时,表现为增重缓慢,羽毛折损,开产延迟,产蛋减少,孵化率降低等。

(4)野生动物:反刍兽表现为流涎,瘙痒,瘤胃角化不全,鼻、胁腹和颈部脱毛,先天性缺陷。啮齿类表现为畸形,生长停滞,兴奋性增高,脱毛,皮肤角化不全。犬科动物表现为生长缓慢、消瘦、呕吐、结膜炎、角膜炎、腹部和肢端皮炎。灵长类表现为舌背面角化不全,可伴有脱毛。

实验室检查:反刍兽血清锌含量为9.0~18.0 μmol/L,当血清锌含量降至正常水平的一半时,可呈现锌缺乏的症状;严重缺锌时,血清锌含量可于7~10周降至3.0~4.5 μmol/L,白蛋白、碱性磷酸酶及淀粉酶活性降低,球蛋白增加。

#### 2.4.5.5 诊断

依据低锌和(或)高钙日粮的生活史,以及生长缓慢、皮肤角化不全、生殖机能障碍和骨骼异常等临床症状,补锌效果迅速、确实,可作出诊断。测定血清、组织锌含量有助于确定诊断。必要时可分析饲料中锌、钙等相关元素的含量。

对临床上表现出皮肤角化不全的病例,应注意与疥螨性皮肤病以及烟酸缺乏、维生素A缺乏、必需脂肪酸缺乏等引起的皮肤病变相鉴别。

#### 2.4.5.6 防治

治疗方法包括:饲料中补加锌盐;口服碳酸锌;肌内注射碳酸锌。

保证日粮中含有足够的锌,并适当限制钙的水平,使钙锌比保持在100:1。在低锌地区,可施锌肥,每公顷施用硫酸锌4～5 kg。牛、羊可自由舔食含锌食盐,每千克食盐含锌2.5～5.0 g。

### 2.4.6 钴缺乏症

#### 2.4.6.1 概念

钴缺乏症是由饲料和饮水中钴含量不足引起的,以动物食欲减退、异食癖、消瘦和贫血为临床特征的慢性消耗性营养代谢病。该病仅发生于牛、羊等反刍动物,以6～12月龄的羔羊最易感,其次是绵羊、犊牛和成牛。一年四季均可发病,以春季发病率较高。

#### 2.4.6.2 病因

土壤中钴含量不足是发生牛、羊钴缺乏症的根本原因。由风砂堆积后的草场、沙质土、碎石或花岗岩风化的土地,灰化土或火山灰烬覆盖的地方,都严重缺乏钴。当土壤中钴含量低于0.17 mg/kg时,牧草中钴含量相当低,容易发生钴缺乏症。

牧草中钴含量与牧草种类、生长阶段和排水条件有关,如春季牧场速生的禾本科牧草的钴含量低于豆科牧草;在排水良好的土壤中生长的牧草钴含量较高;同一植株中,叶子中钴含量占56%,种子中占24%,茎秆、根中占18%,果实皮壳中仅占1%～2%。缺钴地区用干草和谷物饲料饲喂的动物,如不补充钴,容易产生钴缺乏症。

当牛、羊日粮中镍、锶、钡、铁含量较高以及钙、碘、铜缺乏时,易诱发该病。

#### 2.4.6.3 发病机理

钴是动物必需的微量元素之一。它具有多种生物学作用,在牛、羊体内主要通过形成维生素 $B_{12}$ 发挥其生物学效应。

牛、羊等反刍动物瘤胃内的微生物需要较多的钴,用以合成维生素 $B_{12}$,但钴在体内的储存量很少,必须随饲料不断加以补充。有资料表明,瘤胃微生物在30～40 min内可把瘤胃内容物中80%～85%的钴固定到体内;由细菌合成的维生素 $B_{12}$ 不仅是反刍动物的必需维生素,也是瘤胃原生动物如纤毛虫等的必需维生素,这不仅可以保证原生动物生长和繁殖,还可以使纤维素的消化正常进行。一旦缺乏钴,则因维生素 $B_{12}$ 合成不足,直接影响细菌及原生动物的生长和繁殖,也影响纤维素等的消化。

反刍动物的能量来源与非反刍动物不同,主要靠瘤胃中产生的丙酸,通过糖异生途径合成体内的葡萄糖,并供给能量,在丙酸转变为葡萄糖的过程中,需要甲基丙二酰辅酶 A 变位酶,维生素 $B_{12}$ 是该酶的辅酶,如果缺乏钴,可产生反刍动物能量代谢障碍,引起消瘦和虚弱。因此,反刍动物的钴缺乏症实质上是一种致死性的能量饥饿症。

此外,钴可以加速动物体内储存铁的动员,使之较易进入骨髓。钴还可抑制许多呼吸酶的活性,引起细胞缺氧,刺激红细胞生成素的合成,代偿性促进造血功能。钴缺乏时,导致巨幼细胞性贫血。钴还可以改善锌的吸收水平。锌与味觉素合成密切相关,缺钴可引起食欲下降,甚至产生异食癖。

#### 2.4.6.4 症状

该病呈慢性经过,主要症状是消瘦、虚弱、食欲下降、异嗜癖和贫血,最终衰竭而死。

反刍动物在低钴草场放牧 4～6 月后逐渐出现症状,主要表现为食欲渐进性减少,体重减轻,消瘦、虚弱,可视黏膜因贫血而苍白。病牛常有异食癖,喜食被粪、尿污染的褥草,啃舔泥土、饲槽及墙壁,生长阻滞,奶产量下降。羊毛产量下降,毛脆而易断。后期生殖功能下降,腹泻,流泪;特别是绵羊,因流泪而使面部被毛潮湿,这是严重缺钴的典型表现。

#### 2.4.6.5 诊断

根据地区性群发,慢性病程,不明原因的食欲下降、消瘦、贫血和绵羊流泪的临床症状以及试用钴制剂进行诊断性治疗,可作出初步诊断。

(1)治疗性诊断:在病羊饲料中每天添加 1 mg 钴,病牛口服钴制剂溶液,每天补充 5～35 mg 钴,如连用 5～7 天后病情缓解,食欲恢复,体重增加并出现网织红细胞效应,可初步诊断为钴缺乏症。

(2)实验室检测:肝脏中钴和维生素 $B_{12}$ 含量测定,尿液中甲基丙二酸(MMA)、亚氨基谷氨酸(FIGLU)含量测定以及牧草、土壤中钴含量测定有助于进一步确诊。

应特别注意该病与慢性消耗性疾病、寄生虫病以及铜、硒和其他营养物质缺乏引起的消瘦症相鉴别。

#### 2.4.6.6 防治

口服硫酸钴,连用 7 天,间隔 2 周后重复用药,或每周 2 次,每次 2 mg,或每周 1 次,每次 7 mg,有良好的疗效。羔羊、犊牛在瘤胃未发育成熟之前,可用维生素 $B_{12}$ 皮下注射。羔羊在 14 周内、吮乳羊在 40 周内可免患钴缺乏症。

在缺钴地区,可在草场喷洒硫酸钴溶液,有较好的预防作用。也可用含 90% 的氯化钴丸投入瘤胃内,对防治钴缺乏症有较好的效果,但年龄太小的犊牛或羔羊效果不明显。母畜补充钴,可提高乳汁中维生素 $B_{12}$ 浓度,达到防止钴缺乏的作用。在肥料中添加微量钴施用于缺钴的草场,亦可较好地预防钴缺乏症。在草场上用含 0.1% 钴的盐砖,让牛、羊自由舔食,常年供给,可有效地防止钴缺乏。

## 2.4.7 碘缺乏症

### 2.4.7.1 概念

碘缺乏症又称甲状腺肿,是由饲料和饮水中碘不足或饲料中影响碘吸收和利用的拮抗因素过多而引起的,以甲状腺机能减退、甲状腺肿大、流产和新生畜死亡为特征的一种慢性营养代谢病。各种家畜、家禽均可发生。

### 2.4.7.2 流行病学特点

碘缺乏症是人和动物最常见的微量元素缺乏症,世界上许多国家都有该病发生,尤其是远离海岸线的内陆高原地带。在缺碘地区,动物碘缺乏症的发病率也相当高,如绵羊为 60%,犊牛为 70%~80%,猪为 75%。

### 2.4.7.3 病因

碘缺乏症有原发性碘缺乏和继发性碘缺乏两种。原发性碘缺乏由饲料和饮水中碘含量低下,动物的碘摄入量不足而引起,而饲料与饮水中的碘含量与土壤碘含量密切相关。一般认为,土壤中碘含量低于 0.2~2.5 mg/kg,可视为缺碘地区。动物的饲料中碘含量较少,如普通牧草中碘含量仅为 0.06~0.14 mg/kg,谷物中碘含量为 0.04~0.09 mg/kg,油饼中碘含量为 0.1~0.2 mg/kg,乳及乳制品中碘含量为 0.2~0.4 mg/kg,海带中的碘含量较高,为 4000~6000 mg/kg。因此,除了在沿海或经常以海藻植物为饲料来源的地区外,许多地区的动物饲料中如不补充碘,都可产生碘缺乏症。

继发性碘缺乏由饲料中存在较多影响碘吸收和利用的拮抗因素而引起。有些饲料,如包菜、白菜、甘蓝、油菜、菜籽饼、菜籽粉、花生饼、花生粉、黄豆及其副产品、芝麻饼、豌豆及白三叶草等,含有干扰碘吸收和利用的拮抗物质,阻止或降低甲状腺的聚碘作用,或干扰酪氨酸的碘化过程。此外,氨基水杨酸类、硫脲类、磺胺类、保泰松等药物也有致甲状腺肿的作用,可干扰碘在动物体内的吸收和利用,容易引起碘缺乏症。多年生的草地被翻耕以后,腐殖质所结合的碘大量流失、降解,使本来已处于临界缺碘的地区显得碘缺乏更加突出;用石灰改造酸性土壤后的地区及大量施钾肥的地区,植物对碘的吸收受到干扰,动物粪便中碘的排泄增多,易致碘缺乏症。

### 2.4.7.4 发病机理

动物体内有 70%~80% 的碘位于甲状腺中,碘是合成甲状腺素所必需的微量元素。在甲状腺中,碘在氧化酶的催化下转化为活性碘,并与激活的酪氨酸结合,生成一碘甲状腺原氨酸和二碘甲状腺原氨酸,继而形成三碘甲状腺原氨酸

($T_3$)和四碘甲状腺原氨酸($T_4$),即甲状腺素,只有 $T_3$ 和 $T_4$ 才具有生物学活性。

甲状腺素的排放是复杂的生物学过程:下丘脑分泌促甲状腺素释放因子(TRF),促使垂体分泌促甲状腺素(TSH),后者促使甲状腺分泌甲状腺素。在缺乏碘的情况下,由于甲状腺素分泌不足,因而促甲状腺素分泌增加,不仅可促使甲状腺素分泌和释放,还可促进甲状腺泡增生,加速甲状腺对碘的摄取和甲状腺素的合成及排放。但因体内缺碘,即使组织增生,仍不能满足机体对激素的需求,促甲状腺素增加分泌和释放,甲状腺组织进一步增生,形成恶性循环,最终导致甲状腺肥大。饲料中存在的致甲状腺肿原物质,如硫氰酸盐,即使在低浓度时,也能抑制甲状腺上皮的代谢活性,限制腺体对碘的摄取,使甲状腺素的合成受到明显影响。某些硫氧嘧啶类药物由于对碘化酶、过氧化酶和脱碘酶有抑制作用,干扰碘代谢,因而引发甲状腺肥大。甲状腺素具有调节物质代谢和维持正常生长发育的作用,饲料和饮水中碘缺乏或者存在过多干扰碘吸收和利用的拮抗因素时,甲状腺素的合成和释放减少,除引起幼畜甲状腺肿大以外,还可引起母畜生殖机能减退,新生畜生长发育停滞,生命力下降,全身秃毛,容易死亡。这是体内与碘有关的 100 多种酶的活性受到抑制的结果。

甲状腺素还可抑制肾小管对水和钠的重吸收。甲状腺素合成减少时,水和钠在皮下组织内滞留,并与黏多糖、硫酸软骨素和透明质酸的结合蛋白质形成黏液性水肿。

#### 2.4.7.5 症状

除幼畜生长发育受阻、成畜生殖机能下降等一般症状以外,碘缺乏症的特征症状是死胎率高或生下衰弱、生活能力低下的幼畜,新生畜全身或部分无毛以及甲状腺肿大。各种动物碘缺乏症的主要临床表现如下。

(1)马:成年马出现繁殖障碍,公马性欲减退,母马不发情,妊娠期延长,常生出死胎。由缺碘母马所生的幼驹,体质虚弱,生后不久死亡的比例很高,幼驹被毛生长正常,出生后 3 周左右,局部触诊可感知甲状腺稍肿大,多数不能自行站立,甚至不能吮乳,前肢下部过度屈曲,后肢下部过度伸展,中央及第三跗骨钙化缺陷,造成跛行和跗关节变形。在严重缺碘地区,成年马甲状腺增生、肥大,英纯血种马和轻型马尤为明显。

(2)牛:成年牛出现繁殖障碍,母牛排卵停止而不发情,常发生流产或生出死胎,公牛性欲下降。新生犊牛甲状腺增大,体质虚弱,人工辅助其吮乳,几天后可自行恢复,如出生在恶劣气候条件下,死亡率较高。有时,甲状腺肿大可导致呼吸困难。常伴有全身或部分秃毛。

(3)羊:成年绵羊甲状腺肿大的发生率较高,其他症状不明显。新生羔羊体质虚弱,全身秃毛,不能吮乳,呼吸困难,触诊可感知甲状腺肿大,常被称为"鸽蛋羔",四肢弯曲,站立困难甚至不能站立。山羊的症状与绵羊类似,但山羊羔甲状腺肿大和秃毛更加明显。

(4)猪:缺碘母猪生下的仔猪全身无毛,先天衰弱,或生下死胎,存活的仔猪颈部皮下有黏液性水肿,在生后数小时死亡,或生长发育停滞,成为"僵猪"。可能存在甲状腺肿大,但引起呼吸困难者极少。

(5)犬和猫:喉后方及第3、4气管软骨环内侧可触及肿大的甲状腺,通常比正常的大2倍,严重者可见颈腹侧隆起,吞咽障碍,叫声异常,伴有呼吸困难。患病犬、猫的症状发展缓慢,初期易疲劳,不愿在户外活动。警犬执行任务时,显得紧张,不能适应远距离追捕任务。有的犬奔跑较慢,步态强拘,被毛和皮肤干燥、污秽,生长缓慢,掉毛。皮肤增厚,特别是眼睛上方、颧骨处皮肤增厚,上眼睑低垂,面部臃肿,看似"愁容"(黏液性水肿)。母犬发情不明显,发情期缩短,甚至不发情。公犬睾丸缩小,精子缺失,大约半数病犬有高胆固醇血症,偶尔可见肌酸磷酸激酶活性升高。

(6)鸡:雏鸡甲状腺肿大,压迫食管引起吞咽障碍,气管因受压迫而移位,吸气时常会发出特异的笛声。公鸡睾丸变小,性欲下降,鸡冠变小,母鸡产蛋量降低。

### 2.4.7.6 病理变化

动物血清蛋白结合碘浓度常低于 0.189 $\mu mol/L$(24 $\mu g/L$);牛乳中蛋白结合碘浓度低于 0.063 $\mu mol/L$(8 $\mu g/L$);羊乳中蛋白结合碘浓度低于 0.630 $\mu mol/L$(80 $\mu g/L$)。

病理剖检的主要变化为幼畜无毛,出现黏液性水肿,甲状腺显著肿大,一般可肿大 10~20 倍。新生犊牛的甲状腺重超过 13 g(正常犊牛的甲状腺重 6.5~11.0 g),新生羔的甲状腺重 2.0~2.8 g(正常羔的甲状腺重 1.3~2.0 g),即为甲状腺肿大。

### 2.4.7.7 诊断

根据流行病学特点、临床症状(甲状腺肿大、被毛生长不良等)即可作出诊断。若要确诊,则需检测饮水、饲料、乳汁、尿液、血清蛋白结合碘和血清 $T_3$、$T_4$ 浓度及甲状腺质量。血清蛋白结合碘(PBI)浓度明显低于 24 $\mu g/L$,牛乳中 PBI 浓度低于 8 $\mu g/L$,羊乳中 PBI 浓度低于 80 $\mu g/L$,即为碘缺乏。此外,缺碘母畜妊娠期延长,胎儿大多有掉毛现象。

血清甲状腺素的浓度检测不太可靠,不仅因甲状腺素浓度有季节性变化,而且受动物年龄、生理状态及肠道寄生虫等因素的影响。

### 2.4.7.8 防治

补碘是该病的主要防治措施。内服碘化钾或碘化钠,连用数日,或内服复方碘溶液(碘 5.0 g,碘化钾 10.0 g,水 100.0 mL),每日 5~20 滴,连用 20 天,间隔

2～3个月重复用药一次。也可给动物用含碘食盐；用含碘的盐砖让动物自由舔食；在饲料中掺入海藻、海带等。

在母畜怀孕后期,于饮水中加入1~2滴碘酊；产羔后用3％碘酊涂擦乳头,让仔畜吮乳,亦有较好的预防作用。

## 2.5　维生素缺乏症和过多症

维生素是机体生命活动的重要营养成分之一,不能直接为机体提供能量,也不构成机体的组成部分,但它们对机体的生命活动具有十分重要的调节作用,作为许多酶的辅酶参与生命活动,直接或间接影响动物的生长和发育。因动物维生素不足或缺乏而引起的营养代谢病,称为维生素缺乏症。因维生素供给过量而引起的营养代谢病,称为维生素过多症或维生素中毒。

大多数动植物性饲料中含有丰富的维生素或其前体,有些维生素还可由动物本身或寄生于动物消化道的细菌合成,一般情况下,不易引起维生素缺乏症。但当饲料中的维生素或其前体在加工调制过程中遭到破坏,体内合成、转化和吸收发生障碍,或机体消耗和需要量增加,此时又没有得到及时补充,即可造成维生素缺乏症。因此,临床上的维生素缺乏症多为不完全性缺乏,维生素完全性缺乏极为少见。

### 2.5.1　维生素A缺乏症和过多症

#### 2.5.1.1　维生素A缺乏症

2.5.1.1.1　概念

维生素A缺乏症是指动物体内维生素A或其前体胡萝卜素不足或缺乏所引起的以上皮角化障碍、视觉异常、骨形成缺陷、繁殖机能障碍等为特征的一种营养代谢病。该病发生于各种动物,但以犊牛、雏禽、仔猪等幼龄动物多见。

维生素A仅存在于动物性饲料中,动物肝脏,尤其是鱼肝是其丰富来源。在植物性饲料中,维生素A主要以其前体(胡萝卜素)的形式存在,青绿饲料、胡萝卜、黄玉米、南瓜等是其丰富来源。

维生素A是一组具有维生素A生物活性的物质,有多种形式,常见的有视黄醇、视黄醛、视黄酸、脱氢视黄醇、维生素A酸、棕榈酸酯等,通常我们说的"维生素A"是指视黄醇和脱氢视黄醇。

2.5.1.1.2　病因

动物机体本身不能够合成维生素A,机体对维生素A的需要必须从饲料中获得。维生素A缺乏既可以是原发性的,也可以是继发性的。

(1)原发性缺乏:主要是由饲料中维生素 A 或其前体胡萝卜素绝对不足或缺乏引起的。常见的原因如下:

①长期饲喂胡萝卜素含量较低的饲草料,如劣质干草、棉籽饼、甜菜渣、谷类(黄玉米除外)及其加工副产品(如麦麸、米糠、粕饼片等);某些豆料牧草和大豆含有脂肪氧合酶,如不迅速灭活,会使大部分胡萝卜素被迅速破坏。

②饲料加工、储存不当造成胡萝卜素或维生素 A 被破坏。收割的青草经日光长时间照射,或存放过久,陈旧变质,可使胡萝卜素的含量降低;预混料存放在高温高湿的环境中促使维生素 A 失活;维生素 A 与矿物质一起混合也易引起其活性下降;饲料调制过程中热、压力和湿度也可以影响维生素 A 的活性。

③动物对维生素 A 的需要量增加。如高产奶牛的产奶期,蛋鸡的产蛋高峰期,动物的妊娠期和哺乳期等。

④幼龄动物尚不能采食青绿饲料和动物性饲料,需从母乳中获得维生素 A,如乳中维生素 A 含量不足,或断奶过早,均可引起维生素 A 缺乏。

(2)继发性缺乏:饲料中维生素 A 或胡萝卜素不缺乏,但是由于限饲或消化、吸收、贮存、代谢等出现问题,也可引起维生素 A 不足或缺乏。如脂溶性维生素之间存在一定的拮抗性,当一种脂溶性维生素含量过高时,即可影响其他脂溶性维生素的吸收和代谢。当动物患有肝脏或肠道疾病时,即使维生素 A 或胡萝卜素不缺乏,由于吸收障碍,也会出现维生素 A 缺乏症。此外,中性脂肪、蛋白质、无机磷、钴、锰等缺乏或不足也能影响体内胡萝卜素向维生素 A 的转化、吸收和贮存。饲养管理条件不良如畜舍寒冷潮湿、通风不良、过度拥挤、缺乏运动和光照等应激因素亦可促进该病的发生。

2.5.1.1.3 病理变化

维生素 A 的主要功能是维持上皮系统的完整、正常的视觉、骨骼的生长发育以及动物的繁殖机能等,因此,当维生素 A 缺乏时,可引起一系列病理损害。

(1)上皮组织角化:维生素 A 缺乏时,可以造成动物上皮细胞萎缩,特别是具有分泌功能的上皮细胞被复层的角化上皮细胞所替代,其中以眼、呼吸道、消化道、泌尿生殖道黏膜受影响最为严重。临床上出现干眼病、咳嗽、消化紊乱、流产等。

(2)视力障碍:健康动物视网膜中的维生素 A 是合成视色素(视紫红质)的必需物质,视紫红质经光照射以后,分解为视黄醛和视蛋白,黑暗时,呈逆反应,此时的视黄醛是维生素 A 氧化产生的新视黄醛。在上述反应中,如维生素 A 缺乏,则新视黄醛生成减少,视紫红质合成受阻,导致动物对暗光适应能力减弱,即形成夜盲症,严重时可完全丧失视力。

(3)骨骼生长发育障碍:维生素 A 对维持成骨细胞和破骨细胞的正常位置和数量十分重要。当维生素 A 缺乏时,成骨细胞活性增强,导致骨皮质内钙盐过度沉积，软骨内骨的生长不能正常进行，成形失调，主要表现为颅骨、椎骨甚至长骨发育障碍。

(4)繁殖机能障碍：维生素 A 在胎儿生长发育过程中是器官形成的必需物质。维生素 A 缺乏时，可导致胎儿生长发育受阻，先天性缺损，特别是脑和眼的损伤最为常见。此外，维生素 A 缺乏还可造成公畜精子生成减少，母畜卵巢、子宫上皮组织角质化，受胎率下降。

(5)生长发育障碍：维生素 A 缺乏时，造成蛋白质合成减少，矿物质利用受阻，内分泌机能紊乱等，导致动物生长发育障碍，生产性能下降。

(6)免疫机能下降：维生素 A 缺乏时，机体的上皮组织完整性遭到破坏，对微生物的抵抗能力下降，同时白细胞的吞噬活性和抗体的形成也受到影响，导致动物容易发生继发感染。

#### 2.5.1.1.4 症状

维生素 A 缺乏时，各种动物所表现的临床症状基本相似，但在机体组织和器官的表现程度上有一些差异。

(1)皮肤病变：皮肤干燥、脱屑，出现皮炎，被毛蓬乱无光泽、脱毛，蹄角生长不良、干燥，蹄表有纵行皲裂和凹陷。猪主要表现为脂溢性皮炎，表皮分泌褐色渗出物；仔鸡喙和小腿皮肤的黄色消失，食道和咽部的黏膜表面分布很多黄白色颗粒小结节，气管黏膜上皮角化脱落，表面覆有易剥离的白色膜状物；牛皮肤上附有大量麸皮样鳞屑，蹄干燥，表面有鳞皮和许多纵向裂纹。

(2)视力障碍：夜盲症是各种动物（猪除外）维生素 A 早期缺乏的症状之一，病畜表现为在弱光下盲目前进，行动迟缓或碰撞障碍物。犊牛最易发生，当其他症状尚不明显时，犊牛即表现出明显的视力障碍。而对于猪，当血清中维生素 A 水平很低时，才会出现夜盲症的症状。

干眼病常见于犬和犊牛，主要表现为角膜增厚，呈云雾状。其他动物可见到眼分泌一种浆液性分泌物，角膜角化、增厚，呈云雾状，甚至出现溃疡。鸡因鼻孔和眼有黏液性分泌物，上下眼睑被粘在一起，角膜化，眼球下陷，甚至穿孔。干眼病可以继发结膜炎、角膜炎、角膜溃疡和穿孔。

(3)繁殖机能障碍：公畜主要表现为精子形状受到影响，精液品质下降，睾丸比正常的小。母畜表现为流产、死胎、弱胎和胎儿畸形，易发生胎衣滞留。犊牛可见先天性失明和脑室积水；仔猪可发生无眼或小眼畸形，也可以出现腭裂、兔唇、后肢畸形等。

(4)神经症状：维生素 A 缺乏可造成中枢神经损害，常见症状有颅内压升高性脑病（共济失调、痉挛、惊厥、瘫痪等）；外周神经损伤引起的运动障碍和肌麻痹；视神经管狭窄引起的失明。犊牛和低龄猪易发。

(5)抵抗力下降：维生素 A 缺乏时，由于黏膜上皮完整性受损，极易发生鼻炎、支气管炎、肺炎、胃肠炎等疾病。患病动物对传染病的易感性增加。

2.5.1.1.5　诊断

通常根据饲养管理情况、病史和临床症状可作初步诊断，必要时可结合眼底检查以及检测脊髓液压力、血清和肝脏维生素 A 和胡萝卜素的含量进一步确诊。结膜涂片检查发现角化上皮细胞数目增多，如犊牛每个视野角化上皮细胞可由 3 个增加至 11 个以上。眼底检查发现犊牛视网膜绿毯部由正常的绿色或橙黄色变为苍白色。血清和肝脏维生素 A 和胡萝卜素水平下降，不过只有当肝脏储备耗尽以后才能见到血清维生素 A 和胡萝卜素水平下降。脑脊液压力升高也是维生素 A 缺乏的一个敏感指标。

2.5.1.1.6　治疗

首先查明病因，治疗原发病；同时改善饲养管理条件，调整日粮配方，增加高含量维生素 A 或胡萝卜素的饲料。

维生素 A 的治疗剂量一般为 440 IU/kg 体重，可以根据动物品种和病情适当增加或减少治疗剂量。鸡的治疗剂量可达 1200 IU/kg 体重。对于急性病例，疗效迅速，对于慢性病例，视病情而定；不可能完全恢复者，建议尽早淘汰。

2.5.1.1.7　预防

确保饲料配比合适，减少加工损耗，放置时间不宜过长，尽量减少维生素 A 与矿物质接触的时间，妊娠、泌乳和处于应激状态下的动物适当提高日粮中维生素 A 的含量。

**2.5.1.2　维生素 A 过多症**

2.5.1.2.1　概念

维生素 A 过多症是指动物摄食维生素 A 过量而引起的以倦怠、跛行、外生骨疣等为特征的一种营养代谢病。该病可以发生于各种年龄的动物。

就单一维生素而言，维生素 A 是最重要的一种维生素，其毒性也较大。维生素 A 的中毒情况根据其用量及使用时间长短不同而有所差异。胡萝卜素是比较安全的，即使在大剂量、长时间使用时，也不容易产生明显的毒性。

2.5.1.2.2　病因

维生素 A 过多症的病因主要有三类：①日粮中维生素 A 含量过高。如为了提高动物的生产性能和抵抗力等，在日粮中添加大剂量的维生素 A；犬、猫等肉食动物长期以富含维生素 A 的动物肝脏为主要食物。②计算错误或称量错误等原因造成日粮中维生素 A 含量过高。③医源性维生素 A 过多症。如治疗维生素 A 缺乏症时用药过量。

#### 2.5.1.2.3 病理变化

维生素A对维持动物骨骼中成骨细胞和破骨细胞的正常位置和数量是十分重要的,维生素A过量可打破这种平衡,引起骨皮质内成骨过度。此外,维生素A过量将影响其他脂溶性维生素(如维生素D、维生素E、维生素K等)的正常吸收和代谢,可造成这些维生素的相对缺乏。

#### 2.5.1.2.4 症状

犬、猫主要表现为倦怠,牙龈充血、出血、水肿,跛行,全身敏感,不愿人抱,不愿运动,喜卧,形成外生骨疣(脊椎多发),骨发育障碍,瘫痪,生长缓慢,难产等。犊牛表现为生长缓慢,跛行,行走不稳,瘫痪,外生骨疣,脑脊液压力下降。仔猪大量摄入维生素A可产生大面积出血和突然死亡。生长鸡摄入大剂量维生素A可引起生长缓慢,骨变形,色素减少,死亡率升高。

#### 2.5.1.2.5 防治

治疗维生素A过多症的主要方法是更换饲料,减少维生素A的给予量。症状较轻的病例可以自行恢复;对于较重的病例,应该给予消炎、止痛药物,同时补充维生素D、维生素E、维生素K和复合维生素B等。若临床上已经出现关节增生或外生骨疣,则无法根治。由于脂溶性维生素在体内可以蓄积,代谢缓慢,因此,改换饲料以后,需经几周,甚至几个月,其体内的维生素A水平才能降至正常。

### 2.5.2 维生素E过多症

维生素E的毒性相对于维生素A和维生素D较低,过量摄入的维生素E随粪便排出体外,因此,一般情况下不易造成维生素E过多症。临床上出现维生素E过多症多是由计算错误、添加失误或医源性的原因所造成的。大剂量维生素E可降低肉鸡的生长速度,增加维生素A、维生素D和维生素K的需要量。每日口服300 IU以上的受试者,可出现恶心及轻度的胃肠不适。

### 2.5.3 维生素K缺乏症和过多症

#### 2.5.3.1 维生素K缺乏症

##### 2.5.3.1.1 概念

维生素K缺乏症是由于动物体内维生素K缺乏或不足而引起的一种以凝血酶原和凝血因子减少、血液凝固过程发生障碍、凝血时间延长、易于出血等为特征的营养代谢病。

##### 2.5.3.1.2 病因

维生素K是发现最晚的一种脂溶性维生素,它广泛存在于绿色植物中(如维

生素 $K_1$），也可以通过腐败肉质中的细菌或动物消化道中的微生物合成（如维生素 $K_2$），这两种都是活性很高的维生素 K，因此，在正常的饲养管理条件下，动物很少发生维生素 K 缺乏症。实际生产中维生素 K 缺乏主要见于以下原因：饲料中维生素 K 缺乏或饲料中存在维生素 K 拮抗物质，降低维生素 K 的活性，如给马仅饲喂干燥而变成白色的干草时间过长，会出现维生素 K 缺乏症；日粮中其他脂溶性维生素含量过高时，可影响维生素 K 的吸收，造成维生素 K 缺乏症；长期过量使用广谱抗生素或长期使用预防球虫的药物磺胺喹噁啉时，可引起维生素 K 的缺乏；胃肠疾病和肝胆疾病可影响维生素 K 的吸收。

2.5.3.1.3　发病机理

维生素 K 是肝脏合成凝血酶原（凝血因子Ⅱ）和凝血因子Ⅶ、Ⅸ、Ⅹ所必需的，凝血因子Ⅱ、Ⅶ、Ⅸ和Ⅹ在肝中以一种非活性的前体形式存在，然后在维生素 K 的作用下转化为活性蛋白，参与血液凝固。处于维生素 K 缺乏状态的动物仍然能够合成维生素 K 依赖蛋白，但以非活性形式存在，在非活性的蛋白前体转化为具有生物活性蛋白的过程中，必须有维生素 K 的参加。当维生素 K 缺乏时，维生素 K 依赖性凝血因子减少，影响血液的凝固速度，从而使凝血时间延长，发生皮下、肌肉或肠道出血。

2.5.3.1.4　症状

维生素 K 缺乏的主要症状是血液凝血酶原含量下降，血液凝固时间延长和出血。严重缺乏维生素 K 的鸡可能由于轻微擦伤或其他损伤而流血致死。临界缺乏时，常引起胸部、腿部和翅膀出现小出血瘢疤。腹腔和胃肠道也可以发生出血，出血较多时，造成严重贫血和全身代谢紊乱，冠、肉髯和皮肤苍白干燥。实验性仔猪维生素 K 缺乏表现为敏感、贫血、厌食、衰弱和凝血时间延长。

鸡维生素 K 缺乏严重时，凝血时间可以由正常的 17～20 s 延长至 5～6 min 或更长。

2.5.3.1.5　诊断

根据饲养管理状况和临床症状可以作出初步诊断；通过测定饲料、血液和肝脏维生素 K 含量，以及血液凝固时间和凝血酶原时间可以确诊。

2.5.3.1.6　治疗

查明病因，调整日粮，提供富含维生素 K 的饲料，或在日粮中添加维生素 K。

常用的维生素 K 制剂有维生素 $K_1$ 和维生素 $K_3$ 注射液，猪 10～30 mg/头，鸡 1～2 mg/只，皮下或肌内注射，连用 3～5 天。也可以在日粮中添加维生素 K，如有吸收障碍的动物，口服维生素 K 时，需同时服用胆盐。

2.5.3.1.7　预防

供给动物富含维生素 K 的饲料；控制磺胺和广谱抗生素的使用时间及用量；

及时治疗胃肠道及肝胆疾病；在日粮中添加维生素 K 制剂。

#### 2.5.3.2 维生素 K 过多症

维生素 K 家族成员（如维生素 $K_1$、维生素 $K_2$、维生素 $K_3$ 等）的毒副作用体现在血液学和循环系统扰乱两方面。不同维生素 K 形式引起毒性反应的程度差别很大，维生素 K 的天然形式叶绿醌和甲基萘醌，在使用剂量高的情况下，毒性也非常小，但合成的甲萘醌化合物则对人畜表现出一定的毒性。当人、兔、犬和小鼠摄入维生素 K 过量时，主要表现为呕吐、卟啉尿和蛋白尿；兔还表现为凝血时间延长，小鼠出现血细胞减少和血红蛋白尿。

### 2.5.4 维生素 $B_1$ 缺乏症

#### 2.5.4.1 概念

维生素 $B_1$ 缺乏症是指由体内维生素 $B_1$（又称硫胺素）缺乏或不足所引起的以神经机能障碍为主要特征的一种营养代谢病。雏禽、仔猪、犊牛和羔羊等幼畜禽多发。

#### 2.5.4.2 病因

维生素 $B_1$ 缺乏症主要是由饲料中缺乏维生素 $B_1$、体内合成障碍或某些因素影响其吸收和利用所造成的。

在日粮组成中，青绿饲料、禾本科谷物、发酵饲料以及蛋白性饲料缺乏或不足而糖类过剩，或单一地饲喂谷类精料，使大肠微生物区系紊乱，维生素 $B_1$ 合成障碍，易引发该病。

马、牛摄食羊齿类植物过多，以及犬、猫食用生鱼过多时，由于这些食物中含有大量硫胺素酶，可使维生素 $B_1$ 受到破坏，因此引起维生素 $B_1$ 缺乏。

患有慢性胃肠炎，长期腹泻，或患有高热等消耗性疾病时，维生素 $B_1$ 吸收减少而消耗增加，可继发维生素 $B_1$ 缺乏；长期使用广谱抗生素，抑制细菌的合成，也能引起维生素 $B_1$ 缺乏。

动物在某些特定的条件下，如应激、妊娠、泌乳、生长阶段、机体对维生素 $B_1$ 的需要量增加等，未能及时补充维生素 $B_1$，容易造成相对缺乏或不足。

#### 2.5.4.3 发病机理

维生素 $B_1$ 是体内多种酶系统的辅酶，能促进氧化过程，调节糖代谢，对维持生长发育和正常代谢，保证神经系统和消化系统的正常机能具有重要的意义。

维生素 $B_1$ 作为一种辅酶，在动物体内以焦磷酸硫胺素（TPP）的形式参与糖代谢，催化 α-酮戊二酸和丙酮酸的氧化脱羧作用。葡萄糖是脑和神经系统的主要能源物质，当维生素 $B_1$ 缺乏时，α-酮戊二酸的氧化脱羧不能正常进行，其中间产物丙酮酸和乳酸分解受阻，造成体内大量蓄积，加上能量供应不足，造成对脑和中枢神经系统的毒害，严重者引起脑皮质坏死，而呈现痉挛、抽搐、麻痹等症状。

维生素 $B_1$ 能促进乙酰胆碱的合成,抑制胆碱酯酶对乙酰胆碱的分解。当维生素 $B_1$ 缺乏时,乙酰胆碱合成减少,同时胆碱酯酶活性增高,导致胆碱能神经兴奋传导障碍,胃肠蠕动缓慢,消化液分泌减少,引起消化不良。

#### 2.5.4.4 症状

维生素 $B_1$ 缺乏症主要表现为食欲下降、生长受阻、多发性神经炎等,因患病动物的种类和年龄不同而有一定差异。

(1)鸡:若雏鸡日粮中缺乏维生素 $B_1$,则 10 天左右即可出现明显的临床症状,主要为多发性神经炎。雏鸡双腿痉挛缩于腹下,趾爪伸直,躯体压在腿上,头颈后仰,呈特异的观星姿势,最后倒地不起,许多病雏倒地以后,头部仍然向后仰。成年鸡发病缓慢,冠呈蓝色,肌肉逐渐麻痹,开始发生于趾的屈肌,然后向上发展,波及腿、翅和颈部伸肌。小公鸡睾丸发育受到抑制,母鸡卵巢萎缩。

(2)猪:表现为呕吐、腹泻、心力衰竭、呼吸困难、黏膜发绀、运步不稳和跛行,严重时肌肉萎缩,引起瘫痪,最后陷于麻痹状态直至死亡。

(3)犬、猫:犬、猫维生素 $B_1$ 缺乏可引起对称性脑灰质软化症,小脑桥和大脑皮质损伤,犬因食熟肉而发生,猫多因食生鱼而发生。主要表现为厌食、平衡失调、惊厥、勾颈、头向腹侧弯、知觉过敏、瞳孔扩大、运动神经麻痹,四肢呈进行性瘫痪,最后患病动物出现半昏迷状态,四肢强直而死亡。

(4)马:患马衰弱无力,采饲、吞咽困难,知觉过敏,脉快而节律不齐,共济失调,惊厥,昏迷死亡。

(5)反刍动物:主要发生于犊牛和羔羊,表现为厌食、共济失调、站立不稳、严重腹泻和脱水。脑灰质软化主要表现为神经症状,如兴奋、痉挛、四肢抽搐,呈惊厥状,倒地后牙关紧闭,眼球震颤,角弓反张,严重者呈强直性痉挛,昏迷死亡。

血液中丙酮酸浓度可以从正常的 20~30 μg/L 升高至 60~80 μg/L;血清硫胺素浓度从正常的 80~100 μg/L 降至 25~30 μg/L;脑脊液中细胞数量由正常的 0~3 个/mL 增加到 25~100 个/mL。

#### 2.5.4.5 诊断

根据饲养管理情况和临床症状可作出初步诊断;测定血液中丙酮酸、乳酸和硫胺素的浓度以及脑脊液中细胞数有助于确诊。

#### 2.5.4.6 治疗

改善饲养管理,调整日粮组成,增加富含维生素 $B_1$ 的优质青草、发芽谷物、麸皮、米糠或饲料酵母等;也可以在日粮中添加维生素 $B_1$,剂量为 5~10 mg/kg 饮料,或 30~60 μg/kg 体重。目前普遍采用复合维生素 B 防治该病。

药物治疗一般采用盐酸硫胺素注射液,皮下或肌内注射,剂量为 0.25~

0.5 mg/kg体重,也可以口服维生素 $B_1$。一般不建议采用静脉注射的方式给予维生素 $B_1$。

#### 2.5.4.7 预防

该病的预防主要是加强饲料管理,提供富含维生素 $B_1$ 的全价日粮;控制抗生素等药物的用量及使用时间;防止饲料中含有分解维生素 $B_1$ 的酶,如把鱼蒸煮以后再喂;根据机体的需要及时补充维生素 $B_1$。

### 2.5.5 维生素 $B_2$ 缺乏症

#### 2.5.5.1 概念

维生素 $B_2$ 缺乏症是指由动物体内核黄素缺乏或不足所引起的以生长缓慢、皮炎、胃肠道及眼损伤、禽类腿爪卷缩、飞节着地等为特征的一种营养代谢病。该病多发生于禽类、貂和猪,反刍动物和野生动物偶尔也可以发生。

#### 2.5.5.2 病因

维生素 $B_2$ 又称为核黄素,广泛存在于植物性饲料和动物性蛋白质中,动物体内胃肠微生物也能合成,因此,在自然条件下,一般不会引起维生素 $B_2$ 缺乏。下列情况可导致维生素 $B_2$ 缺乏:长期饲喂维生素 $B_2$ 贫乏的日粮,或经热、碱、紫外线的作用,导致维生素 $B_2$ 被破坏;长期大量使用广谱抗生素造成维生素 $B_2$ 合成减少;动物患有胃肠、肝胰疾病,造成维生素 $B_2$ 吸收、转化和利用障碍;动物在妊娠、泌乳或生长发育等特定条件下对维生素 $B_2$ 的需要量增加。

#### 2.5.5.3 发病机理

维生素 $B_2$ 是黄素单核苷酸(FMN)和黄素腺嘌呤二核苷酸(FAD)两种黄素辅酶的组成部分,参与体内催化蛋白质、脂肪、糖的代谢和氧化还原过程,并对中枢神经系统营养、毛细血管的机能活动有重要影响。此外,维生素 $B_2$ 在体内还具有促进胃分泌和肝脏、生殖系统机能活动以及防止眼角膜受损的功能,促进维生素 C 的生物合成、维持红细胞的正常功能和寿命、参与生物膜的抗氧化作用、影响体内贮存铁的利用等生物学功能。

维生素 $B_2$ 缺乏或不足时,动物体内与其相关的酶系统受抑制,导致蛋白质、脂肪和糖代谢障碍,进而使神经系统、心血管系统、消化系统以及生殖系统机能紊乱,引起一系列的病理变化。

#### 2.5.5.4 症状

该病初期表现为食欲下降,精神不振,生长缓慢,皮肤发炎、增厚、脱屑,被毛粗乱,局部脱毛,眼流泪,患结膜炎和角膜炎,口唇发炎等。随后出现共济失调、痉挛、麻痹、瘫痪以及消化不良、呕吐、腹泻、脱水和心衰,最后死亡。

(1)禽:雏鸡缺乏维生素 $B_2$ 2~3周即可发病,表现为羽毛生长缓慢,两腿发软,眼充血,腿爪向一个方向伸展,腿部肌肉萎缩,行走困难,多以跗关节着地而行,最后因消瘦而死亡。成年家禽维生素 $B_2$ 缺乏的症状不明显,但所产蛋的孵化率降低,胚胎死亡率升高,即使不死亡,雏出壳时也瘦小,水肿,脚爪弯曲,蜷缩成钩状,羽毛发育受损,出现结节状绒毛。

（2）猪:幼龄猪生长缓慢,皮肤粗糙,呈鳞状脱屑或溢脂性皮炎,被毛脱落,患白内障,步态不稳,严重者四肢轻瘫。妊娠母猪流产或早产,所产仔猪体弱,皮肤秃毛,出现皮炎和结膜炎,腹泻,前肢水肿变形,运步不稳,多卧地不起。

（3）犬、猫:皮屑增多,皮肤有红斑、水肿,后肢肌肉虚弱,平衡失调,惊厥。

（4）马:不食,生长受阻,腹泻,畏光流泪,视网膜和晶状体浑浊,出现视力障碍和周期性眼炎。

（5）牛:犊牛可见口角、唇、颊、舌黏膜发炎,流涎、流泪、脱毛、腹泻,有时呈现全身性痉挛等神经症状;成年牛很少自然发病。

#### 2.5.5.5 诊断

根据饲养管理情况及临床症状可作出初步诊断;测定血液和尿液中维生素 $B_2$ 的含量有助于该病的诊断。

#### 2.5.5.6 治疗

查明病因,调整日粮配方,增加富含维生素 $B_2$ 的饲料,或补给复合维生素 B 添加剂。

药物治疗常用的维生素 $B_2$ 制剂有:维生素 $B_2$ 注射液,皮下或肌内注射,7～10 天为一疗程;复合维生素 B 制剂,每日 1 次口服;将维生素 $B_2$ 混于饲料中并饲喂动物,连用1～2 周;也可喂给饲料酵母,以补充维生素 $B_2$。

#### 2.5.5.7 预防

饲喂富含维生素 $B_2$ 的全价日粮;根据机体不同阶段的需要,及时补充维生素 $B_2$;避免大剂量、长时间应用抗生素;不宜把饲料过度蒸煮,以免破坏维生素 $B_2$;如有必要,可补给复合维生素 B 添加剂或饲料酵母。

### 2.5.6 维生素 $B_6$ 缺乏症

#### 2.5.6.1 概念

维生素 $B_6$ 缺乏症是指由动物体内吡哆醇、吡哆醛或吡哆胺缺乏或不足所引起的以生长缓慢、皮炎、癫痫样抽搐和贫血为特征的一种营养代谢病。自然条件下很少发生单纯性维生素 $B_6$ 缺乏症,临床可以见到幼年反刍动物、雏禽和猪发病。

维生素 $B_6$ 包括吡哆醇、吡哆醛和吡哆胺,以吡哆醇为代表。吡哆醇在哺乳动物体内可以转化为吡哆醛和吡哆胺,但吡哆醛和吡哆胺不能逆转为吡哆醇。三者在动物体内的活性相同。

#### 2.5.6.2 病因

吡哆醇广泛存在于各种植物性饲料中,吡哆醛和吡哆胺在动物性食物中含量丰富,动物的胃肠道微生物还可以合成维生素 $B_6$,因此,一般情况下,动物不会发生维生素 $B_6$ 缺乏症。但下列情况下有可能发生维生素 $B_6$ 缺乏症:饲料加工、精炼、蒸煮或低温储藏使维生素 $B_6$ 遭到破坏;日粮中含有巯基化合物,如氨基脲、羟胺、亚麻素等维生素 $B_6$ 拮抗剂,影响维生素 $B_6$ 的吸收和利用;日粮中的其他因素导致维生素 $B_6$ 的需要量增加,如日粮中蛋白质水平升高、氨基酸不平衡(如色氨酸和甲硫氨酸含量过高)会增加维生素 $B_6$ 的需要量;机体在某些特定的条件下(如妊娠、泌乳、应激等)也会增加维生素 $B_6$ 的需要量。

#### 2.5.6.3 症状

维生素 $B_6$ 缺乏症主要表现为生长受阻、皮炎、癫痫样抽搐、贫血和色氨酸代谢受阻等。

(1)禽:雏禽维生素 $B_6$ 缺乏时表现为食欲下降、生长缓慢、皮炎、贫血、惊厥、颤抖、不随意运动,病禽腰背塌陷、腰痉挛。产蛋鸡的产蛋率和孵化率均下降,羽毛发育受阻,痉挛,跛行。

(2)猪:表现为食欲下降、小细胞低色素性贫血、癫痫样抽搐、共济失调、呕吐、腹泻、被毛粗乱、皮肤结痂,眼周围有黄色分泌物。病理变化为皮下水肿、脂肪肝和外周神经脱髓鞘。

(3)犬、猫:表现为小细胞低色素性贫血,血液中铁浓度升高,含铁血黄素沉着。

(4)犊牛:表现为厌食、生长发育受阻、被毛粗乱、掉毛、抽搐和异形红细胞增多性贫血。

#### 2.5.6.4 诊断

根据病史和临床症状,结合测定血浆中吡哆醛(PL)、磷酸吡哆醛(PLP)、总维生素 $B_6$ 或尿中 4-吡哆酸含量可以作出初步诊断,必要时可以进行色氨酸负荷实验、甲硫氨酸负荷实验和红细胞转氨酶活性测定。

#### 2.5.6.5 防治

急性病例可以肌内注射或皮下注射维生素 $B_6$ 或复合维生素 B 注射液;慢性病例可以在日粮中补充维生素 $B_6$ 单体,也可以补充复合维生素 B 添加剂。

### 2.5.7 维生素 $B_{12}$ 缺乏症

#### 2.5.7.1 概念

维生素 $B_{12}$ 缺乏症是指由动物体内维生素 $B_{12}$(或钴)缺乏或不足所引起的以生长发育受阻、物质代谢紊乱、造血机能及生殖机能障碍为特征的一种营养代谢性疾病。该病多为地区性流行,钴缺乏地区多发,动物中以猪、禽和犊牛多发,其他动物的发病率较低。

维生素 $B_{12}$ 又称钴胺素，是促红细胞生成因子。维生素 $B_{12}$ 在动物性蛋白质中含量丰富，植物性饲料中几乎不含有维生素 $B_{12}$，草食动物依靠瘤胃或大肠内微生物合成维生素 $B_{12}$。维生素 $B_{12}$ 合成过程中，需要微量元素钴和甲硫氨酸，因此，饲料中缺乏钴和甲硫氨酸可造成维生素 $B_{12}$ 合成不足，引起维生素 $B_{12}$ 缺乏。家禽体内合成维生素 $B_{12}$ 的能力有限，必须从日粮中获取。

### 2.5.7.2　病因

造成维生素 $B_{12}$ 缺乏症的主要原因有外源性缺乏和内源性生物合成障碍。长期使用维生素 $B_{12}$ 含量较低的植物性饲料，或微量元素钴、甲硫氨酸缺乏或不足的饲料饲喂动物，可引起维生素 $B_{12}$ 缺乏症。长期使用广谱抗生素，造成胃肠道微生物区系受到抑制或破坏，可引起维生素 $B_{12}$ 合成减少。胃肠道疾病可影响维生素 $B_{12}$ 的吸收和利用。幼龄动物体内合成的维生素 $B_{12}$ 尚不能满足其需要，有赖于从母乳中摄取，若母乳不足或乳中维生素 $B_{12}$ 含量低下，则易引起缺乏症。维生素 $B_{12}$ 经小肠吸收进入肝脏转化为甲基钴胺，从而参与氨基酸、胆碱、核酸的生物合成，因此，当肝损伤或肝功能障碍时，亦可产生维生素 $B_{12}$ 缺乏样症状。

### 2.5.7.3　发病机理

饲料中的维生素 $B_{12}$ 进入胃后，与胃黏蛋白(内因子)结合，经小肠黏膜细胞吸收，进入肝脏转化为具有高度代谢活性的甲基钴胺，从而参与氨基酸、胆碱、核酸的生物合成，并对造血、内分泌、神经系统和肝脏机能具有重大影响。动物维生素 $B_{12}$ 缺乏时，糖、蛋白质和脂肪的中间代谢出现障碍，由于 $N_5$-甲基四氢叶酸不能被利用，阻碍了胸腺嘧啶的合成，致使脱氧核糖核酸合成障碍，使红细胞发育受阻，引起巨红细胞性贫血和白细胞减少症。由于丙酮分解代谢障碍，脂肪代谢失调，阻碍髓鞘形成，而导致神经系统损害。

### 2.5.7.4　症状

患病动物的食欲减退或反常，生长发育受阻，可视黏膜苍白，皮肤湿疹，神经兴奋性增高，触觉敏感，共济失调，易发肺炎和胃肠炎等疾病。

(1)禽：雏鸡表现为食欲下降、生长缓慢、贫血、脂肪肝和死亡率增加。成年鸡产蛋量下降，孵化率降低，胚胎发育畸形，多在孵化17天左右死亡，孵出的雏鸡弱小且多畸形。

(2)猪：表现为厌食、生长停滞、应激性增加、运动失调、皮肤粗糙、后腿软弱、消化不良、异嗜、腹泻、运动障碍、后躯麻痹、卧地不起，多有肺炎等继发感染。母猪维生素 $B_{12}$ 缺乏时，产仔数减少，仔猪活力减弱，出生后不久死亡。

(3)牛：犊牛食欲下降，生长缓慢，黏膜苍白，皮肤被毛粗糙，肌肉弛缓无力，共济失调；成年牛异嗜，营养不良，衰弱乏力，可视黏膜苍白，产奶量明显下降。

#### 2.5.7.5 诊断

根据病史、饲养管理状况和临床症状以及实验检测(血液和肝脏中钴、维生素 $B_{12}$ 含量降低,尿中甲基丙二酸浓度升高,巨细胞性贫血)可以作出诊断,但应与泛酸、叶酸、钴缺乏及幼畜营养不良相区别。

#### 2.5.7.6 防治

在查明原因的基础上,调整日粮,供给富含维生素 $B_{12}$ 的饲料,如全乳、鱼、肉等,反刍动物亦可补给氯化钴等钴制剂。药物治疗常用维生素 $B_{12}$ 注射液,每日或隔日肌内注射一次。对严重的维生素 $B_{12}$ 缺乏症患畜,除补充维生素 $B_{12}$ 以外,还可应用葡萄糖铁钴注射液、叶酸和维生素 C 等制剂。为预防该病的发生,应保证日粮中含有足量的维生素 $B_{12}$ 和微量元素钴。反刍动物不需要补充维生素 $B_{12}$,只要口服钴制剂即可。对缺钴地区的牧地,应适当施用钴肥。

### 2.5.8 维生素 C 缺乏症

#### 2.5.8.1 概念

维生素 C 缺乏症是指由动物体内抗坏血酸缺乏或不足所引起的以皮肤和内脏器官出血、贫血、齿龈溃疡、坏死和关节肿胀为特征的一种营养代谢性疾病,又称坏血病。

维生素 C 也称抗坏血酸,广泛存在于青绿植物中,并且除了人、灵长类动物及豚鼠以外,大多数动物可以自己合成,因此,兽医临床中畜禽较少发生维生素 C 缺乏症。但猪内源性合成的维生素 C 不足以满足其机体需要,仍要从饲料中摄取补充。此外,生长发育中的幼龄动物也可以发生维生素 C 缺乏症。

#### 2.5.8.2 病因

该病的病因包括加工处理不当造成维生素 C 缺乏或长期饲喂维生素 C 缺乏的饲料,如阳光过度暴晒的干草,高温蒸煮加工的饲料,贮存过久、发霉变质的饲料等。患胃肠疾病或肝脏疾病过程中,维生素 C 吸收、利用和合成出现障碍。某些感染、传染病、热性病、应激过程中,维生素 C 的消耗量增加,可引起维生素 C 相对缺乏。幼畜生后一段时间内不能合成维生素 C,必须从母乳中获取,若母乳中维生素 C 缺乏或不足,则可引起缺乏症。

体内维生素 C 以还原型抗坏血酸形式存在,与脱氢抗坏血酸保持可逆的平衡状态,从而构成氧化-还原系统,参与机体许多重要的生化反应,如参与细胞间质中胶原和黏多糖的生成,参与生物氧化还原反应,参与氨基酸、脂肪、糖的代谢,参与肾上腺皮质激素的合成,促进肠道对铁的吸收等。

维生素 C 缺乏可引起机体一系列代谢机能紊乱,主要是胶原合成障碍,导致细胞间质比例失调,再生能力降低。骨髓、牙齿及毛细血管壁间质形成不良,毛细血管的细胞间质减少,变得脆弱,通透性增大,易引起皮下、肌肉、胃肠道黏膜出血。软骨、骨、牙齿、肌肉及其他组织细胞间质减少,使骨、牙齿易折断或脱落,创口溃疡不易愈合。铁在肠内的转化和吸收减少,叶酸活性降低,影响造血机能而引起贫血。抗体生成和网状内皮系统机能减弱,机体自然抵抗力和免疫反应性降低,对疾病的易感性增强,极易继发感染性疾病。

#### 2.5.8.3 症状

(1)家禽:由于家禽嗉囊能合成维生素C,故家禽较少发生缺乏症。缺乏维生素C时,表现为生长缓慢、产蛋量下降、蛋壳极薄等。

(2)猪:表现为重剧出血性素质,皮肤黏膜出血、坏死,口腔、齿龈和舌病变明显,皮肤出血部位鬃毛软化,易脱落,新生仔猪常发生脐管大出血,造成死亡。

(3)牛:犊牛出现齿龈病变,皮肤出现明显的病变,毛囊角化过度,表皮剥脱,形成蜡样结痂,秃毛,多发于耳周围,严重者可蔓延至肩胛及背部,四肢关节增粗、疼痛,运动障碍。成年牛表现为皮炎或结痂性皮肤病,齿龈多发生化脓-腐败性炎症,产奶量下降,易发生酮病。

#### 2.5.8.4 诊断

根据病史、饲养管理状况、临床症状(出血性素质)、病理解剖变化(如皮肤、黏膜、肌肉、器官出血,齿龈肿胀、溃疡、坏死等)、血尿乳中维生素C含量的测定等进行综合分析,作出诊断。

#### 2.5.8.5 治疗

查明病因,及时改善饲养管理,给予富含维生素C的新鲜青绿饲料;对犬、狐等肉食动物供给鲜肉、肝脏或牛奶等。也可用维生素C内服或拌料,反刍动物因维生素C在瘤胃内会被破坏,不宜内服。

药物治疗可采用维生素C注射液,皮下或静脉注射,每日1~2次,连用3~5天。维生素C片口服或混饲,连用1~2周。

对于口腔溃疡或坏死,可用0.1%高锰酸钾溶液或0.02%呋喃西林溶液或其他抗生素冲洗,或涂抹碘甘油或抗生素药膏。

#### 2.5.8.6 预防

加强饲养管理,保证日粮全价营养,供给富含维生素C的饲料;饲料加工调制不可过久或用碱处理,青绿饲料不易储存过久;加强妊娠母猪的饲养管理,防止维生素C缺乏,仔猪断奶要适时,不宜过早;遇动物感染、应激、热性病和传染病时,增加维生素C的供给,防止造成消耗过多,引起相对缺乏。

## 2.5.9 叶酸缺乏症

### 2.5.9.1 概念

叶酸缺乏症是指由动物体内叶酸缺乏或不足所引起的以生长缓慢、皮肤病变、造血机能障碍和繁殖功能降低为主要特征的一种营养代谢性疾病。

叶酸又称维生素 M 和抗贫血因子,因在菠菜中发现的生长因子与该物质相同,故称之为叶酸,其纯品命名为蝶酰谷氨酸。叶酸广泛存在于植物叶片、豆类及动物中,反刍动物的瘤胃和马属动物的盲肠能合成足够的叶酸,猪和禽类的胃肠道也能够合成一部分叶酸,因此,一般情况下动物不易缺乏叶酸。

### 2.5.9.2 病因

虽然一般情况下不容易发生叶酸缺乏,但在以下情况下可引起猪、禽和幼年反刍动物叶酸缺乏:长期以低绿叶植物饲料或叶酸含量较低的谷物性饲料为主,又未及时补充叶酸,可引起猪、鸡叶酸缺乏;长期饲喂低蛋白质性的饲料(甲硫氨酸、赖氨酸缺乏)或过度煮熟的食物会引起叶酸缺乏;长期使用磺胺类药物或广谱抗生素,造成体内生物合成叶酸的能力降低,导致叶酸缺乏;长期患有消化道疾病,导致叶酸吸收和利用障碍,也会发病;动物在某些特定的生理条件下(如妊娠、泌乳等)叶酸需要量增加,也可引起叶酸相对缺乏。

### 2.5.9.3 发病机理

饲料中的叶酸以蝶酰谷氨酸的形式存在,进入体内后被小肠黏膜分泌的解聚酶水解为谷氨酸和叶酸。叶酸在肠壁、肝脏等组织经叶酸还原酶催化,先被还原成 7,8-二氢叶酸,然后经二氢叶酸还原酶催化,生成具有生物活性的 5,6,7,8-四氢叶酸。四氢叶酸不仅参与一碳基团的转移,还参与嘌呤和胸腺嘧啶等甲基化合物合成以及核酸合成。

叶酸缺乏时,因核酸合成障碍,导致细胞分裂与增殖受阻,组织退化,消化道上皮、表皮、骨髓等处损伤,动物生长发育缓慢,消化紊乱。由于胸腺嘧啶脱氧核糖核苷酸合成减少,使红细胞 DNA 合成受阻,血细胞分裂增殖速度下降,细胞体积增大,核内染色疏松,引起巨幼红细胞性贫血。

### 2.5.9.4 症状

叶酸缺乏时,患病动物主要表现为食欲下降、消化不良、腹泻、生长缓慢、皮肤粗糙、脱毛、巨幼红细胞性贫血、白细胞和血小板减少,易患肺炎、胃肠炎等。

(1)禽:雏鸡食欲不振,生长缓慢,羽毛生长不良,易折断,有色羽毛褪色,出现典型的巨幼红细胞性贫血和血小板减少症,腿衰弱无力。雏火鸡有特征性颈麻痹症状,头颈直伸,双翅下垂,不断抖动。母鸡产蛋量下降,孵化率低下,胚胎畸形,死亡率高。

(2) 猪：表现为食欲下降、生长迟滞、衰弱乏力、腹泻、皮肤粗糙、秃毛、皮肤黏膜苍白、巨幼红细胞性贫血，并伴有白细胞和血小板减少，易患肺炎和胃肠炎。母猪的受胎率和泌乳量下降。

(3) 赛马、赛狗：对叶酸需要量较大，在训练期血液中叶酸浓度下降。

**2.5.9.5　诊断**

根据病史、饲养管理状况和血液学检查（巨幼红细胞性贫血、白细胞和血小板减少），结合临床治疗性试验可进行诊断。注意与维生素 $B_{12}$ 缺乏症相区别。

**2.5.9.6　防治**

调整日粮组成，增加富含叶酸的饲料，如酵母、青绿饲料、豆谷、苜蓿等，保证日粮中含有足够的叶酸。药物治疗方面，应用叶酸制剂，每日 2 次口服或 1 次肌内注射，连用 5～10 天。在预防方面，保证日粮中含有足够的叶酸，以满足动物的需要。在服用磺胺药或抗生素药物期间，或日粮中蛋白质不足、动物患胃肠疾病、叶酸需要量增加时，适当增加叶酸或复合维生素 B 的给予量。

## 2.5.10　胆碱缺乏症

**2.5.10.1　概念**

胆碱缺乏症是指由动物体内胆碱缺乏或不足所引起的以生长发育受阻、肝肾脂肪变性、消化不良、运动障碍、禽骨短粗等为特征的一种营养代谢病。仔猪和雏禽较为多发，犊牛偶有发生，其他动物少发。

胆碱又称维生素 $B_4$ 和抗脂肪肝因子，广泛存在于自然界，动物性饲料（如鱼粉、肉粉、骨粉等）、青绿饲料以及饼粕是其良好来源，并且多数动物体内能够合成足够数量的胆碱，因此，一般情况下不会引起胆碱缺乏症。

**2.5.10.2　病因**

以下情况可以导致胆碱缺乏：日粮中动物性饲料不足，尤其是合成胆碱必需的甲硫氨酸、丝氨酸缺乏时，胆碱合成不足；日粮中烟酸过多，通常以甲基烟酰胺形式自体内排出，使机体缺少合成胆碱和其他化合物所必需的甲基族，可导致胆碱缺乏；微量元素锰参与胆碱运送脂肪的过程，起着类似胆碱的生物学作用，锰缺乏可导致与胆碱缺乏同样的症状；日粮中蛋白质过量、叶酸或维生素 $B_{12}$ 缺乏时，胆碱的需要量明显增加，如未及时补充，可造成胆碱缺乏；幼龄动物体内合成胆碱的速度不能满足机体的需要，必须从日粮中摄取胆碱，否则易造成胆碱缺乏症。

**2.5.10.3　发病机理**

胆碱属于抗脂肪肝维生素，可促进肝脏脂肪以卵磷脂形式被输送，或者提高脂肪酸本身在肝脏内的氧化利用率，从而防止脂肪在肝脏内的反常积聚。胆碱还能促进肝糖原的合成与贮存，也是肠道分泌和蠕动机能强有力的刺激原。胆碱在体内作为甲基族的供体,参与甲硫氨酸、肾上腺素、甲基烟酰胺的合成,也是合成乙酰胆碱的基础物质,从而参与神经传导和肌肉兴奋性的调节。胆碱缺乏主要引起脂肪代谢障碍,造成脂肪在肝细胞内大量沉积,引起肝脂肪变性,以及消化和代谢障碍等。

#### 2.5.10.4 症状

胆碱缺乏时,患病动物表现为精神不振、食欲下降、生长发育迟缓、衰竭乏力、关节肿胀、屈曲不全、共济失调、皮肤黏膜苍白、消化不良等症状。

(1)禽:雏鸡可导致骨短粗症,跗关节肿大、转位,使胫跗关节变得平坦,严重时,可与胫骨脱离,造成双腿不能支撑体重。关节软骨移位,跟腱滑脱。病情发展呈渐进性,个体大的发病率高,发生肝脂肪变性和卵黄性腹膜炎。青年鸡极易发生脂肪肝,因肝破裂致急性内出血而死亡。成年鸡产蛋量下降,孵化率降低,即使出壳,也形成弱雏。

(2)猪:仔猪表现为生长发育缓慢、被毛粗乱、腿短衰弱、共济失调、关节屈曲不全、运步不协调等。成年猪表现为衰弱乏力、共济失调、跗关节肿胀并有压痛。肝脂肪变性引起消化不良,死亡率较高。母猪采食量减少,受胎率和产仔率降低。

(3)犊牛:实验性饲喂胆碱缺乏的日粮引起的缺乏症,主要表现为食欲降低、衰弱无力、呼吸急促、消化不良、不能站立等。

#### 2.5.10.5 诊断

根据病史、饲养管理情况、临床症状、剖检变化(脂肪肝、胫骨和跖骨发育不全等)及饲料中胆碱的测定等进行诊断。应注意与营养性肝营养不良和锰缺乏进行区别。

#### 2.5.10.6 防治

查明病因,及时调整日粮组成,供给胆碱丰富的全价日粮,并供给充足的甲硫氨酸、丝氨酸、维生素 $B_{12}$ 等。药物治疗方面,通常应用氯化胆碱拌料混饲,一般用量为 $1\sim1.5$ kg/t 饲料。为预防鸡发生脂肪肝,每千克饲料中添加氯化胆碱 1 g、肌醇 1 g、维生素 E 10 IU,可获良好的预防效果。

# 第3章 动物内科疾病

## 3.1 消化系统疾病

### 3.1.1 口炎

#### 3.1.1.1 概念

口炎是口腔黏膜炎症的总称,包括腭炎、齿龈炎、舌炎、唇炎等。临床以流涎、采食和咀嚼障碍为特征。

口炎的类型包括卡他性口炎、水疱性口炎、糜烂性口炎、溃疡性口炎、脓疱性口炎、蜂窝织炎性口炎、丘疹性口炎、坏死性口炎、中毒性口炎、牛口疮性口炎以及霉菌性口炎等,其中以卡他性口炎、水疱性口炎、溃疡性口炎和真菌性口炎较为常见。

#### 3.1.1.2 病因

非传染性口炎多是由机械性、温热性和化学性损伤以及某些营养素如维生素 $B_2$、维生素 C、烟酸、锌等缺乏造成的。传染性口炎一般继发于口蹄疫、坏死杆菌病、牛黏膜病、牛恶性卡他热、牛流行热、水疱性口炎、猪瘟、犬瘟热等特异病原性疾病。

#### 3.1.1.3 症状

(1)卡他性口炎:多见口腔黏膜弥漫性或斑块状潮红,硬腭肿胀,唇部黏膜的黏液腺阻塞时,则有散在的小结节和烂斑;由植物芒或硬毛所致的病例,在口腔内的不同部位形成大小不等的丘疹,其顶端呈针头大的黑点,触之坚实、敏感;舌苔为灰白色或草绿色。重症病例的唇、齿龈、颊部、腭部出现黏膜炎性肿胀,甚至发生糜烂,大量流涎。

(2)水疱性口炎:唇部、颊部、腭部、齿龈、舌面黏膜上有散在或密集的粟粒至蚕豆大小的透明水疱,2~4天后水疱破溃形成鲜红色烂斑。间或有轻微的体温升高。

(3)溃疡性口炎:多发于肉食动物,犬最常见。发病时首先表现为门齿和犬齿的齿龈部分肿胀,呈暗红色,疼痛,出血。1~2天后,病变部位出现暗黄色或黄绿色糜烂性坏死。炎症常蔓延至口腔其他部位,导致溃疡、坏死甚至颌骨外露,散发出腐败臭味,流涎,混有血丝,带恶臭。当牛、马因异物损伤口腔黏膜未得到及时治疗时,病变部位形成溃疡,溃疡面覆盖着暗褐色痂样物,揭去痂样物时,溃疡底面为暗红色。

(4)霉菌性口炎:可见口腔黏膜上有灰白色略微隆起的斑点,主要见于犬、猫和禽类。发病初期,口腔黏膜出现白色或灰白色小斑点,逐渐增大,变为灰色乃至黄色伪膜,周围有红晕。剥离伪膜,可见鲜红色烂斑,易出血。发病末期,上皮新生,伪膜脱落,自然康复。病程中,病畜或病禽采食障碍,吞咽困难,流涎,口有恶臭,便秘或腹泻,多因营养衰竭而死亡。

#### 3.1.1.4 诊断

首先应判断是原发性口炎还是继发性口炎。若是原发性口炎,则根据病史及口腔黏膜炎症变化,不难作出诊断。若是继发性口炎,则在临床诊断时必须通过流行病学调查和实验室诊断,结合病因及临床特征,进行类症鉴别,诊断原发病。

#### 3.1.1.5 治疗

口炎的治疗原则是消除病因,加强护理,净化口腔,抗菌消炎。

(1)消除病因:如摘除刺入口腔黏膜中的麦芒、铁丝等异物,剪断并锉平过长齿等。

(2)加强护理:给予病畜柔软、易消化的饲料,以维持其营养。草食动物可给予营养丰富的青绿饲料、优质的青干草和麸皮粥,肉食动物和杂食动物可给予牛奶、肉汤、鸡蛋等。对于不能采食或咀嚼的动物,应及时补糖输液,或者经胃导管给予流质食物。

(3)净化口腔:口炎初期,可用弱的消毒收敛剂冲洗口腔,3~4次/日。炎症轻时,可用0.85%食盐水或2%~3%硼酸溶液冲洗口腔;炎症严重而有口臭时,用0.1%高锰酸钾溶液或1%雷佛奴尔溶液冲洗口腔;唾液分泌旺盛时,用2%~4%硼酸溶液、1%~2%明矾溶液或鞣酸溶液冲洗口腔后,涂以2%龙胆紫溶液。患有慢性口炎时,可涂擦1%~5%蛋白银溶液或0.2%~0.5%硫酸银溶液。患有水疱性、溃疡性和霉菌性口炎时,除用前述药液冲洗口腔外,还应在糜烂和溃疡面涂布碘酊甘油(5%碘酊1份、甘油9份)或1%磺胺甘油乳剂。

(4)抗菌消炎:为防止继发感染,除进行口腔的局部处理外,还应使用磺胺类药物或抗生素,同时给予维生素制剂配合治疗。对继发性口炎,应积极治疗原发病。

口炎的治疗还可采用中兽医疗法。中兽医称口炎为口舌生疮,治疗时以清火消炎、消肿止痛为主。可采用牛、马宜黛散,即青黛15 g,薄荷5 g,黄连、黄柏、桔梗、儿茶各10 g,研为细末,装入布袋内,在水中浸湿,噙于口内,给食时取下,吃完后再噙上,每日或隔日换药一次;也可在蜂蜜内加入冰片和复方新诺明(SMZ-TMP)各5 g,噙于口内。

#### 3.1.1.6 预防

加强饲养管理,合理调配饲料,防止尖锐的异物、有毒的植物混于饲料中;不使用发霉变质的饲草和饲料;按要求使用具有刺激性或腐蚀性的药物;正确使用开口器;定期检查口腔,牙齿磨灭不齐时,应及时修整。

### 3.1.2 食道阻塞

#### 3.1.2.1 概念

食道阻塞又称食道梗塞,俗称"草噎",是由食道通路被草料或其他异物阻塞所引起的一种严重食管疾病。该病主要发生于牛、马、犬、猪等。

食道阻塞按阻塞程度可分为完全阻塞和不完全阻塞;按部位可分为颈部食道阻塞和胸部食道阻塞。

#### 3.1.2.2 病因

食道阻塞主要发生于饥饿后贪食、偷食时受惊或争食中,多发生在收获山芋和萝卜的季节,也可继发于食道痉挛、食道狭窄、食道憩室、食道麻痹等。

#### 3.1.2.3 症状

动物表现为在采食中突然发病,病畜停止采食,摇晃不安、摇头伸颈或用力吞咽、反刍。很快出现流涎,可见混有饲料的黏液由口鼻流出,并伴有咳嗽和不断的咀嚼运动。不断地出现逆呕动作。完全阻塞的病例中,牛很快出现瘤胃臌气、神情不安和惊恐;马表现为精神极度不安,呼吸极度困难,因窒息而死亡。

#### 3.1.2.4 诊断

通常应注意以下几种症状:食道狭窄,一般呈慢性经过,饮水及液体食物可以通过,细导管能通过而粗导管不能通过;食道炎,呈痛性咽下障碍,触诊或探诊时,病畜敏感、疼痛,流涎量不大,其中往往含黏液、血液、坏死组织等炎性产物;食道痉挛,表现为阵发性发作,缓解后导管可通过,解痉药效果确实;食道麻痹,表现为探诊无阻力,无逆呕动作,伴咽舌麻痹;食道憩室,呈慢性经过,探诊时,有时能通过有时受阻。

#### 3.1.2.5 防治

食道阻塞的防治原则是排除异物,疏通食道,消除炎症,加强护理,预防并发症。

解除食道痉挛,采用2%~5%普鲁卡因溶液10~20 mL,保证食道润滑,再注入液状石蜡100~300 mL。

①上推法(挤压法):病畜保定后用开口器打开口腔,在食道两侧将阻塞物推向咽部,用手将阻塞物取出。本法常用于牛、羊颈部食道上段的阻塞。

②下送法:用胃管将阻塞物抵住,缓慢地向下推动阻塞物。本法主要用于胸部食道阻塞。

③通噎法:把缰绳拴在左前肢系凹部,尽量使动物的头低垂,然后驱赶其上下坡,往返2~3次,借助颈部肌肉收缩,将梗塞物纳入胃中。本法适用于马骡。

④打气法:将胃管插入食管后接上打气筒,顶住阻塞物后,用力猛打气3~5下,趁势推动导管。应注意打气不可过多,推送不宜过猛。

⑤打水法:多用于颗粒饲料串状阻塞。

⑥药物疗法:灌入润滑剂(如植物油或液状石蜡),皮下注射盐酸毛果芸香碱或藜芦碱等,主要作用是促进食管肌肉的收缩。

⑦手术疗法:在上述方法无效时使用。颈部食管阻塞可采用食管切开术。胸部食管阻塞采用剖腹按压法进行治疗。对于牛,还可施行瘤胃切开术,通过贲门将阻塞物摘除。

加强护理,暂停饲喂,以免误咽。反刍动物继发瘤胃臌气时,应及时施行瘤胃穿刺放气术,并注入防腐消毒剂。病程长时,应注意消炎、强心和补糖输液,维持机体营养。

### 3.1.3 胃肠炎

#### 3.1.3.1 概念

胃肠炎是胃肠表层和深层组织的重剧性炎症。该病可以发生于各种家畜,一年四季均可发生。该病按炎症性质可分为黏液性胃肠炎(以胃肠黏膜被覆大量黏液为特征)、出血性胃肠炎(以胃肠黏膜弥漫性或斑点状出血为特征)、化脓性胃肠炎(以胃肠黏膜形成脓性渗出物为特征)、纤维素性胃肠炎(以胃肠黏膜坏死和形成溃疡为特征)等;按病因可以分为原发性胃肠炎和继发性胃肠炎;按病程可以分为急性胃肠炎和慢性胃肠炎。

胃肠炎的临床特征表现为经过短急,胃肠机能严重障碍,自体中毒症状重剧。

#### 3.1.3.2 病因

原发性胃肠炎多见于饲喂霉败饲料或不洁饮水;误食有毒植物;误咽有强烈刺激性或腐蚀性的化学物质;食入尖锐的异物,损伤胃肠黏膜后被化脓菌感染;畜舍卫生条件差,动物机体处于应激状态。该病也可见于胃肠卡他继发,如治疗不及时,病程过长而转成胃肠炎。肠阻塞继发是最常见的继发因素,主要见于泻剂用量过大、温度过高、多次重复用药或肠阻塞持久。临床滥用抗生素,尤其是四环素类药物,可导致该病的发生。

#### 3.1.3.3 症状

动物表现为口腔症状明显,如口干舌燥,舌苔厚而臭,呈鲜红色、深红色或蓝紫色,有不同程度的黄染。肠机能变化明显,初期排粪迟滞;中期腹泻,粪便稀软如水样,有腐败臭或恶臭,混有黏液、血液、脓血、脱落肠黏膜或坏死组织碎片;后期肠管麻痹,肠音消失,肛门括约肌松弛,排粪失禁,里急后重。全身症状表现为食欲废绝、饮欲增加、体温升高、腹痛、脱水发展迅速,症状严重。自体中毒明显,精神沉郁,多数病例体温升高,全身衰弱无力,肌肉震颤,出汗,严重的表现为兴奋、痉挛或昏睡。心脏功能严重障碍,心搏动初增强后减弱,脉搏数在100次/分以上,脉细弱无力或不感手。

#### 3.1.3.4 诊断

胃肠炎的诊断要点:重剧腹泻;体温升高;心率增加;迅速加重的全身症状。

胃肠炎的早期诊断要点:精神正常的家畜突然精神沉郁,食欲减退,口干舌燥,舌苔厚而臭,心机能急剧衰弱,白细胞数增多。粪球干小,恶臭,有多量黏液,或粪球表面包裹一层黏液膜,或粪便稀软、臭味大,有多量脓细胞而其他系统无变化。肠阻塞的病畜,体温突然升高;在排出结粪后,精神不见好转,仍不采食、不饮水,有轻微的腹痛或隐痛;腹泻不止,多是继发胃肠炎的早期症状。消化不良的病畜,无其他原因的体温升高。出现以上症状之一者,即应考虑早期胃肠炎的可能性。

#### 3.1.3.5 治疗

胃肠炎的治疗原则是早发现、早确诊、早治疗,抓住消炎的根本,做好缓泻、止泻措施,加强护理、补液、解毒、强心。

护理:搞好畜舍卫生,让病畜安静休息,卧地的要注意防止褥疮,另外勤给饮水,补给营养物质。

杀菌消炎:制止炎症发展是治疗胃肠炎的根本措施,应贯穿整个疗程。根据药敏试验结果,选用最有效的抗生素。

缓泻与止泻:二者是相反相成的两种措施,分别用于胃肠炎的不同阶段,最重要的是掌握应用时机。用法恰当,即可减轻炎症,缓解自体中毒,又可防止机体过度脱水。在动物排粪弛缓、排粪恶臭时缓泻,用盐类或油类泻剂、鱼石脂等。在积粪已排出、臭味不大但仍腹泻不止时止泻,用鞣酸蛋白、次硝酸钠或木炭末等。

补液、解毒、强心:三者相辅相成,临床往往并用,但以补液为主。补液可以调整机能代谢,补充机体丧失的水分和盐类,还可以调节心、肾功能,改善血液循坏,稀释血中毒素,促进毒素排除,并兼解毒、强心作用。药液的选择以复方氯化钠溶液或生理盐水为佳,配合6%低分子右旋糖酐溶液。在未腹泻或刚腹泻时补液效果显著。补液的速度以脱水速度和心、肾功能状态而定,脱水、微循环障碍严重时,开始宜大量、快速输入,2~3 h后减半输入。补液时应补至红细胞比容恢复正常水平,表示体液基本恢复。一般若要降低红细胞比容1%,需补液1000 mL左右。

胃肠炎的经过中血钾往往降低,一般在500 mL的补液中加入15%氯化钾溶液10 mL。解除酸中毒,静脉注射5%碳酸氢钠溶液。药液组成:生理盐水、6%低分子右旋糖苷和5%碳酸氢钠溶液的体积比为2∶1∶1。

对症处理:对腹痛和胃肠道出血采取相应措施。

### 3.1.4 前胃弛缓

#### 3.1.4.1 概念

前胃弛缓是由各种病因引起的以前胃神经兴奋性降低、前胃内容物消化过程紊乱、瘤胃内微生物群系失调、消化不良为主要特征的一种疾病。该病一年四季均可发生。

#### 3.1.4.2 病因

几乎所有能改变瘤胃环境的食物性因素均可引起原发性前胃弛缓,如精饲料饲喂过多或突然食入过量的适口性好的饲料;食入过量的不易消化的粗饲料;饲喂变质的饲料;饲料突然改变;误食塑料袋、化纤布或分娩后的母牛食入胎衣等;放牧或舍饲的突然转换饲喂方式;劳役与休闲不均;经常更换饲养条件;由于严寒、酷暑、饥饿、疲劳、断乳、离群、恐惧、感染、中毒等因素或手术、创伤、剧烈疼痛的影响,引起应激反应而造成原发性前胃迟缓。该病可继发于其他消化器官疾病、传染病、寄生虫病和临床用药不当,如长期大量服用抗生素或磺胺类药物,使瘤胃内正常微生物群系受到破坏。

#### 3.1.4.3 症状

急性病例表现为食欲、饮欲减退,以致废绝;反刍无力、次数减少甚至停止;瘤胃蠕动音减弱、次数减少;触诊发现内容物松软,出现轻度间歇性臌气。初期粪便变化不大,随后粪便坚硬、色暗,被覆黏液。实验室检查可发现瘤胃内容物pH由正常的6.5~7.0下降到5.5或更低。纤毛虫活性降低,数量减少。血浆$CO_2$结合力降低,红细胞比容升高。慢性病例的症状与急性病例基本相似,表现为病程较长,病情时轻时重,鼻镜干燥,食欲减退,出现偏食、拒食或异嗜,并有呻吟、磨牙症状。

#### 3.1.4.4 治疗

该病的治疗原则是除去病因,加强护理,增强瘤胃蠕动机能,改善瘤胃内环境,制止瘤胃内容物腐败、发酵。

病初宜绝食1~2天,多饮水,给予柔软、易消化的食物。用促反刍液增强瘤胃蠕动机能,促反刍液内含5%葡萄糖溶液500~1000 mL,10%氯化钠溶液100~200 mL,5%氯化钙溶液200~300 mL,10%安钠咖10~20 mL,5%碳酸氢钠溶液500 mL,一次静脉注射,一般用1~2次。若瘤胃内容物黏硬,则结合使用缓泻剂、制酵剂和兴奋瘤胃蠕动的药物,如硫酸镁、鱼石脂或液状石蜡、新斯的明或毛果芸香碱。

## 3.1.5 瘤胃积食

### 3.1.5.1 概念

瘤胃积食又称急性胃扩张,是由瘤胃内积滞多量食物所引起的以瘤胃体积增大、胃壁扩张、消化紊乱等为特征的一种疾病。该病是牛、羊的常见病之一。

### 3.1.5.2 病因

瘤胃积食主要是由贪食大量富含粗纤维的饲料,难以消化所致,如豆秸、山芋藤、花生秧、稻草等。动物采食饲料过多或采食干枯饲料,或长期舍饲的牛、羊突然变换可口的饲料,或由放牧转为舍饲,采食干枯饲料难以消化,也可导致发病。役用家畜采食后立即使役,或使役后立即饲喂,会影响消化功能而导致发病。饲料管理和环境卫生条件不良,可导致应激反应发病。该病还可继发于前胃弛缓、创伤性网胃腹膜炎、瓣胃阻塞以及皱胃阻塞。

### 3.1.5.3 症状

瘤胃积食病情发展迅速,通常在采食后数小时内发病,症状明显。发病初期,病畜表现为神情不安和腹痛。随后动物食欲减退,反刍停止,病畜不断起卧,伴有呻吟;流涎、嗳气,瘤胃蠕动音减弱以至消失,内容物黏硬,用手按压留有压痕;腹部膨胀,瘤胃背囊有气体,穿刺后可排出少量气体和带酸臭味的泡沫状液体。腹部听诊可见肠音微弱,便秘或下痢。

### 3.1.5.4 治疗

该病的治疗原则是增强瘤胃蠕动机能,促进瘤胃内容物排出,调整与改善瘤胃内环境,预防脱水与自体中毒。

药物治疗主要是应用泻剂,以排除瘤胃内容物,这对急性和慢性病例都是一个关键性的治疗措施。必须紧密结合增强瘤胃蠕动机能和改善内环境,其中包括洗胃、补液或应用瘤胃兴奋药。

轻度的积食可先灌服大量温水,加入少量食盐,继而按摩瘤胃。中等的积食可用硫酸镁或硫酸钠 400~600 g、鱼石脂 5~20 g、水 500~1000 mL,一次内服。重剧的积食应进行瘤胃切开术,取出内容物。

## 3.1.6 瘤胃臌气

### 3.1.6.1 概念

瘤胃臌气是由于家畜过量采食易发酵的饲料,在瘤胃内细菌的参与下过度发酵,迅速产生大量的气体,使瘤胃急剧膨胀而产生的一种疾病。该病主要发生于牛和绵羊。该病按瘤胃内容物的理化性质分为泡沫性瘤胃臌气和非泡沫性瘤胃臌气;按病因可分为原发性瘤胃臌气和继发性瘤胃臌气。

#### 3.1.6.2 病因与发病机制

原发性瘤胃臌气多是由反刍兽直接饱食容易发酵的饲草、饲料而引起,还可继发于前胃弛缓、创伤性网胃炎、瓣胃阻塞、食管阻塞、食管痉挛等。

泡沫性瘤胃臌气中泡沫的形成,主要取决于瘤胃液的表面张力、黏稠度和泡沫表面的吸附性能等三种胶体化学因素的作用。当家畜大量采食易发酵的饲料,特别是豆科植物时,其中所含多量的蛋白质皂苷、果胶等物质可产生气泡。而果胶与唾液中的黏蛋白和细菌的多糖类可增加瘤胃液的黏稠度;发酵过程中所产生的有机酸致使pH下降,更增加了泡沫的稳定性,导致泡沫不能融合,阻塞贲门,妨碍嗳气,形成泡沫性瘤胃臌气。除了发酵时产生的大量$CO_2$和$CH_4$外,饲料中所含的氰苷与脱氢黄体酮化合物具有降低前胃神经兴奋性、抑制瘤胃平滑肌的作用,都可导致非泡沫性瘤胃臌气的发生。

#### 3.1.6.3 症状

动物有过量采食易发酵饲料或豆科饲料的生活史,家畜在采食后短时间内突然发病,病情重剧,病程短促。该病的症状表现为腹围急剧增大,左肷部突出明显,按压有弹性,叩诊有臌音。动物呼吸高度困难,呼吸频率增至60次/分以上;心悸、心跳急速,可达100次/分以上。瘤胃穿刺表现为非泡沫性瘤胃臌气,可放出大量酸臭味气体,随着气体的排出,病情好转。泡沫性瘤胃臌气表现为放出少量气体后套管针很快又被阻塞。

#### 3.1.6.4 治疗

该病的治疗原则是排出气体,理气消胀,防腐止酵,增强瘤胃蠕动机能。

(1)轻型病例:可让病畜站立在斜坡上,保持前高后低的姿势,让病牛口中衔一根短的木棍,木棍涂以松节油、食用盐或菜油,诱发病畜不断嗳气;用拳头强力按摩瘤胃,每次10~20 min。或使用鱼石脂10~20 g,松节油20~30 mL、酒精30~50 mL和适量温水,混合后内服,可止酵消胀。

(2)严重病例:如有窒息危险,立即用胃管或套管针穿刺,间歇放气,非泡沫性瘤胃臌气可很快缓解。对泡沫性瘤胃臌气,向瘤胃内投入消沫剂,如二甲硅油、豆油、花生油、棉籽油等。对泡沫性瘤胃臌气使用药物治疗无效时,行瘤胃切开术,取出内容物后进行手术处理。

### 3.1.7 创伤性网胃腹膜炎

#### 3.1.7.1 概念

创伤性网胃腹膜炎又称金属器具病或创伤性消化不良,是由金属异物引起的以网胃或其他邻近器官(如腹膜、膈和心包)损伤和炎症为特征的一种疾病。该病发生于牛,城市郊区、厂矿周围的耕牛、乳牛尤为常见。

#### 3.1.7.2 病因

牛采食表现出一定的特殊性,其口腔黏膜感觉迟钝,对饲料中的异物分辨能力差,且采食时不经咀嚼,饲料中的金属异物易进入网胃。由于网胃前后壁加压式的收缩导致胃腔消失,金属异物可刺穿网胃。金属异物损伤组织及器官,引起疼痛、炎症、化脓等,严重时出现脓毒败血症。

#### 3.1.7.3 症状

急性前胃弛缓表现为食欲减退、反刍停止、胸壁疼痛、慢性瘤胃臌气等。应用瘤胃兴奋药后,病情反而严重。动物表现为特异的前腹区疼痛,如特异的站立姿势,四肢集于腹下,肘关节外展,前高后低;异常的起卧姿势,表现为谨慎、肘部肌肉震颤,先起前肢;网胃区触诊敏感、疼痛。呈现典型的血液学变化,如白细胞数增多,淋巴细胞与嗜中性粒细胞比例倒置,由正常的1.7∶1转变为1∶1.7。继发创伤性心包炎者,出现循环障碍、心音微弱、心音混浊,心区听诊有拍水音,胸前腹下水肿等。若刺伤了肺,则肺部听诊有啰音,呼出气体有腐败臭味等。

#### 3.1.7.4 诊断

检查方法包括:紧握拳头、触压膝盖或急促冲击剑状软骨后方的网胃底部;以手用力压迫背部,将其皮肤捏成皱褶;在压迫背部的同时自上而下触压剑状软骨的后方;沿胸壁两侧第九肋间肩胛关节水平线上叩诊;用木杠从腹底部横于剑状软骨区进行猛力抬举。

通过上述检查,有些病例因疼痛而呻吟,表现为不安、回避、抵抗、用后肢踢地等,有的病例肘部肌群颤动。结合病情分析,若有畏惧运动、姿势异常、瘤胃周期性臌气、白细胞总数增多、嗜中性粒细胞与淋巴细胞比例倒置等现象,即可作出初步诊断。

#### 3.1.7.5 治疗

该病的治疗原则是及时摘除异物,抗菌消炎,加速创伤愈合,恢复胃肠功能。

保守疗法是在疾病初期,让病牛站立于斜坡上,保持前高后低的姿势,同时限制饲料日量,特别是减少饲草的饲喂,降低腹腔脏器对网胃的压力,有利于金属异物从网胃壁上退出。同时使用大剂量抗生素或磺胺类制剂进行抗菌消炎。根治方法是施行瘤胃切开术,摘除网胃内异物。

### 3.1.8 皱胃阻塞

#### 3.1.8.1 概念

皱胃阻塞又称皱胃积食,是由迷走神经调节机能紊乱或其他可继发幽门狭窄的疾病引起的以皱胃内容物停滞、胃壁扩张、胃体积增大而形成阻塞等为特征的一种疾病。该病主要发生于黄牛、水牛和乳牛。

#### 3.1.8.2 病因

给动物饲喂粉碎过细的粗纤维饲料、过劳、神情紧张、长途运输等均可引发该病。该病可继发于迷走神经损伤,或由创伤性网胃腹膜炎的粘连波及皱胃所致。成年牛误食胎盘、毛球或麻球,犊牛和羔羊吞食破布、木材花、塑料布等,也可引发该病。

#### 3.1.8.3 症状

该病的初期症状不明显或只表现为前胃弛缓;中后期病例多数食欲废绝,反刍嗳气停止,饮水增加,口腔、鼻镜干燥,精神委顿,眼球下陷,少尿、尿浓,呈深黄色。冲击式触诊瘤胃空虚且有波动感,听诊瘤胃蠕动音减弱或消失,敲击左侧倒数第1~5根或右侧倒数第1~2根肋骨,可听到类似叩击钢管的铿锵音。皱胃检查发现右侧下腹部局限性膨大,触诊坚硬,留有压痕,有痛感。直肠检查发现粪便稀少,呈煤焦油状、糊状或黑色干块状,病情严重的动物卧地不起,鼻回粪水。实验室检查发现pH升高(为7~9),纤毛虫活性降低或消失,皱胃液pH为1~4,机体脱水,$CO_2$结合力升高,出现低血氯和低血钾现象。

#### 3.1.8.4 治疗

该病的治疗原则是消积化滞,防腐止酵,缓解幽门痉挛,促进皱胃内容物的排出,防止脱水和自体中毒。

可用0.9%生理盐水1500~2000 mL注射皱胃,注射部位在右腹部皱胃区第12~13根肋骨后下缘。可用5%葡萄糖溶液3000~5000 mL、10%氯化钠溶液300~500 mL、10%氯化钙溶液100~150 mL、20%安钠咖溶液10~20 mL、维生素$B_1$ 0.5~1 g,混合后一次静脉注射。也可在左肷部切开腹腔和瘤胃,通过瘤胃和瓣胃反复冲洗,然后按外科手术处理。

### 3.1.9 肠便秘

#### 3.1.9.1 概念

肠便秘又称肠阻塞、结症等,是由于肠弛缓、肠内容物停滞而形成硬结、阻塞肠道的一种腹痛性疾病。该病多发生于马、骡,猪、牛次之,其中尤以老龄马、骡的肠便秘危害最大,死亡率最高。

#### 3.1.9.2 病因

该病的病因包括:给家畜长期饲喂过多的粗硬饲料。由于粗纤维含量多,先过度刺激胃肠道,使其蠕动分泌加强,而后转为抑制,导致胃肠弛缓、蠕动减弱、分泌减少,加上结肠肠管细、弯道多,内容物通过缓慢,其中水分被机体吸收,使内容物干涸而形成硬结阻塞。动物饲养管理不善,因采食棉线团、头发团,或棉产区的牛食用棉纤维含量过多的棉籽饼,或误食其他异物,在肠道内形成机械性阻塞。

动物日粮的突然改变,特别是由放牧转为舍饲时,引起肠内容物的pH变化、肠内菌群改变等内环境急剧变动而引发该病。动物饮水不足会导致肠蠕动机能减退,形成肠便秘。气候突变使机体处于应激状态,与肠平滑肌发生痉挛性收缩有关。

#### 3.1.9.3 症状

该病初期持续2～3天,表现为食欲废绝,反刍停止,大便量少并外附黏液,病畜神情不安、回顾腹部、摇尾、卧地,精神、体温、呼吸、脉搏均正常。中期为5～6天,病畜排粪停止,里急后重,排少量污泥样恶臭粪便,喜卧地,有时四肢伸开,鼻镜时干时湿,腹围略增大。后期约10天以上,病畜不断努责,鼻镜干、口干、腹围大;如为盲肠、结肠便秘,撞击右下腹部有拍水音,卧地不起,目光无神,心脏衰弱,心跳在100次/分以上,呈脱水现象。直肠检查发现直肠内空虚,肛门紧缩,小肠后段、空肠、结肠萎缩或有积气、积液等。

#### 3.1.9.4 治疗

该病的治疗原则是镇痛、通便、强心、补液,排出结粪,增强胃肠蠕动机能。

初期内服泻剂,如硫酸钠500～800 g,水10000～16000 mL,或植物油500～1000 mL、液状石蜡1000～1500 mL,一次瓣胃注射。与此同时,少量注射新斯的明0.02 g,以增强胃肠蠕动机能,促进泌结粪便的软化。为了提高疗效,在用药前进行输液。

当一般药物治疗无效后,尽早进行右侧开腹术,可作最后诊断,确诊后可行隔肠破结术,以缩短疗程,提高疗效。

### 3.1.10 肠痉挛

#### 3.1.10.1 概念

肠痉挛即卡他性肠痛,也称痉挛疝,中兽医称为冷痛或伤水起卧,是由肠平滑肌受到异常刺激发生痉挛性收缩所引发的一种腹痛病,其临床特征是间歇性腹痛和肠音增强。

#### 3.1.10.2 病因

肠痉挛的外在因素主要是寒冷刺激或化学性刺激。寒冷刺激包括汗体淋雨、寒夜露宿、气温骤降、风雪侵袭,采食冰冻饲料或重剧劳役后贪饮大量冷水等;化学性刺激包括采食的霉烂酸败饲料以及在消化不良病程中胃肠内的异常分解产物等。由此引发的肠痉挛多伴有胃肠卡他性炎症,故又称为卡他性肠痉挛或卡他性肠痛。肠痉挛的内在因素可见于寄生性肠系膜动脉瘤所致的肠植物神经功能紊乱(即副交感神经紧张性增高或交感神经紧张性降低)、肠道寄生虫、肠溃疡或慢性炎症等,可提高壁内神经丛的敏感性。

### 3.1.10.3 症状

动物腹痛剧烈或中度腹痛,间歇性发作。发作时,病马起卧不安,倒地滚转,持续数分钟。间歇期,病马外观似乎无病,往往照常采食和饮水。隔数十分钟,腹痛再度发作,表现为肠音增强,两侧大小肠音高朗连绵,侧耳可闻或远扬数步,有时带有金属音调。排粪较频,每次粪量不多,粪便稀软或松散带水,气味酸臭,含粗大纤维及未消化谷粒,有的混有黏液。全身症状轻微,体温、脉搏、呼吸无明显改变。口腔多湿润,每见躯体出汗,有的耳、鼻部发凉而舌色青白。腹围一般正常,个别病畜因伴发轻度肠臌气而稍显膨大。直肠检查可感到肛门紧缩,直肠壁紧压手臂,狭窄部颇难入手,除有时可见局部气肠外,其他都无异常发现。

### 3.1.10.4 诊断

依据间歇性腹痛、高朗连绵的肠音、松散稀软的粪便以及相对良好的全身状态,不难作出诊断。但需注意与子宫痉挛、膀胱括约肌痉挛或急性肠卡他相鉴别。

子宫痉挛的动物有间歇性腹痛表现,多发生于妊娠末期,腹胁部可见胎动,而肠音及排粪不见明显异常。膀胱括约肌痉挛见于公马及骟马,表现为腹痛剧烈,汗液淋漓,频频做排尿姿势但无尿液排出,插入导尿管于膀胱颈口部受阻,直肠检查可发现膀胱积尿,而肠音及排粪无明显异常。急性肠卡他的动物无腹痛或腹痛轻微,其病程中出现中毒或剧烈的间歇性腹痛且肠鸣如雷者,表明已继发卡他性肠痉挛。

### 3.1.10.5 治疗

该病的治疗原则是解痉镇痛和清肠制酵。

解痉镇痛是治疗肠痉挛的基本原则。因寒冷所致的肠痉挛,即所谓的"冷痛",单纯实施解痉镇痛即可。下列各项解痉镇痛措施均有良效,腹痛约经 1 h 即行消失,可依据条件选用。

常用的治疗方法包括针刺分水、姜牙、三江等穴;也可用白酒 250~500 mL 经口灌服;辣椒散(辣椒 15~30 g、白头翁 100~200 g、滑石粉 200~400 g,研成细末)3~5 g 吹入鼻孔内;10%辣椒酊 15~30 mL、温水 30~50 mL,灌入直肠坛状部;30%安乃近注射液 20~40 mL,皮下或肌内注射;安溴注射液 80~120 mL,或 0.5%普鲁卡因注射液 50~150 mL,或 5%水合氯醛注射液 200~300 mL,静脉注射。

凡起于或伴有急性肠卡他的肠痉挛,即所谓的"卡他性肠痉挛",其耳鼻部未必发凉,舌色一般为青白色。这样的病例,在缓解痉挛、制止疼痛之后,还应清肠制酵。用人工盐 300 g、鱼石脂 10 g、酒精 50 mL、温水 5 L,胃管投服。

在肠痉挛末期,腹痛长期间歇发作,肠音活泼、不整或减弱,排粪停止,而与初期肠便秘一时难以区分时,可用人工盐和氨茴香精兼治,即人工盐 30 g、氨茴香精 60 mL、松节油 30 mL、甲醛溶液(又称福尔马林)10 mL、温水 4 L,胃管投服。

### 3.1.11 肠套叠

#### 3.1.11.1 概念

肠套叠是肠变位的一种类型，是指一段肠管套入与其相邻的肠管之中，致使相互套入的肠段发生血液循环障碍、渗出等，引起肠管粘连、肠腔闭塞不通的一种疾病。临床上以顽固性呕吐、腹痛和血样便为特征。猪肠套叠主要见于十二指肠和空肠，偶见于回肠套入盲肠。该病多发生于哺乳期仔猪和断乳不久的仔猪。

#### 3.1.11.2 病因

哺乳期仔猪患病是由于母猪营养不良，导致乳的分泌不足及乳的质量降低，造成仔猪饥饿和胃肠功能失调，在突然受凉、乳温不足、乳头不洁、采食品质不良的饲料和冷水等情况下，引起肠管的异常刺激和个别肠段的痉挛性收缩，从而发生肠套叠。断乳后仔猪患病是由于从哺乳过渡到给饲的过程中，新的饲养条件发生改变，特别是饲喂品质低劣或变质的饲料，能引起胃肠功能失调，从而发生肠套叠。某些仔猪由于肠道存在炎症、肿瘤、蛔虫等刺激因素，或者由于去势引起某段肠管与腹膜粘连，也可发生肠套叠。

#### 3.1.11.3 症状

病猪突然不食，呈现极度不安，剧烈腹痛，表现为背拱起，腹壁紧张，腹部收缩，有时前肢跪地，头抵地面，后躯抬高，前肢爬行或侧卧，卧立不安；严重者突然倒地，四肢在空中划动，不断呻吟，发出哼声。结膜充血，呼吸及脉搏增数，十二指肠套叠时常发生呕吐。初期频频排出稀粪，量少而黏稠，以后混有黏液和血液。体温一般正常，在并发肠炎或肠坏死时，体温可轻度上升。对瘦小的猪进行腹部触诊时，可触到套叠肠管如香肠状，压迫时疼痛明显；肥胖猪不容易发现肠套叠的硬块。

#### 3.1.11.4 病理变化

最明显的病变是血液循环障碍。套叠肠段呈灌肠状，肉样坚实，套入部呈青紫色，高度水肿，黏膜出血、溃疡，肠腔内容物呈紫酱色或黑绿色黏稠液体，恶臭，黏膜人片脱落。晚期鞘部呈紫红色，肿胀明显，浆膜下可见血肿，肠系膜多散在或密布出血点。套入部和鞘部之间常有粘连。

#### 3.1.11.5 诊断

根据临床症状一般可作出初步诊断，若要确诊，需要剖腹探查。

#### 3.1.11.6 治疗

一经确诊，应尽早施行手术整复，严禁投服一切泻剂。在手术整复中，必须缓缓分离肠管，禁用强力拉出，特别对套叠部分较长和严重淤血、水肿的肠管，要防止造成肠壁撕裂、大出血及严重肠壁缺损和随后的感染。对肠管已坏死而不能整复的病例,应做肠切除术,术后应做好护理工作。

#### 3.1.11.7 预防

加强饲养管理,饲料、饮水要清洁,猪圈要卫生;防止误食泥沙和污物;在运动时,要防止剧烈奔跑和摔倒,禁止粗暴追赶、捕捉、按压,发现有阴囊疝、脐疝和腹壁疝时,要及时治疗;仔猪去势时,手术要规范,防止发炎并引起肠管粘连;母猪哺乳要正常,注意仔猪的食温、水温,如遇骤冷天气,应注意保暖,避免因受寒冷刺激而引起肠痉挛。

### 3.1.12 胃溃疡

#### 3.1.12.1 概念

胃溃疡属于慢性应激性疾病,胃黏膜出现角化、糜烂、坏死或自体消化,形成圆形溃疡面,甚至发生胃穿孔,常常造成病猪急性胃出血或慢性溃疡,导致生长发育不良。猪胃溃疡可发生于胃的无腺黏膜区,也可发生于腺黏膜区,严重的还存在食管溃疡的情况。该病可发生于任何年龄猪,多见于集约化养猪场的猪和大群饲养的猪。一年四季都可发病,夏秋季节较多见。

#### 3.1.12.2 病因

引发猪胃溃疡的病因复杂,目前尚无定论。多数学者认为,引发胃溃疡的主要因素是饲养或管理不当等。

饲料加工工艺和饲粮因素与胃溃疡的发生密切相关。现代养猪生产中,许多用来提高饲料利用率和降低饲料成本的技术,引起胃损伤病例增加。如饲喂细小颗粒组成的日粮,使胃内容物流动性增强,胃内不同部位内容物相互混合的几率增加,导致胃食管区和幽门区之间的pH梯度消失,并引起幽门区pH上升,刺激胃酸分泌,胃酸和蛋白酶与敏感而缺乏保护层的胃食管区上皮接触,引发胃溃疡。颗粒料在加工过程中,尤其是蒸汽生产颗粒料法使饲料温度升高到约80 ℃,这将导致淀粉凝胶化,而谷物的热处理已被证实可引起胃溃疡。日粮富含玉米和小麦而纤维素不足,或在加工过程中,纤维素被研磨过细而失去有益效应,均容易引发胃溃疡。酸败脂肪的摄入以及硒和维生素E缺乏,可能通过激活应激机制,引起胃酸分泌增加而导致胃溃疡。饲喂大量脱脂乳或乳清的猪也会发生胃溃疡。当日粮中含糖量高时,霉菌(如白霉菌)对胃溃疡的发生也起一定的作用。为促进生长,饲喂铜含量很高的日粮,与猪胃溃疡发病率升高有着密切的关系。突然中断摄取饲料是引发胃溃疡的又一重要原因。停饲可成功地实验性诱发猪胃溃疡。屠宰场的实践表明,经过24 h停饲的猪与来自同一猪群刚抵达不停饲就屠宰的猪相比,前者胃溃疡的发病率显著增加并且程度严重。引起饲料中断的原因可能是饲料不足、水缺乏、拥挤、猪混养、疾病或高温引起的食欲下降或废绝等,或因初产母猪从育成舍转移到育种群及待分娩时中断采食。

此外,遗传易感性在胃溃疡的发生上也起一定作用,高生长率或低背脂含量与胃溃疡的高发病率有关;注射猪生长激素后,可使胃溃疡的发病率与严重程度均增加;患有急性传染病,如有呼吸道疾病的猪比没有此类疾病的猪的胃溃疡发病率高9~12倍;集约化饲养或屠宰前集中饲养的猪,因应激作用导致胃酸分泌过多,由此可引起胃溃疡的发生,促进病理变化的发展,这些应激因素包括拥挤、猪群中加入新猪、环境卫生不良、陆路驱赶或车船运输、过度紧张、异常运动、食物缺乏等;夏季高温、胃内寄生虫(如螺咽胃虫、有齿胃虫等)等因素也与该病的发生有关。

### 3.1.12.3 症状

动物轻度的胃溃疡无明显可见症状,只有屠宰后才能看到其病理变化。急性病例因胃出血而导致食欲减少、音弱、贫血,产生黑色柏油状粪便,多在数小时或数天内死亡,或表面看上去很健康的猪却突然死亡。溃疡面较广泛的慢性病例,表现为厌食、腹痛,偶有呕吐,当伴有持续性出血时,粪便为黑色沥青样,呈现渐进性贫血,消瘦,生长发育不良,体温多低于正常。亚临床型病猪主要表现为在预期内不能发育成熟,在此情况下,溃疡通常愈合并留下瘢痕,进而形成食管至胃入口处的狭窄,病猪常表现为采食后不久即呕吐,然后因饥饿又立即采食,尽管食欲良好,但生长缓慢。

### 3.1.12.4 病理变化

猪胃食管区为一长方形、白色、有光泽、无腺体的鳞状上皮区域。剖检时通常在这个区域见到直径为2~2.5 cm或更大的火山口状外观的扣状溃疡,并包围着食道,火山口状结构外观如一乳白色或灰色多孔状区域,可含有血凝块或碎屑。早期病理变化的特征是在食道通向胃的开口处发生鳞状上皮角化过度,即形成角皮病,使黏膜增厚、粗糙、有裂隙,随后这种增生性病理变化出现糜烂而形成溃疡,并因胆汁着色而使胃食管部呈淡黄色。

急性病例剖检可见广泛性胃内出血,胃常膨大,胃内充满血块,未凝固的血液以及纤维性渗出物夹杂不等量的食物混合物。慢性病例胃中含有不等量的黄褐色液状内容物,其中多数为水样,这些胃内容物有时具有发酵的气味。用清水冲洗,有些病例在幽门区及胃底部黏膜皱襞上可见散在的大小、数量不等及形状位置不一的糜烂斑点,并可发现界限分明、边缘整齐的圆形溃疡,伴发胃穿孔的胃壁与邻近器官广泛粘连,具有穿孔性腹膜炎的病理变化。溃疡自愈的猪在胃壁遗留星状或芒状瘢痕。

### 3.1.12.5 诊断

一般根据病史、临床表现和病理剖检变化可作出诊断。圈养单个猪患病时体温一般正常或略低。如在一栏猪中发现1~2头精神不振、食欲减退、体重下降、贫血、排黑色粪便的病猪或出现外观健康的猪突然死亡,则提示猪群发生胃溃疡。慢性病猪往往不出现明显的症状,病变只有在剖检时才能见到,生前诊断比较困难。

#### 3.1.12.6　治疗

急性病例由于病程急促,多在短时间内死亡。慢性病例生前诊断困难,无有效疗法。

首先应查明病因,采取针对性治疗措施,消除不良因素的影响。如用中等粗糙、含纤维素的谷物饲料替代精细的颗粒料;营养缺乏或维生素 E 及硒缺乏时,可调整日粮,补充相应的营养物质,当伴发某些疾病时,应采取药物治疗。

对于出现症状的病例,应服用制酸剂,并采取对症治疗措施。中和胃酸、保护胃黏膜可用氢氧化铝、硅酸镁、氧化镁等抗酸制剂,使胃内容物的酸度下降。止痛可肌内注射阿托品或山莨菪碱。止血用维生素 K 或酚磺乙胺、云南白药等药物。防止继发感染可用抗生素或磺胺类药物。贫血病例服用硫酸亚铁或氯化钴等。

若患病猪是珍贵种畜,宜采取综合疗法,早期静脉注射含电解质或维生素 K 的葡萄糖溶液;尽早输血,剂量为体重 150~200 kg 的猪 1~2 L/h;配合注射含铁及 B 族维生素的制剂,以促进造血功能和增强食欲,有利于病猪康复。

#### 3.1.12.7　预防

该病预防的要点是改善饲养管理,防止或减少饲喂、驱赶和运输中应激状态的发生,减少日粮中玉米的数量,增加日粮中的纤维量和粗磨成分,定期驱虫,减少各种应激因素。

### 3.1.13　幼畜消化不良

#### 3.1.13.1　概念

幼畜消化不良是哺乳期幼畜胃肠消化机能障碍的统称。其主要特征是明显的消化机能障碍和不同程度的腹泻。该病以犊牛、羔羊、仔猪最为多发,幼驹亦有发生。

根据临床表现和疾病经过,幼畜消化不良可分为单纯性消化不良和中毒性消化不良两种。单纯性消化不良(食饵性消化不良)主要表现为消化与营养的急性障碍和轻微的全身症状;中毒性消化不良主要表现为严重的消化障碍、明显的自体中毒和重剧的全身症状。该病通常无传染性,但有群发性。

#### 3.1.13.2　病因

该病的病因之一是妊娠母畜饲养不良,特别是妊娠后期,饲料中营养物质不足,可使母畜的营养代谢过程发生紊乱,使胎儿的正常发育受到影响。在这种情况下出生的幼畜必然发育不良,吮乳反射出现较晚,抵抗力低下,极易患胃肠道疾病。

哺乳母畜饲养不良,影响母乳的数量和质量。营养不良的母畜初乳中蛋白质(如白蛋白和球蛋白)、脂肪含量低,维生素、溶菌酶以及其他物质缺少。产仔后经数小时才开始分泌初乳,并在1~2天后即停止分泌。这样新生幼畜只能吃到量少、质差的初乳,从初乳中得不到足够的免疫球蛋白,则易引起消化不良。此外,当母畜罹患乳房炎以及其他慢性疾病时,母乳中通常含有各种病理产物和病原微生物,幼畜食后,极易发生消化不良。

饲养管理及护理不当,也是引起幼畜消化不良的重要因素。当护理疏忽,新生幼畜不能及时吃到初乳或哺食的量不够时,不仅使幼畜不能获得足够的免疫球蛋白,还会造成幼畜因饥饿而舔食污物,致使肠道内乳酸菌的活动受到限制,乳酸缺乏,肠内腐败菌大量繁殖,从而破坏对乳汁的正常清化作用。人工哺乳的不定时、不定量,乳温过高或过低、使用配制不当的代乳品以及哺乳期幼畜补饲不当等,均可妨碍消化腺的正常机能活动,抑制或兴奋胃肠分泌和蠕动机能,从而引起消化机能紊乱,导致发病。畜舍潮湿、卫生不良、拥挤或气候变化而未得到良好保护引起的应激,都是引起幼畜消化不良不可忽视的因素。中毒性消化不良则是由于对单纯性消化不良的治疗不当或治疗不及时,导致肠内容物发酵、腐败,所产生的有毒物质被吸收,或微生物及其毒素引起自体中毒。

#### 3.1.13.3 症状

单纯性消化不良的病畜表现为精神不振,多卧少站,食欲减退或废绝,体温一般正常或偏低。犊牛多排粥样稀粪,有的呈水样,粪便为深黄色、黄色或暗绿色;羔羊的粪便多呈灰绿色,混有气泡和白色小凝块;仔猪的粪便稀薄,呈淡黄色,含有黏液和泡沫,有的粪便呈灰白色或黄白色干酪样;幼驹的粪便稀薄,尾和会阴部被稀粪污染,粪便内混有小气泡及未消化的凝乳块或饲料碎片,由于含有大量低级脂肪酸而呈酸性反应,带酸臭气味。肠音高朗,并有轻度臌气和腹痛现象。心音增强,心率增快,呼吸加快。当腹泻不止时,皮肤干皱,弹性降低,被毛蓬乱,失去光泽,眼窝凹陷。严重时,站立不稳,全身战栗。

中毒性消化不良的病畜表现为精神沉郁,目光痴呆,食欲废绝,全身无力,躺卧于地,体温升高,对刺激反应减弱,全身震颤,有时出现短时间的痉挛。频排水样稀粪,粪内含有大量黏液和血液,由于肠道内腐败菌的作用,使腐败过程加剧,粪便内氨的含量显著增加,出现恶臭或腐败臭气味。持续腹泻时,肛门松弛,排粪失禁、自痢。皮肤弹性降低,眼窝凹陷。心音减弱,心率增快,呼吸浅快。病至后期,体温多突然下降,四肢及耳尖、鼻端厥冷,终至昏迷而死亡。

#### 3.1.13.4 病理变化

皮肤干燥,眼窝深陷;胃肠道黏膜充血、出血;肝脏肿胀、脆弱;心肌质地变软;心内膜与心外膜有出血点;脾脏及肠系膜淋巴结肿胀。

#### 3.1.13.5 诊断

根据病史、临床表现、病理变化等,可以作出诊断。在兽医临床上,幼畜消化不良应与由特异性病原体引起的腹泻相鉴别。犊牛病应与轮状病毒病、冠状病毒病、细小病毒病、犊牛副伤寒、弯杆菌性腹泻、球虫病等相鉴别;羔羊病应与羊副伤寒、羔羊痢疾等相鉴别;猪病应与猪瘟、猪传染性胃肠炎、猪副伤寒、猪结肠小袋虫病等相鉴别;幼驹病应与幼驹大肠杆菌病、马副伤寒等相鉴别。

#### 3.1.13.6 治疗

治疗该病通常采取食饵疗法、药物疗法及改善卫生条件等综合措施。

将患病幼畜置于干燥、温暖、清洁的畜舍或畜栏内,加强母畜的饲养管理,给予全价日粮,保持乳房卫生。为缓解胃肠道的刺激作用,可施行饥饿疗法。绝食(禁乳)8~10 h,此时可饮盐酸水溶液(氯化钠 5 g,33%盐酸溶液 1 mL,凉开水 1 L)或温红茶水,犊牛、幼驹每次 250 mL,3 次/日;羔羊、仔猪酌减。腹泻不甚严重的病畜,可应用油类泻剂或盐类泻剂进行缓泻,以排除胃肠内容物。清除胃肠内容物后,可给予稀释乳或人工初乳(鱼肝油 10~15 mL,氯化钠 10 g,鲜鸡蛋 3~5 个,鲜温牛乳 1 L,混合搅拌均匀)。饲喂人工初乳时要稀释,开始时以 1.5 倍稀释,以后为 1 倍稀释,犊牛、幼驹每次 500~1000 mL,羔羊、仔猪每次 50~100 mL,5~6 次/日。给予胃液、人工胃液或胃蛋白酶,促进消化。胃液可采自空腹时的健康马或牛,犊牛、幼驹每次 30~50 mL,1~3 次/日,于喂饲前 20~40 min 给予;以预防为目的时,可于出生后 2 h 内给予。人工胃液(胃蛋白酶 10 g,稀盐酸 5 mL,水 1 L,加适量的维生素 B 或维生素 C)的剂量为犊牛、幼驹 30~50 mL,羔羊、仔猪 10~30 mL,灌服。对于中毒性消化不良的幼畜,可肌内注射链霉素(每千克体重10 mg)、卡那霉素(每千克体重 10~15 mg)、头孢噻吩(每千克体重 10~20 mg)、庆大霉素(每千克体重 1500~3000 IU)等,或内服呋喃唑酮(每千克体重 10~12 mg)、磺胺脒(每千克体重 0.12 g)或磺胺-5-甲氧嘧啶(每千克体重 50 mg)等,防止肠道感染。为防止机体脱水,保持水盐代谢平衡,病初可给幼畜饮用生理盐水(犊牛、幼驹 500~1000 mL,羔羊、仔猪 50~100 mL,5~8 次/日),亦可静脉或腹腔注射 10%葡萄糖注射液或 5%葡萄糖生理盐水(幼驹、犊牛 200~500 mL,羔羊、仔猪 50~100 mL)。犊牛和幼驹还可静脉注射 5%葡萄糖生理盐水 250~500 mL,5%碳酸氢钠溶液 20~60 mL,2~3 次/日;或静脉注射平衡液(蒸馏水 1 L,氯化钠 8.5 g,氯化钾 0.2~0.3 g,氯化钙 0.2~0.3 g,氯化镁 0.2~0.25 g,碳酸氢钠 1 g,葡萄糖 10~20 g,安钠咖 0.2 g,青霉素 80 万 IU),首次量 1 L,维持量

500 mL(制备时,碳酸氢钠和青霉素不宜煮沸)。为提高机体抵抗力和促进代谢机能,可施行血液疗法。皮下注射10%枸橼酸钠储存血或葡萄糖枸橼酸钠血(由血液100 mL、枸橼酸钠2.5 g、葡萄糖5 g、灭菌蒸馏水100 mL混合制成),犊牛、幼驹每千克体重3~5 mL,羔羊、仔猪每千克体重0.5~1 mL,每次可增量20%,间隔1~2天注射1次,每4~5次为一疗程。

#### 3.1.13.7 预防

要保证母畜获得充足的营养物质,特别是在妊娠后期,应增喂富含蛋白质、脂肪、矿物质及维生素的优质饲料。改善母畜的卫生条件,经常刷拭皮肤,哺乳母畜应保持乳房清洁,并保证适当的舍外运动。保证新生幼畜能尽早地吃到初乳,最好能在生后1 h内吃到初乳,应在生后6 h内吃到不低于5%体重的高质初乳。对于体质羸弱的幼畜,初乳应采取少量多次、人工饮喂的方式供给。母乳不足或质量不佳时,可采取人工哺乳。畜舍应保持温暖、干燥、清洁,防止幼畜受寒。幼畜的饲具必须经常洗刷干净,定期消毒。

## 3.2 呼吸系统疾病

### 3.2.1 鼻炎

#### 3.2.1.1 概念

鼻炎是鼻黏膜发生充血、肿胀而引起以打喷嚏和流鼻液为特征的急性或慢性炎症。根据鼻液性质不同分为浆液性鼻炎、黏液性鼻炎和脓性鼻炎。各种动物均可发生该病,主要见于马、犬和猫等。

#### 3.2.1.2 病因

原发性鼻炎主要是由受寒感冒、吸入刺激性气体和化学药物等引起,如畜舍通风不良,吸入氨、硫化氢、烟雾以及农药、化肥等有刺激性的物质。也见于动物吸入饲草料、环境中的尘埃、霉菌孢子、麦芒、昆虫及使用胃管不当或异物卡塞于鼻道对鼻黏膜的机械性刺激。犬可由支气管败血波氏杆菌或多杀性巴氏杆菌感染引起原发性细菌性鼻炎。过敏性鼻炎是一种难以确定病因的特异性反应,季节性发生与花粉有关,犬和猫常年发生,可能与房舍尘土及霉菌有关。牛和绵羊的夏季鼻塞综合征是一种原因不明的变应性鼻炎。继发性鼻炎主要继发于流感、马鼻疽、传染性胸膜肺炎、牛恶性卡他热、慢性猪肺疫、猪萎缩性鼻炎、猪包涵体鼻炎、绵羊鼻蝇蛆病、犬瘟热、犬副流感、猫病毒性鼻气管炎、猫嵌杯样病毒感染等传染病。在咽炎、喉炎、副鼻窦炎、支气管炎和肺炎等疾病过程中常伴有鼻炎症状。犬齿根脓肿扩展到上颌骨隐窝时,也可发生鼻炎或鼻窦炎。

### 3.2.1.3 症状

患急性鼻炎的动物因鼻黏膜受到刺激,主要表现为打喷嚏、流鼻液、摇头、摩擦鼻部,犬、猫抓挠面部。鼻黏膜充血、肿胀,敏感性增高,由于鼻腔变窄,小动物呼吸时出现鼻塞音或鼾声,严重者张口呼吸或发生吸气性呼吸困难。病畜体温、呼吸、脉搏及食欲一般无明显变化。鼻液初期为浆液性,继发细菌感染后变为黏液性,鼻黏膜炎性细胞浸润后则出现黏液脓性鼻液,最后逐渐减少、变干,呈干痂状附着于鼻孔周围。患急性单侧性鼻炎的动物伴有抓挠面部或摩擦鼻部,提示鼻腔内可能有异物。初期为单侧性流鼻液,后期为双侧性流鼻液,或鼻液由黏液脓性变为浆液血性或鼻出血,提示为肿瘤性或霉菌性疾病。慢性鼻炎表现为病程较长,临床表现时轻时重,有的鼻黏膜肿胀、肥厚、凹凸不平,严重者有糜烂、溃疡或瘢痕。犬的慢性鼻炎可引起窒息或脑病。猫的慢性化脓性鼻炎可导致鼻骨肿大、鼻梁皮肤增厚及淋巴结肿大,很难痊愈。

### 3.2.1.4 病程

急性原发性鼻炎一般在1~2周后鼻液量逐渐减少,最后痊愈。慢性或继发性鼻炎可经数周或数月才能治愈,有的病例长时间未能治愈而发生鼻黏膜肥厚,病畜表现为鼻塞性呼吸。

### 3.2.1.5 诊断

根据鼻黏膜充血、肿胀及打喷嚏和流鼻液等特征症状即可确诊。该病与鼻腔鼻疽、马腺疫、流行性感冒及副鼻窦炎等疾病有相似之处,应注意鉴别。

鼻腔鼻疽初期表现为鼻黏膜潮红肿胀,一侧或两侧鼻孔流出灰白色、黏液性鼻液,其后鼻黏膜上形成小米粒至高粱粒大小的灰白色、圆形小结节,突出于黏膜面,结节迅速坏死、崩解,形成深浅不一的溃疡,有些病灶逐渐愈合,形成放射状或冰花状的瘢痕。下颌淋巴结肿大。鼻疽菌素试验阳性。

马腺疫主要表现为体温升高,下颌淋巴结及其邻近淋巴结肿胀、化脓,脓肿内有大量黄色、黏稠的脓汁,病马咳嗽,咽喉部知觉过敏,脓汁涂片染色镜检可发现弯曲、波浪状长链的马腺疫链球菌,菌体大小不等。

流行性感冒传染性极强,发病率很高,病畜体温升高,眼结膜水肿,鼻黏膜卡他性炎症的症状明显。从鼻液或咽喉拭子中可分离获得血凝性流感病毒。

副鼻窦炎多表现为一侧性流鼻液,特别是在低头时大量流出。

### 3.2.1.6 治疗

除去致病因素,轻度的卡他性鼻炎可自行痊愈。病情严重者可用温生理盐水、1%碳酸氢钠溶液、2%~3%硼酸溶液、1%磺胺溶液、1%明矾溶液、0.1%鞣酸溶液或0.1%高锰酸钾溶液,每日冲洗鼻腔1~2次。冲洗后涂以青霉素或磺胺软膏,也可向鼻腔内撒入青霉素或磺胺类粉剂。鼻黏膜严重充血、肿胀时,为促进局部血管收缩并减轻鼻黏膜的敏感性,可用可卡因 0.1 g、0.1% 肾上腺素溶液1 mL,加蒸馏水 20 mL 混合后滴鼻,2～3 次/日,但这类血管收缩药只能暂时解除鼻黏膜的充血状况。也可用2%克辽林或2%松节油进行蒸气吸入,2～3 次/日,每次15～20 min。

对体温升高、全身症状明显的病畜,应及时用抗生素或磺胺类药物进行治疗。

对慢性细菌性鼻炎,可根据微生物培养及药敏试验,用有效的抗生素治疗3～6周。对霉菌性鼻炎,应根据真菌病原体的鉴定结果,用抗真菌药物进行治疗。对小动物的鼻腔肿瘤,应通过手术将大块鼻甲骨切除,然后进行放射治疗。

#### 3.2.1.7 预防

防止受寒感冒和其他致病因素的刺激是预防该病发生的关键。对继发性鼻炎应及时治疗原发病。

### 3.2.2 感冒

#### 3.2.2.1 概念

感冒是由于气候骤变,机体突然受到寒冷的刺激而产生的以上呼吸道黏膜炎症为主要特征的急性全身性疾病。该病可发生于各种畜禽,多发生在早春、晚秋季节。

#### 3.2.2.2 病因

寒冷的刺激是感冒最常见的病因,情况多种多样,如气候突变、冷风侵袭;畜舍条件差,贼风侵袭;遭雨淋或寒夜露宿。动物长途运输,使役过重,或其他原因致机体抗病力降低也是感冒的诱因。

#### 3.2.2.3 症状

感冒多在受寒后突然发生。病畜全身症状明显,表现为精神沉郁、食欲减退、结膜充血、皮温不整、体温升高,呼吸、脉搏增数。猪多怕冷,便秘;牛、羊多有前胃弛缓。呼吸系统变化明显,出现咳嗽、鼻黏膜充血、肿胀、流鼻液,初为浆液性的,以后转为黏液性或黏液脓性的。

#### 3.2.2.4 治疗

一般早期应用解热剂即可治愈,如安乃近、复方氨基比林等。当全身症状重剧时,用抗生素或磺胺类药物配合治疗,以防止继发感染。

### 3.2.3 支气管炎

#### 3.2.3.1 概念

支气管炎是支气管黏膜表层或深层的炎症。各种畜禽均可发生,多在早春、晚秋季节,动物受气温剧烈变化的影响而发病。临床上以咳嗽、流鼻液和不定热型为特征。支气管炎按病程分为急性支气管炎和慢性支气管炎,按病因分为原发性支气管炎和继发性支气管炎。

#### 3.2.3.2 病因

原发性支气管炎主要因受寒感冒或受到各种因素的刺激而发生,如吸入尘埃、氨或误将液体、气体吸入气管。继发性支气管炎见于马腺疫、流行性感冒、牛口蹄疫、肺丝虫等,邻近器官的炎症如喉炎、肺炎、胸膜炎等也可蔓延导致支气管炎的发生。

#### 3.2.3.3 症状

急性支气管炎表现为咳嗽,初期为带痛的干咳、短咳,以后逐渐转变为湿咳。两侧流鼻液,初期为浆液性的,以后变为黏液性或黏液脓性的,咳嗽时则鼻液量增多。肺部听诊见肺泡呼吸音增强,初期为干性啰音,以后变为湿性啰音。开始体温升高,2~3天后下降,呼吸、脉搏增数。慢性支气管炎表现为病程长,病情弛张不定,无继发症,全身症状不明显。长期干咳,干咳在运动、采食时及早晨、夜间增多。听诊肺部有干啰音。

#### 3.2.3.4 治疗

该病的治疗原则是加强护理,祛痰止咳,消除炎症。

保持病畜安静,厩舍清洁,干燥通风,注意保暖,晒太阳。当炎性分泌物黏稠、不易咳出时,用氯化铵祛痰,马、牛 10~20 g,猪、羊 0.2~0.5 g,或使用吐酒石,马、牛 0.5~3 g,猪、羊 0.2~0.5 g,内服。止咳用复方樟脑酊,马、牛 20~50 mL,猪、羊 1~3 mL。采用抗生素消炎。

### 3.2.4 小叶性肺炎

#### 3.2.4.1 概念

小叶性肺炎又称支气管肺炎或卡他性炎症,是小支气管以及个别肺小叶或肺小叶群发生的炎症。临床以出现弛张热型、呼吸次数增多、叩诊有散在的局灶性浊音区和叩诊有捻发音为特征。

#### 3.2.4.2 病因

原发性小叶性肺炎见于受寒感冒、饲养管理失调、物理化学因素的刺激、过度劳累、使役不当等,也可继发于支气管炎、流感、病毒性动脉炎、牛恶性卡他热、猪肺疫等。

#### 3.2.4.3 症状

病初呈急性支气管炎症状,全身症状严重,牛表现为前胃弛缓。动物体温升高 1.5~2 ℃,呈弛张热型。如为细菌性炎症,则体温持续升高。多数病畜出现咳嗽,伴呼吸困难,并有鼻液。听诊病灶区见肺泡音减弱或消失,或有捻发音、湿啰音等变化,在病灶周围肺泡音增强。叩诊时病灶位于表面,有小片浊音区;病灶互相融合时,有大片浊音区;病灶散在时,叩诊音变化不明显。

#### 3.2.4.4 治疗

该病的治疗原则是消除炎症,祛痰止咳,制止渗出,促进炎性渗出物的吸收。

消除炎症是治疗该病的根本措施。用青霉素钾 2 万～4 万 IU/kg 体重、生理盐水 500 mL,一次静脉注射,早晚各 1 次,或用青霉素、链霉素混合液静脉注射或气管内注射。祛痰止咳的方法同支气管炎。常用钙制剂制止渗出和促进渗出物的吸收,并结合补液、强心等。如 10% 氯化钙溶液,牛每次 100～150 mL,猪、羊每次 10～30 mL,可结合应用维生素和利尿剂。呼吸困难时,可用氨茶碱,牛 1～2 g,猪、羊 0.25～0.5 g。为防止自体中毒,用撒乌安液,牛 50～100 mL,猪、羊 20～50 mL,静脉注射。

### 3.2.5 大叶性肺炎

#### 3.2.5.1 概念

大叶性肺炎是整个肺叶发生的急性纤维素性炎症,又称纤维素性肺炎和格鲁布氏肺炎,临床以高热稽留、流铁锈色鼻液、肺部的广泛性浊音区和病理的定型经过为特征。该病多发生于马,猪、羊也有发生。

#### 3.2.5.2 病因

一般认为,传染性大叶性肺炎是一种局限于肺脏的特殊性传染病,由双球菌引起。非传染性大叶性肺炎是一种变态反应性疾病,同时具有过敏性炎症。诱因包括受寒感冒、过劳、吸入刺激性气体、外伤、管理使役不当等。大叶性肺炎也可继发于腺疫、血斑病、犊副伤寒等,继发性大叶性肺炎在临床上多呈非典型经过。

#### 3.2.5.3 发病机制

典型的大叶性肺炎的炎症过程可分为四个时期。①充血渗出期持续 12～36 h。肺毛细血管扩张,充满血液,肺泡上皮肿胀脱落。肺泡和细支气管内渗出含大量白细胞的渗出物。②红色肝变期持续约 48 h。肺泡和细支气管内充满纤维蛋白,其中含大量红细胞、脱落的上皮细胞和少量白细胞,不含空气。凝固快,坚实如肝样,呈红色,切面干燥呈颗粒状,放入水中下沉。③灰色肝变期持续约 48 h 或更长,主要是纤维蛋白渗出物发生脂肪变性和白细胞的渗入,使其外观呈灰色、灰黄色。④溶解期的特征为渗出物被溶解和稀释。在纤溶蛋白酶的作用下,肺组织变柔软,切面有黏性或浆液性液体。某些部位可能保持不被溶解,渗出物将被增生的结缔组织和伸长进去的毛细血管机化为肺肉质变。未被吸收的部分还可能坏死、软化,变为肺脓肿;在腐败菌的作用下,成为肺坏疽。

#### 3.2.5.4 症状与诊断

体温升高为 40～42 ℃,持续 6～9 天,呈高热稽留。病初脉搏强而有力,以后逐渐减弱,次数增多,但呈现与高体温不相适宜的现象。呼吸增数,约 60 次/分,呈混合性呼吸困难,发生气喘和间歇性粗糙的痛咳,溶解期后变得流利而湿润。肝变初期病畜流铁锈色鼻液或黄红色鼻液。肺部叩诊可见充血期呈过清音,肝变期呈浊音,持续 3～5 天,且浊音区较大。肺部听诊可见充血渗出期出现肺泡呼吸音增强和干啰音,以后出现湿啰音或捻发音,肺泡呼吸音减弱,肝变期出现支气管呼吸音。

#### 3.2.5.5 治疗

该病的治疗原则是加强护理,消除炎症,控制继发感染,对症治疗。

消除炎症,疾病早期使用新砷凡纳明(又称 914)0.015 g/kg 体重。临用时溶于葡萄糖盐水或生理盐水 100～500 mL,缓慢静脉注射(先半天皮下注射咖啡因)。3～5 天 1 次,连用 3 次。也可用 10%磺胺嘧啶钠溶液 100～150 mL,40%乌洛托品溶液 60 mL,5%葡萄糖溶液 500 mL,混合后一次静脉注射,每日 1 次,控制继发感染。

### 3.2.6 异物性肺炎

#### 3.2.6.1 概念

异物性肺炎是由于异物(如食物、呕吐物、药物或腐败细菌)侵入肺脏,引起肺组织坏死和分解的疾病,又称坏疽性肺炎。临床以极度呼吸困难,两鼻孔流出脓性、腐败性和极为恶臭的鼻液为特征。

#### 3.2.6.2 病因

原发性异物性肺炎多因误咽异物而发病,如小块饲料、黏液、血液等,另外,对家畜强迫投药、操作不当时多发。该病可继发于咽炎、食道麻痹、破伤风、腺疫等,也可继发于弹伤或尖锐物体引起的肺组织创伤,如肋骨骨折、外伤等。

#### 3.2.6.3 症状

初期病畜呼气时带有腐败性恶臭,两侧鼻孔流奇臭的、污秽的鼻液,呈褐灰带红色或淡绿色,咳嗽或低头时常大量流出。显微镜检查可见肺组织分解后的弹性纤维。体温升高,可超过 40 ℃,呈弛张热,伴寒战和出汗现象。动物表现为呼吸急速而困难,腹式呼吸,有长声带痛的湿咳。肺部叩诊可见初期多呈半浊音和浊音,已空洞的肺部呈鼓音,若被结缔组织包围,则充满空气,呈金属音。肺部听诊可见初期有支气管呼吸音和水泡音,伴沸腾样杂音或拍水音。

#### 3.2.6.4 治疗

该病的治疗原则是及时抢救,排出异物,制止肺组织的腐败分解,对症治疗。

让病畜站立在前高后低的位置,将头放低;横卧时尽量将后躯垫高,便于异物向外咳出,同时反复注射兴奋呼吸的药物,如樟脑制剂,每 4~6 h 一次,及时皮下注射毛果芸香碱。及时大量应用抗生素,制止肺组织的腐败分解,同时防止自体中毒,可静脉注射樟脑酒精溶液。

### 3.2.7 肺充血和肺水肿

#### 3.2.7.1 概念

肺充血与肺水肿是同病理过程的前后两个阶段。肺充血是指肺毛细血管内血液量过度充满,通常分为主动性肺充血和被动性肺充血。前者是由于肺内血液流入量增多,流出量正常,导致肺毛细血管过度充满;后者则是因血液流入量正常或增加,而流出量减少,又称淤血性肺充血。在肺充血的基础上,由于肺内血液量的异常增多,致使血液中的浆液性成分渗漏至肺泡、细支气管及肺间质内,引起肺水肿。短时间的肺充血不一定引起肺水肿。

肺充血和肺水肿在临床上以突发高度进行性呼吸困难、黏膜发绀,流大量无色或粉红色细小泡沫样鼻液和肺部湿啰音为特征。各种动物均可发生,以马、牛和犬多发;多发于炎热的夏季;发病急,病程短,死亡率高;该病常是许多心脏、肺脏疾病的终末结局。

#### 3.2.7.2 病因

主动性肺充血和肺水肿主要见于炎热气候下动物过度使役或剧烈运动;运输途中过于拥挤和闷热;吸入热空气、烟雾或刺激性气体,出现过敏反应等。被动性肺充血和肺水肿主要见于失偿性心脏疾病,如输液量过大或速度过快以及某些传染病和中毒病引起的心力衰竭,心脏瓣膜疾病(如二尖瓣关闭不全和左房室口狭窄),渗出性心包炎,其他还有腹内压增大的胃肠疾病(如胃扩张、瘤胃臌气、肠臌气等)。长期躺卧的患病动物由于血液停滞于卧侧肺脏,容易发生沉积性肺充血。肺水肿最常继发于急性过敏反应,如再生草热,充血性心力衰竭,毒气、有机磷农药和安妥中毒,以及伴发于热射病、肺炎的经过中。

#### 3.2.7.3 症状

动物突然发病,惊恐不安,呼吸加快而急促,很快发展为高度的进行性、混合性呼吸困难,头颈平伸,鼻孔开张,甚至张口喘气。严重时,前肢开张,肘突外展。呼吸频率超过正常的 4~5 倍。结膜充血或发红,眼球突出,静脉(尤其是颈静脉)怒张,有窒息危象。

主动性肺充血表现为脉搏快而有力,第二心音增强;体温升高为 39.0~40.0 ℃,呼吸浅快,肺部听诊可见肺泡呼吸音粗粝,但无啰音;肺部叩诊音正常或呈过清音,肺的前下部可因沉积性充血而呈半浊音。患被动性肺充血时,体温通常不升高,伴有耳鼻及四肢末端发凉等心力衰竭体征。

肺水肿动物表现为两侧鼻孔流出多量浅黄色或白色甚至淡粉红色的细小泡沫样鼻液。胸部听诊可见肺泡呼吸音减弱,出现广泛性的捻发音、湿啰音及支气管呼吸音,肺的中下部尤为明显。胸部叩诊可见前下部肺泡充满液体,呈浊音或半浊音;中上部肺泡内既有液体又有气体,呈鼓音或浊鼓音。X线检查见肺野阴影普遍加重,但无病灶性阴影;肺门血管的纹理明显。

#### 3.2.7.4 病理变化

肺充血时肺脏体积增大,呈暗红色。主动性肺充血时,切开肺脏有大量血液流出。慢性被动性肺充血时,肺脏因结缔组织增生而变硬,表面布满小出血点。沉积性肺充血时,因血浆渗入肺泡而引起肺脏的脾样变。组织学检查可见肺毛细血管明显充盈,肺泡中有漏出液和出血。

肺水肿时肺脏肿胀,丧失弹性,按压形成凹陷,颜色苍白,切面流出大量浆液。组织学检查可见肺泡壁毛细血管高度扩张,充满红细胞;肺泡和肺实质中有液体积聚。

#### 3.2.7.5 病程及预后

主动性肺充血如得到及时治疗,短时间内可痊愈,个别病例可拖延数天。被动性肺充血发展较慢,病程取决于原发病。若轻度肺水肿发展缓慢,症状不明显,则一般预后良好。重剧肺水肿发展迅速,往往因窒息或心力衰竭而死亡。

#### 3.2.7.6 诊断

根据在炎热季节重剧使役或吸入刺激性气体等病史,结合突发高度进行性呼吸困难,流出大量淡黄色或无色的泡沫样鼻液,听诊肺部有湿啰音等临床表现及X线检查结果,可作出诊断。

临床上应与下列疾病进行鉴别诊断:

(1)中暑具有炎热季节、日光直射或闷热中暑的病史。除呼吸困难外,还有中枢神经系统机能障碍、全身衰弱和体温极度升高等症状。

(2)急性心力衰竭的动物表现为心血管症状异常在前,肺部症状表现在后,即先有心衰后出现呼吸困难。

(3)急性过劳的动物有长期使役病史;尽管有肺水肿的症状,但主要表现为全身疲软无力,有运动失调等症状,多伴过劳性肌炎。

(4)肺出血表现为鼻液为大量泡沫样鲜红色血液,可视黏膜呈进行性苍白。

#### 3.2.7.7 治疗

该病的治疗原则是除去病因,保持安静,减轻心脏负担,制止渗出,缓解呼吸困难。

将动物转移到阴凉、通风、干燥的环境,避免运动和外界因素的刺激。减轻心脏负担,缓解肺循环障碍。对于患主动性肺充血和肺水肿的动物,颈静脉大量快速放血有急救功效。一般放血量为马、牛 2~3 L,猪、羊 250~500 mL。对于患被动性肺充血和肺水肿的动物,氧气吸入有良好效果,马、牛 10~15 L/min,共吸入氧气 100~120 L,也可皮下注射氧气 8~10 L。马、牛用 10%氯化钙溶液 100~150 mL 或 10%葡萄糖酸钙溶液 300~500 mL,20%葡萄糖溶液 500~1000 mL、25%甘露醇 500~1000 mL,静脉注射,1~2 次/日(猪、羊、犬等动物药量酌减),制止渗出。过敏反应引起的肺水肿可使用肾上腺素和抗组胺药。低蛋白血症引起的肺水肿,要限制输注盐类溶液,应用血浆或全血提高胶体渗透压。血管通透性增大引起的肺水肿,可应用皮质激素,如可的松、地塞米松等。有机磷农药中毒引起的肺水肿,应立即使用阿托品。支气管内存在泡沫时,可用 20%~30%酒精 100 mL 左右雾化吸入 5~10 min,以缓和呼吸困难。据报道,应用二甲硅油消泡沫气雾剂抢救亦可取得较好疗效。当心脏衰弱时,适时应用强心剂(如安钠咖),对兴奋不安的动物可肌内注射氯丙嗪,让其保持安静。疾病康复期,应用健胃促消化剂。

中兽医疗法以清热泻肺、降气定喘为原则,内服葶苈散:葶苈子 50 g,马兜铃 40 g,桑白皮 50 g,百部 25 g,川贝 30 g,大黄 50 g,杏仁 25 g,花粉 30 g,枇杷叶 25 g,沙参 30 g,甘草 20 g,开水冲调,马、牛一次内服(中小动物酌减)。

### 3.2.8 肺气肿

肺气肿按病程可以分为急性肺气肿和慢性肺泡气肿。

#### 3.2.8.1 急性肺气肿

(1)概念。急性肺气肿是指单纯的一时性的肺组织弹力减退,肺泡内充满空气,致肺泡极度扩张、肺容积增大,而不伴有肺组织结构变化的肺脏疾病。临床上以呼吸困难为特征。

(2)病因。原发性急性肺气肿多由重度劳役、急速奔走、长期挣扎和鸣叫等造成紧张呼吸所致。该病还可继发性于慢性支气管炎、肺炎、肺组织局灶性炎症、一侧性气胸、支气管狭窄等。

(3)症状。动物多在运动或使役中突然发病,或在原发病过程中出现该病,表现为呼吸困难。人工诱咳时,咳嗽延长而无力。肺部叩诊呈广泛的过清音,叩诊界扩大。肺部听诊见肺泡音减弱。

(4)治疗。该病的治疗原则是消除病因,充分休息,加强饲养,对症治疗。让病畜绝对休息,给予良好的饲料、饮水、看护和管理,注意厩舍的通风,治疗原发病。呼吸困难时应用阿托品、氨茶碱以及氧气疗法。

#### 3.2.8.2 慢性肺泡气肿

(1)概念。慢性肺泡气肿是肺泡持续扩张、肺泡壁弹性丧失以致肺泡壁间质组织及弹性纤维萎缩直至崩解的肺脏疾病。临床上以极度呼吸困难、喘线、肛门运动和肺部叩诊界后移为特征。

(2)病因。原发性慢性肺泡气肿多是在持续长时间的劳役中,由经常不断的强烈呼吸造成的。继发性慢性肺泡气肿多继发于伴发呼吸困难的各种呼吸器官疾病之后。

(3)症状。动物剧烈气喘,呼吸困难,二重呼吸,出现喘线,即腹肌强烈收缩,沿肋骨弓的皮肤陷落,出现一条弧形的沟,又称息痨沟。呼气时背腰拱起,肛门外突;吸气时背腰下沉,肛门回缩。肺部叩诊,叩诊音清亮,叩诊界后移,心脏的绝对浊音区缩小。肺部听诊,肺泡音微弱,心音衰弱,第二心音增强。

(4)治疗。该病的治疗原则是加强护理,防止病情发展严重,恢复肺组织的弹性,对症治疗。改善饲养管理,让病畜绝对休息,安放在清洁、无灰尘、通风良好的处所,喂给潮湿的或浸泡的草料或粒状饲料。恢复肺组织的弹性,反复使用砷制剂与碘制剂,10~20天用砷,10天用碘。

### 3.2.9　霉菌性肺炎

#### 3.2.9.1　概念

霉菌性肺炎是由霉菌侵入肺脏后引起的一种支气管肺炎。临床上以鼻液污秽、含大量菌丝、患支气管肺炎、伴有神经症状等为特征。病理剖检可见肺部有散在大小不等的结节性病变及干酪样病变。各种动物均可发生,常见于幼龄动物,尤其是育雏阶段的家禽(常伴有气囊和浆膜的霉菌病)。

#### 3.2.9.2　病因

畜禽通过呼吸道吸入致病的霉菌及其孢子而发病。该病的主要致病霉菌包括隐球菌、组织胞浆菌、球孢子菌、毛霉菌、皮炎芽生菌、曲霉菌等。牛、马主要由曲霉菌属的烟曲霉菌感染而发病,家禽主要由葡萄状白霉菌、绿色曲霉菌、黑曲霉菌、烟曲霉菌、黄曲霉菌、土曲霉菌、蓝色青霉菌及构巢曲霉等感染而发病。

该病的感染途径主要是动物接触发霉饲料、饲草或垫草而致病,也可通过吸入含有霉菌孢子的空气(呼吸道感染)及采食含有霉菌的饲料(消化道感染)而发病,或通过皮肤伤口感染。霉菌还能穿过家禽蛋壳而感染胚胎,使雏鸡孵出即发病,也称蛋媒曲霉菌病。这些霉菌在环境潮湿和温度适宜(37~40 ℃)时大量繁殖,一些应激因素(如圈舍阴暗潮湿、通风不良、过度拥挤等)均可诱发该病流行。当肺部感染细菌时,由于较长时间大量使用抗生素,易造成霉菌感染,继发霉菌性肺炎。

#### 3.2.9.3　症状

禽曲霉菌病潜伏期为10天左右,主要引起支气管肺炎,打喷嚏,呼吸困难,张口喘气,吸气时颈部气囊扩张起伏,有时可听到气管啰音("嘎、嘎"的喘鸣音)。冠与肉髯发绀并出现皱褶。精神沉郁,体温升高,食欲降低,下痢,清瘦,嗜睡,羽毛松乱。有的病例表现为一侧性眼炎,眼睑肿胀,畏光,角膜中心发生溃疡,眼结膜囊内有干酪样凝块。当感染侵害到大脑时,则表现为斜颈,运动失调,严重的强直痉挛,甚至麻痹。多在出现症状后 1 周左右因呼吸困难而窒息死亡。

哺乳动物除具有卡他性肺炎的基本症状外,还表现为排出污秽的绿色鼻液(镜检有大量菌丝和孢子),结膜苍白或发绀,咳嗽短促而湿润,体温升高,呼吸加快,呈进行性呼吸困难,肺部听诊有啰音,叩诊有较大的浊音区,有的还伴有神经症状。X 线检查可发现支气管肺炎、大叶性肺炎、弥漫性小结节的影像和肿块状的阴影。

#### 3.2.9.4 病理变化

禽呼吸道、肺脏、气囊或体腔浆膜出现大小不等的串珠样黄色结节或病斑。支气管黏膜和气囊内有黄绿色霉菌菌苔;肺脏表面的小结节可相互融合成大的团块,结节质地柔软,似橡皮或软骨,切面为层状结构,其中心为干酪样坏死组织,内含大量菌丝体。肺部表现为弥漫性肺炎而无小结节。肺部有若干大小不等的卡他性肺炎病灶、肝变和气肿。此外,皮肤、乳房、淋巴结、肝脏、肾脏、消化道、脑及脑膜也发生病变。

#### 3.2.9.5 诊断

根据流行病学特点、临床症状及病理变化,结合抗生素治疗无效,可作出初步诊断,若要确诊,则需进行微生物学检查。取病灶组织少许,置于载玻片上,加生理盐水 1～2 滴,用细针将组织捣碎,在显微镜下观察,若发现菌丝和孢子,即可作出诊断。也可将结节内的坏死物进行培养(常用的培养基有马铃薯培养基或由麦芽糖 4 g、蛋白胨 2 g、琼脂 1.8 g、灭菌蒸馏水 100 mL 制成的培养基,34 ℃ 培养 10～12 h,可发现有白色薄膜状菌落生长,再经 22～24 h 培养可形成孢子,镜检培养物),若培养结果为阳性,则可以确诊。样品的霉菌培养和组织学检查,可验证临床诊断。

#### 3.2.9.6 治疗

该病的治疗原则是消除病因,抑菌消炎,对症治疗。

病情较轻者,消除病因后,病情常能逐渐好转。对于全身性霉菌感染,没有理想的药物,但可试用两性霉素 B,每千克体重 0.12～0.22 mg,用 5% 葡萄糖溶液稀释后静脉滴注,隔日 1 次或每周 2 次。也可将两性霉素 B 与氟胞嘧啶(每天每千克体重 50～150 mg,分 3～4 次内服)合用,二者有协同作用,可增加疗效。两性霉素 B 有一定疗效,但应注意其毒副作用。

制霉菌素:牛、马用 250 万～500 万 IU,羊、猪用 50 万～100 万 IU,犬用 10 万 IU,

3~4次/日,混入饲料中饲喂。家禽按50万~100万IU/kg体重添加在饲料中,连用1~3周,雏鸡、雏鸭每100只用50万~100万IU,2次/日,连用3天。

克霉唑:牛、马用5~10 g,牛犊、马驹、猪、羊用0.75~1.5 g,内服,2次/日。雏鸡每100只用1 g,混入饲料中饲喂。

此外,还可用1∶300硫酸铜溶液,饮用3~5天或投服(牛、马600~2500 mL,羊、猪150~500 mL,家禽3~5 mL,1次/日)。或内服0.5%碘化钾溶液(牛、马400~1000 mL,羊、猪100~400 mL,鸡1~1.5 mL,3次/日),亦有疗效。

广谱抗霉菌药物氟康唑对假丝酵母菌、隐球菌、球孢子菌、荚膜组织胞浆菌等引起的深部霉菌感染有较好疗效,可用于犬、猫等宠物和价值较高的经济动物。

### 3.2.9.7 预防

防止饲草和饲料发霉,避免使用发霉的垫草和饲料,避免动物接触霉烂变质的草堆。加强饲养管理,应每日清扫圈舍,勤换垫草,并消毒饮水器,以防止饮水器周围滋生霉菌。注意圈舍通风换气,防止圈舍过度潮湿,可有效预防该病的发生。

## 3.2.10 化脓性肺炎

### 3.2.10.1 概念

化脓性肺炎是肺泡中蓄积有脓性产物的肺部炎症,又称肺脓肿。其病原菌主要为链球菌、葡萄球菌、肺炎链球菌及化脓棒状杆菌。各种动物均可发病,病死率高。

### 3.2.10.2 病因

原发性化脓性肺炎很少见,偶见于胸壁刺伤或创伤性网胃炎,金属异物刺伤肺后,感染化脓棒状杆菌等病原菌而发病。多数化脓性肺炎继发于脓毒败血症或肺内感染性疾病,如幼畜败血症、化脓性子宫炎、化脓性乳房炎、结核病、腺疫、鼻疽及其他化脓性感染疾病(如去势、褥疮感染或化脓性细菌随异物进入肺部)。常见卡他性肺炎继发化脓性肺炎,大叶性肺炎继发者少见。

### 3.2.10.3 症状

如果化脓性肺炎是继卡他性肺炎之后发生的,则消退期延迟,体温重新升高。脓肿开始形成时,体温持续升高,而脓肿被结缔组织包裹时体温逐渐恢复,新脓肿形成时,体温又重新升高。若脓肿破溃,则病情加重,脉搏加快,体温升高。对浅表性肺脓肿区叩诊,可呈现局灶性浊音,听诊肺区有各种啰音,湿啰音尤为明显。在脓肿破溃后,可从鼻腔流出大量恶臭的脓性鼻液,内含弹力纤维和脂肪颗粒。通常在短时间或1~2周内,由于脓毒败血症或化脓性胸膜炎而致死。

X线检查显示,早期肺脓肿呈大片浓密阴影,边缘模糊。慢性者呈大片密度不均的阴影,伴有纤维增生,脓膜增厚,其中央有不规则的稀疏区。

#### 3.2.10.4 治疗

目前该病尚无特效疗法,可大剂量应用抗菌类药物进行治疗,最好对鼻分泌物进行药敏试验,筛选最有效的药物,可收到良好的效果。通常首选药为青霉素(加大剂量,每千克体重 1.5 万~2.0 万 IU)或氨苄青霉素(每千克体重 15~20 mg,静脉滴注,7 天为一个疗程)。还可使用头孢类或红霉素。配合应用 10%氯化钙溶液或 10%葡萄糖酸钙溶液静脉滴注。脓肿破溃时,可吸入松节油蒸气或薄荷脑石蜡油气管内注射。

### 3.2.11 吸入性肺炎

#### 3.2.11.1 概念

吸入性肺炎是异物(如食物、呕吐物或药物等)误咽吸入肺脏而引起的炎症,又称异物性肺炎。在肺炎基础上感染腐败菌,出现以肺组织坏死和腐败分解为特征的肺炎时,称为坏疽性肺炎或肺坏疽。临床上以高度呼吸困难,呼出恶臭,流污秽、恶臭、含弹力纤维的鼻液,肺部出现明显啰音等为特征。各种动物均可发病,治愈率很低。

#### 3.2.11.2 病因

动物投药方法不当是该病的常见病因。如胃管投药操作失误,将部分药物误投入气管。经口灌服药物,尤其是有刺激性的药物(如松节油、福尔马林、酒精等)时,灌药太快、头位过高、舌头伸出、动物咳嗽及挣扎鸣叫等,均可使动物不能及时吞咽,药物吸入呼吸道而发病。伴有吞咽障碍的疾病,如咽炎、咽麻痹、食道阻塞、生产瘫痪、破伤风、麻醉或昏迷等,也可发生吸入性肺炎。其他肺病(如结核病、猪肺疫、鼻疽等传染病及卡他性肺炎、纤维素性肺炎)过程中以及机械损伤(如网胃尖锐异物刺伤、肋骨骨折、胸壁透创等)继发感染腐败菌时,也可引起吸入性肺炎。犬、猫等小动物连续性呕吐时,可将呕吐物吸入;有腭裂的新生仔畜吮乳后易吸入乳汁;动物药浴时操作不当,可导致吸入药液;吸入有害物质(如浓烟、氨气、灰尘等),均可引起发病。

#### 3.2.11.3 症状

该病初期呈现肺炎症状而全身症状逐渐重剧。食欲降低或废绝,精神沉郁,体温升高达 40 ℃或以上,呈弛张热,脉搏急速(80 次/分以上,小动物更高),湿性痛咳,声音嘶哑,呼吸急速,随着呼吸运动,胸腹部出现明显的起伏动作或呈腹式呼吸,严重者呼吸困难。

呼出带有腐败性恶臭的气体,初期仅在咳嗽之后或站立在动物附近才能闻到,随着疾病的发展,气味越来越明显,严重的弥散于整个厩舍。两侧鼻孔流出污秽不洁的灰白色、淡绿色、灰褐色或带红色的脓性鼻液,动物咳嗽或低头时大量流出,偶尔在鼻液或咳出物中见到吸入的异物。可收集鼻液进行肉眼观察和显微镜检查。①肉眼观察。将鼻液收集在玻璃杯中,静置后发现可分为三层,上层为黏性液体,有泡沫;中层为浆性液体,含絮状物;下层为脓液,混有大小不等的组织块。②显微镜检查。可发现肺组织碎片、脂肪滴、脂肪晶体、棕色或黑色的色素颗粒、红细胞及大量的微生物。③弹力纤维检查。鼻液或渗出物加等量10%氢氧化钾溶液煮沸后,加4倍蒸馏水,离心后取沉淀物镜检,可观察到肺组织分解出的弹力纤维。

肺部听诊,初期出现支气管呼吸音、干啰音或湿啰音,湿啰音在空洞部位(肺空洞)最明显,当肺空洞与支气管相通时,可听到空瓮音。

胸部叩诊,初期多数病灶位于胸前下部,浅表性病灶部呈局限性半浊音或浊音;形成较大空洞时,呈鼓音,若空洞充满空气,其周围被致密结缔组织包围,则呈金属音;空洞与支气管相通,出现破壶音。若病灶小,且位于肺脏深部,则叩诊无明显变化。

血液学检查,白细胞总数增加2倍以上,中性粒细胞比例升高,初期呈核左移,后期因化脓引起毒血症,影响骨髓造血机能,使白细胞数降低,呈核右移,并有贫血现象。

X线检查,因吸入异物的性质差异和病程长短不同而有一定区别。初期吸入的异物沿支气管扩散,在肺门区呈现沿肺纹理分布的小叶性渗出性阴影。随着病变的发展,肺野下部小片状模糊阴影发生融合,呈团块状或弥漫性阴影,密度不均匀。当肺组织腐败崩解,液化的肺组织被排出后,有大小不等、无一定界限的空洞阴影,呈蜂窝状或多发性虫蚀状阴影,较大的空洞可呈现环带状的空壁。

#### 3.2.11.4 病理变化

发病初期,肺脏充血,小叶间水肿,支气管充血,充满泡沫。肺炎通常位于肺的前腹侧部,可以是单侧性的,也可以是双侧性的。肺炎区呈锥形,基部临近胸膜。随后可见肺脏化脓和坏死,病灶变软、液化,呈红棕色,具有明显的恶臭味。胸腔常常伴发急性纤维素性胸膜炎,并有大量渗出物。

#### 3.2.11.5 诊断

根据病史,结合呼出腐败性臭味的气体,鼻孔流出污秽、恶臭、含有小块肺组织或弹力纤维的鼻液及肺部听诊和叩诊变化,即可作出诊断;X线检查可提供诊断依据。该病应与腐败性支气管炎、支气管扩张和副鼻窦炎相鉴别。腐败性支气管炎缺乏高热和肺部各种症状,鼻液镜检无弹力纤维。支气管扩张的症状是,因渗出物积聚于扩张的支气管内,发生腐败分解,呼出气体及鼻液也可能有恶臭气味,但渗出物可随剧烈咳嗽排出体外,鼻液中无肺组织块和弹力纤维,全身症状较轻。副鼻窦炎多为单侧流脓性鼻液,且没有肺组织块与弹力纤维。

#### 3.2.11.6 治疗

该病的治疗原则是迅速排出异物,抗菌消炎,制止肺组织腐败分解及对症治疗。

使动物保持安静,并尽可能保持前低后高的体位,放低头部,便于异物向外咳出,即使剧烈咳嗽,也应禁止使用止咳药。可用2%盐酸毛果芸香碱5~10 mL(牛、马),皮下或肌内注射,使气管分泌物增加,同时反复注射兴奋呼吸中枢药物(如樟脑制剂),4~6 h/次,促使异物迅速排出。

制止肺组织腐败分解,大剂量应用抗生素(如青霉素、链霉素、氨苄青霉素、四环素和头孢菌素等)或磺胺类药物(如10%磺胺嘧啶钠溶液,静脉注射;12%复方磺胺甲基异噁唑,肌内注射等)。治疗马、牛时,可将青霉素200万~400万IU、链霉素1~2 g与0.25%普鲁卡因溶液50~100 mL混合(猪、羊、犬酌减),气管注射,1次/日,连用2~4天,效果较好。

制止渗出,牛、马可用25%葡萄糖500~1000 mL、10%安钠咖20 mL、10%氯化钙100~150 mL(其他动物用葡萄糖酸钙)、40%乌洛托品40~60 mL,静脉注射,1~2次/日。为预防自体中毒,可静脉注射樟酒糖液(含0.4%樟脑、6%葡萄糖、30%酒精和0.7%氯化钠)200~250 mL(此为马、牛剂量,猪、羊酌减),1次/日。此外,还应采取解热镇痛、强心补液、调节酸碱和电解质平衡、补充能量、输入氧气等治疗措施。

中兽医疗法:韦茎汤对坏疽性肺炎有一定疗效。芦根250 g,薏苡仁60 g,桃仁30 g,冬瓜子90 g,桔梗60 g,鱼腥草60 g,酌加金银花、连翘、桔梗、葶苈子等,水煎或开水冲调,一次内服(牛、马)。

#### 3.2.11.7 预防

由于该病发展迅速,病情难以控制,临床上疗效不佳,死亡率很高,因此,预防该病的发生就显得非常重要。预防措施包括以下几方面:通过胃管给动物投服药物时,必须确认胃管正确进入食道后,方可灌入药液;对严重呼吸困难或吞咽障碍的动物,不应强制性经口投药;麻醉或昏迷的动物在未完全清醒时,不应让其进食或灌服食物及药物;经口投服药物时,应尽量把头部放低,每次少量灌服,且不可太快,让动物及时吞咽,不至于进入气管;药浴时,浴池不能太深,将头压入水中的时间不能过长,以免动物吸入液体。

### 3.2.12 胸膜炎

#### 3.2.12.1 概念

胸膜炎是胸膜发生以纤维蛋白沉着和胸腔积聚大量炎性渗出物为特征的一种炎症性疾病。临床表现为胸部疼痛、体温升高和胸部听诊有摩擦音。根据病程可分为急性胸膜炎和慢性胸膜炎；按病变的蔓延程度，可分为局限性胸膜炎和弥漫性胸膜炎；按渗出物的多少，可分为干性胸膜炎和湿性胸膜炎；按渗出物的性质，可分为浆液性胸膜炎、浆液纤维蛋白性胸膜炎、出血性胸膜炎、化脓性胸膜炎和化脓腐败性胸膜炎；按发病原因，可分为原发性胸膜炎和继发性胸膜炎。各种动物均可发病。

#### 3.2.12.2 病因

原发性胸膜炎临床上比较少见，主要见于肺炎、肺脓肿、败血症、胸壁创伤或穿孔、肋骨或胸骨骨折、食道破裂、胸腔肿瘤等。剧烈运动、长途运输、外科手术及麻醉、寒冷侵袭及呼吸道病毒感染等应激因素可成为发病的诱因。继发性胸膜炎临床上常见，往往是胸部器官疾病的蔓延或作为某些疾病的症状之一出现。胸膜炎常继发或伴发于某些传染病的过程中，如多杀性巴氏杆菌和溶血性巴氏杆菌引起的肺炎、纤维素性肺炎、结核病、鼻疽、流行性感冒、马胸疫、牛肺疫、猪肺疫、马传染性贫血、支原体感染、犬传染性肝炎、猫传染性鼻气管炎或猫传染性腹膜炎等。此外，反刍动物创伤性网胃心包炎、胸壁创伤或穿孔、肋骨或胸骨骨折后感染等，均可伴发胸膜炎。

#### 3.2.12.3 症状

动物病初体温升高，精神沉郁，食欲减退或废绝，呼吸快而浅表，呈明显的腹式呼吸，动物常取站立或犬坐姿势，站立时两肘外展，不愿活动。咳嗽明显，常呈干、短痛咳。胸部触诊或叩诊，表现为频繁咳嗽并因敏感疼痛而躲闪，甚至发生战栗或呻吟。初期，胸部听诊出现胸膜摩擦音，随着渗出液增多，胸膜摩擦音消失而出现胸腔拍水音，肺泡呼吸音减弱或消失，叩诊出现水平浊音区，小动物水平浊音随体位而改变。当渗出液吸收后，又重新出现胸膜摩擦音。伴有肺炎时，可听到湿啰音或捻发音，同时肺泡呼吸音减弱或消失，出现支气管呼吸音。因渗出液对心脏和前后腔静脉造成压迫，心功能发生障碍，出现心力衰竭、外周循环淤血以及胸、腹下水肿。胸腔穿刺可抽出大量渗出液，一般多为浆液纤维蛋白性渗出液。渗出液可在短时间内大量渗出，马两侧胸腔中渗出液含量为20~50 L，猪、羊为2~10 L，犬为0.5~3 L。渗出液混浊，易凝固，蛋白质含量在4%以上或有大量絮状纤维蛋白及凝块，显微镜检查发现大量炎性细胞和细菌。渗出液的白细胞数常超过$5\times10^8$/L。脓胸时白细胞数高达$1\times10^9$/L或以上。若中性粒细胞增多，则提示急性炎症；若以淋巴细胞为主，则可能是结核性或慢性炎症。有条件时，除进行革兰氏染色镜检外，还应进行细菌培养。

X线检查显示，少量积液时，心膈三角区变钝或消失，密度增高；大量积液时，心脏、后腔静脉被积液阴影淹没，下部呈广泛性浓密阴影。严重病例的上界液平面可达肩端线以上，如体位变化，液平面也随之改变，腹壁冲击触诊时液平面呈波动状。超声波检查有助于判断胸腔的积液量及分布,积液中有气泡,表明是厌氧菌感染。血液学检查可见白细胞总数升高,中性粒细胞比例增加,出现核左移;淋巴细胞比例减少;慢性病例呈轻度贫血。

**3.2.12.4 病理变化**

该病常有肺炎变化,甚至伴发心包炎及心包积液。急性胸膜炎病例的胸膜明显充血、水肿和增厚,粗糙而干燥。胸膜面上附着一层黄白色的纤维蛋白性渗出物,容易剥离。在渗出期,胸腔内有大量混浊液体,其中有纤维蛋白碎片和凝块。肺脏下部萎缩,体积缩小,呈暗红色。有些病例的渗出物在腐败菌作用下变得污秽并有恶臭。慢性胸膜炎病例因渗出物中的水分被吸收,胸膜表面的纤维蛋白因结缔组织增生而机化,使胸膜肥厚,胸膜与肺脏表面发生粘连。

**3.2.12.5 诊断**

根据病史,胸壁疼痛和痛咳,呼吸浅表急速而呈腹式呼吸,听诊出现胸膜摩擦音或胸腔拍水音,叩诊出现水平浊音等典型症状,可作出初步诊断。若要确诊,需做胸腔穿刺(穿刺液为渗出液,蛋白质多、密度高)、X射线检查及超声波诊断。临床上应注意与胸腔积水和传染性胸膜肺炎相鉴别。

①胸腔积水无体温反应,无炎症变化,缺乏胸壁疼痛和痛咳,听诊无胸膜摩擦音,穿刺液为漏出液(色淡、透明、不易凝固)。因此,胸腔穿刺液的理化检查和细胞学检查对胸膜炎和胸腔积水的鉴别诊断具有重要意义。

②传染性胸膜肺炎有流行性,同时具有胸膜炎和肺炎症状。

**3.2.12.6 治疗**

该病的治疗原则是抗菌消炎,制止渗出,促进渗出物的吸收和排除。

可选用广谱抗生素(如氨苄青霉素、链霉素、氟苯尼考、庆大霉素、丁胺卡那霉素、四环素、土霉素等)、磺胺类药物或喹诺酮类药物(如氧氟沙星、环丙沙星等),最好是先对穿刺液进行细菌培养后做药敏试验,有针对性地选择抗生素。支原体感染可用泰乐菌素、喹诺酮类药物、四环素类药物等。某些厌氧菌感染可用甲硝唑(又称灭滴灵)。发热明显时,配合应用解热镇痛药物。可静脉注射10%氯化钙溶液或10%葡萄糖酸钙溶液、维生素C注射液,1次/日,连用3~5天。急性期配合应用地塞米松,静脉注射,1次/日。促进渗出物吸收和排除可用利尿剂(如速尿和双氢克尿噻)、强心剂等。当胸腔有大量液体存在时,穿刺抽出液体可使病情暂时改善,并可将抗生素直接注入胸腔。胸腔穿刺时要严格按操作规程进行,以免针头在动物呼吸时刺伤肺脏;如穿刺针头或套管被纤维蛋白堵塞,可用注射器缓慢抽取。化脓性胸膜炎病例在穿刺排出积液后可用0.1%雷佛奴尔溶液、2%~4%硼酸溶液或0.05%氯己定(又称洗必泰)溶液反复冲洗胸腔,待冲洗液清澈后直接注入敏感抗生素。

## 3.3 心血管系统疾病

### 3.3.1 心肌炎

#### 3.3.1.1 概念

心肌炎是心肌炎症性疾病的总称。急性心肌炎是以伴发心肌兴奋性增强和心肌收缩机能减弱为特征的心肌局灶性和弥漫性炎症,以心肌实质变性、坏死和间质渗出、细胞浸润为病理学特征。

#### 3.3.1.2 病因

急性心肌炎通常继发或并发于某些传染病、寄生虫病、脓毒败血症和中毒病。原发性急性心肌炎在家畜中很少见。

犬的心肌炎主要见于犬细小病毒、犬瘟热病毒、流感病毒、传染性肝炎病毒等病毒感染,棒状杆菌、葡萄球菌、链球菌等细菌感染,锥虫、弓形虫、犬恶丝虫等寄生虫感染,曲霉菌等真菌感染。

牛、羊的急性心肌炎多并发于传染性胸膜肺炎、牛瘟、恶性口蹄疫、布氏杆菌病、结核病的经过中。局灶性化脓性心肌炎多继发于菌血症、败血症以及瘤胃炎肝脓肿综合征、乳房炎、子宫内膜炎等伴有化脓灶的疾病以及网胃异物刺伤心肌。

猪的急性心肌炎常并发于猪的脑心肌炎、伪狂犬病、猪瘟、猪丹毒、猪口蹄疫和猪肺疫等经过中。

另外,风湿病的经过中,往往并发心肌炎;某些药物,如磺胺类药物、青霉素以及疫苗、血清等引起的变态反应,也可诱发心肌炎。

#### 3.3.1.3 症状

由急性传染病引起的心肌炎,大多数表现为发热、精神沉郁、食欲减退或废绝。有的呈现黏膜发绀,呼吸高度困难,体表静脉怒张,颌下、垂皮和四肢下端水肿等心脏代偿能力丧失后的症状。重症患畜精神高度沉郁,全身虚弱无力,战栗,运步踉跄,甚至出现神志不清、眩晕,终因心力衰竭而突然死亡。

病初动物第一心音强盛,并伴有心音混浊或分裂;第二心音显著减弱,多伴有因心脏扩张和房室孔相对闭锁不全而引起的收缩期杂音。重症患畜出现奔马律,或有频繁的期前收缩,濒死期心音减弱。脉搏初期紧张、充实,随着病程发展,脉搏的生理性变化显著,心跳与脉搏非常不相称,心跳强盛而脉搏甚微。当病变严重时,出现明显的期前收缩,心律不齐,交替脉。

血流动力学方面表现为最大收缩压下降,心室压力上升延迟,舒张末期压力增高,心搏出量降低,静脉充盈压增高,动脉压降低。

因心肌的兴奋性增高,心电图表现为 R 波增大,收缩及舒张的间隔缩短,T 波增高,P-Q 和 S-T 间期缩短。严重期 R 波降低、变钝,T 波增高以及收缩期延长,舒张期缩短,使 P-Q 和 S-T 间期延长。致死期 R 波更小,T 波更高,S 波变得更小。

#### 3.3.1.4　病理变化

心肌炎病例的炎症反应集中于间质和血管周围的结缔组织,伴发水肿并有淋巴细胞、浆细胞、巨噬细胞和不同数量的嗜酸性粒细胞浸润,中性粒细胞一般很少见。心肌纤维的变化和变性的严重性不一致,有时病变的组织学特征却很明显。

非化脓性心肌炎初期表现为局灶性充血,浆液和粒细胞浸润,心肌脆弱,松弛,无光泽,心腔扩大。后期表现为心肌纤维变性,混浊肿胀,颗粒变性,心肌坏死、硬化,呈苍白色、灰红色或灰白色等。

局灶性心肌炎病例的心肌患病部分与健康部分相互交织,当沿着心冠横切心脏时,其切面为灰黄色斑纹,形成特异的"虎斑心"。

#### 3.3.1.5　诊断

临床上应注意心率增速与体温升高不对应,心动过速、心律异常、心脏增大、心力衰竭等。心功能试验对该病的诊断有重要价值,即先测定病畜在安静状态下的心率,然后令其做 5 min 的驱赶运动,再测定心率。病畜稍事运动,心率骤然增加,停止运动后,甚至经 2~3 min 后,心率仍继续增加,经过较长时间的休息才能恢复运动前的心率。

鉴别诊断应注意与下列疾病相区别:心包炎多伴有心包拍水音和摩擦音。心内膜炎多呈现各种心内杂音。缺血性心脏病多发生于年龄较大的动物,多为慢性经过,多数伴有动脉硬化的表现,且无感染病史和实验室证据。心肌病起病较慢,病程较长,超声心动图显示室间隔非对称性肥厚或心腔明显扩张,心肌以肥大、变性、坏死为主要病变。硒缺乏病呈地方性流行,病变主要限于心肌,心脏增大明显且长期存在,多呈慢性经过,心肌病变以变性、坏死及疤痕等为主。

#### 3.3.1.6　治疗

该病的治疗原则是加强护理,减少心脏负担,增加心脏营养,提高心脏收缩机能和治疗原发病等。

使病畜完全保持安静,尽量限制运动,停止放牧和使役,避免过度兴奋和运动,以免引起心脏机能严重衰弱和死亡。保持圈舍卫生清洁、宽敞、通风良好。给予营养丰富且易消化的饲料,如优质干草、新鲜的青贮料、麦麸粥、胡萝卜及甜菜等。同时应注意治疗原发病,可应用磺胺类药物、抗生素、血清和疫苗等。病初不宜用强心剂,以免心肌过度兴奋,导致心脏迅速衰弱,可在心区施行冷敷。对于心力衰竭者,为维护心脏的活动,改善血液循环,可用 20% 安钠咖溶液 10~20 mL,

皮下注射,每6 h重复一次。也可在用0.3%硝酸士的宁注射液(马、牛10~20 mL,皮下注射)的基础上用0.1%肾上腺素注射液3~5 mL,皮下注射或混于5%~20%葡萄糖溶液500~1000 mL缓慢静脉注射。此时,切忌使用洋地黄类强心药,因为它可延缓传导性和增强心肌的兴奋性,使心脏舒张期延长,导致心力过早衰竭,使病畜死亡。为增强心脏机能,促使心肌代谢,可静脉滴注ATP 15~20 mg,辅酶A 35~50 IU和细胞色素C 15~30 mg。

当黏膜发绀和高度呼吸困难时,为改善氧化过程,可进行氧气吸入,剂量为80~120 L,吸入速度为4~5 L/min。对尿少而明显水肿的患畜,可内服利尿素进行利尿消肿,马、牛用量为5~10 g,或用10%汞撒利注射液10~20 mL静脉注射。

#### 3.3.1.7 预防

加强饲养管理、预防感染、合理运动和使役、提高体质是预防该病的主要措施。由于心肌炎的发生与细菌、病毒等感染有关,因此,预防感染、积极治疗某些感染性疾病有重要意义,特别是避免伤风感冒,预防上呼吸道感染,可起到预防心肌炎发生的作用。平时加强家畜的饲养管理和使役,给予足够的关心和注意,使家畜增强抵抗力,防止发病。当患畜基本痊愈后,仍应加强护理,用于使役时需谨慎,以防复发。

### 3.3.2 高山病

#### 3.3.2.1 概念

高山病是指在高原低氧条件下,动物对缺氧环境适应不全而产生的高原反应性疾病。其特征为易于疲劳,生产性能下降,出现以肺动脉肥厚和高压及右心室肥大、扩张为主的充血性心力衰竭。该病以牛,尤其是1岁龄的牛最易发生,常呈慢性经过,其他动物如马、山羊、绵羊、驴等也可发生,多呈急性经过。牦牛、骡、骆驼、羊驼以及藏系绵羊对低氧环境有较强的适应性,极少发病。

高山病按其病程分为急性高山病和慢性高山病两种。急性高山病的特征是高原肺水肿。慢性高山病的特征是红细胞增多症和由低氧性肺动脉高压引起的右心充血性心力衰竭。

#### 3.3.2.2 病因

该病的发生仅限于高原地区(即海拔3000 m以上的地区),如青藏高原、云贵高原和帕米尔高原等。在高原地区,空气稀薄,氧分压低,海拔越高,大气压越低,氧分压也越低,从平原转来的家畜极难适应,易导致机体缺氧,引起循环衰竭。心肌营养不良、贫血、肺部疾病、低蛋白血症、剧烈运动和繁重的劳役,都可促使机体对缺氧的代偿失调而诱发该病。另外,高原地区的寒冷气候对高山病的发生有促进作用。

#### 3.3.2.3 症状

患牛因不适应高山低气压和低氧含量而心功能不全,表现为呼吸困难,行动无力,食欲减退,精神沉郁,被毛粗乱、无光泽,犊牛生长停滞,奶牛的乳产量急剧下降。随着病程的发展,颈静脉、胸外静脉和乳静脉怒张,皮下和腹壁较深部水肿,尤以胸骨区最为明显,故又称为胸病。多数病牛间歇性腹泻,肝浊音区扩大,常在右侧肋弓后上方触及肝脏。心率加快,心音增强,当有心包积水时,心音遥远,心浊音区扩大。休息时,呼吸快而深,运动后结膜发绀,病牛体温正常,若并发肺炎,则体温升高,呼吸困难加剧,最终因心力衰竭而死亡。

患马症状轻者精神沉郁,结膜潮红,呈树枝状充血,脉搏加快,呼吸增数,采食缓慢,食欲减退。严重者精神高度沉郁,全身无力,步态不稳,体躯摇晃,肌肉震颤,结膜高度发绀。有的病马出现短时间的兴奋不安,心率加快,肺动脉瓣第二心音更加明显。随着心衰的发生,变为第一心音增强,第二心音减弱,有时出现心律失常和缩期杂音。脉搏细微,浅表静脉怒张;有明显的颈静脉搏动,搏动波常可达到耳根下部。病马呼吸浅快,鼻翼开展。并发肺水肿时,肺部可听到广泛性水泡音。最严重者突然倒地,四肢呈强直性痉挛或游泳样划动,在短时间内死亡。

实验室检查发现,犊牛从海拔 400 m 移至海拔 4500 m,2 周后红细胞数增加 22%,血红蛋白含量增加 32%,红细胞比容增加 34%,粒细胞数增加 21%,凝血时间延长 17%,凝血酶原时间延长 7%,血小板数减少 8%,血块收缩时间缩短 22%,血液 pH 增高,血浆黏滞度明显增高。

#### 3.3.2.4 病理变化

患畜腹下水肿,胸腔和腹腔积液,心脏增大,顶端变圆,左右心室心肌肥厚,急性扩张,且右心室重量增加,肝脏肿大,边缘钝圆,被膜呈不规则增厚,切面为红黄相间的槟榔样外观,肝小叶中央静脉周围有明显的纤维组织沉积。肺动脉中膜肌层肥厚和外膜增生,同时肺性高血压还可导致血管内皮损伤、血栓形成、内膜增生以及中膜钙盐沉着等。死亡的病畜往往可发现肺动脉破裂,破裂口在根部时,整个心包腔充满暗红色凝血块,体积增大;破裂口在肺动脉出口 5~10 cm 处时,胸腔中积聚大量凝血块,同时伴有急性失血性贫血的病变。

#### 3.3.2.5 诊断

根据病畜胸下水肿、腹水、颈静脉怒张、肝肿大、肺动脉压升高等可作出诊断。对牛高山病的确诊,应根据右心室心肌增厚、右心室腔扩大以及肺小动脉中层肌肉增厚等进行判断。该病应与伴有充血性心力衰竭的牛创伤性心包炎、心肌炎、瓣膜性心内膜炎、先天性心脏缺陷、幼畜白肌病以及侵害心肌的淋巴瘤等疾病相鉴别。

#### 3.3.2.6 治疗

该病的治疗原则是改善机体的缺氧状态,维持心脏的储备能力,促进代偿机能。发现该病后应对病畜进行保暖,防止感染,保持休息或持续吸氧或输氧,并尽快将病畜转移到海拔较低的地区。对于发生充血性心力衰竭的病畜,应给予洋地黄等强心剂、高血糖素、尼可刹米、利尿剂及抗生素等。

#### 3.3.2.7 预防

从育种着手,选择易适应高原的优良品种作为种备。在进入高原前,选择健康家畜,采取逐步登高、分段适应的措施,切忌过重使役和剧烈运动。在严寒季节应注意防寒保暖,并配合使用药物进行预防。

### 3.3.3 心力衰竭

#### 3.3.3.1 概念

心力衰竭又称心脏衰竭和心功能不全,是心肌收缩力突然减弱或衰竭,心排血量减少,并导致全身血液循环障碍的一种综合征。该病可发生于各种动物。

#### 3.3.3.2 病因

原发性心力衰竭主要发生于急剧并过度的劳役过程中,尤其是饱食逸居的家畜突然进行重剧劳役,或见于大量或快速输入对心血管有刺激的药物(如钙和砷制剂)。继发性心力衰竭多见于急性传染病、寄生虫病(如弓形虫病)、中毒、各种急性心脏病和急性失血的过程中。慢性心力衰竭者,除长期重剧使役外,常继发于心包炎、心肌炎和心脏瓣膜病,以及导致血液循环障碍的疾病。

#### 3.3.3.3 症状

轻型病例表现为呼吸急速、精神沉郁、倦怠、出汗、脉搏增加、心悸亢进等。重型病例表现为精神极度沉郁、黏膜高度发绀、体表静脉怒张、呼吸高度困难,肺部听诊有广泛的湿性啰音。心搏动增强,甚至振动胸壁及全身,第一心音增强,常带金属音,第二心音减弱,脉搏细弱,达 100 次/分或以上,体温降低后,最终多死亡。继发性心力衰竭者一般症状出现缓慢,少数呈突然发作。

#### 3.3.3.4 治疗

病畜立即安静休息,专人护理,少量多次地饲喂柔软、易消化的饲料。为减轻心脏负担,可以酌情放血 1000～2000 mL(贫血病例除外),随后缓慢静脉注射 20%～25% 葡萄糖溶液 500～1000 mL,可加胰岛素 100 IU、10% 氯化钾溶液 30 mL,或使用能源合剂(ATP 300～500 mg、辅酶 A 500 mg、细胞色素 C 300 mg 和维生素 $B_6$ 1 g),加入 25% 葡萄糖溶液中,每日静脉注射 1 次。增强心肌收缩力,选择性使用洋地黄毒苷液,马、牛 5～10 mL,静脉注射;心脏机能仍未好转者,将 0.1% 肾上腺素 3～5 mL 加入 25% 葡萄糖溶液 500 mL 中,静脉注射。重症病畜表现为心动过速时,用复方奎宁注射液,马、牛 10~20 mL,每日 2~3 次,肌内注射。继发于传染和中毒者,用 20%樟脑油 10~20 mL。可采取以下措施对症治疗:缓解呼吸困难,静脉注射双氧水;镇静和扩张血管,用氯丙嗪、异丙肾上腺素等。

### 3.3.4 循环虚脱

#### 3.3.4.1 概念

循环虚脱又称外周循环衰竭,也称为休克,是由血管舒缩功能紊乱或血容量不足而引起心排血量减少、组织灌注不良的一系列全身性临床综合征。由血管舒缩功能引起的外周循环衰竭,称为血管源性虚脱;由血容量不足引起的外周循环衰竭,称为血液源性虚脱。循环虚脱的临床特征为心动过速、血压下降、低体温、末梢部厥冷、浅表静脉塌陷、肌肉无力乃至昏迷和痉挛。该病是与心力衰竭完全不同的血管功能不全性疾病。

#### 3.3.4.2 病因

血液总量减少,见于各种原因引起的急性大失血,如严重创伤或外科手术引起的出血过多,大血管破裂、肝脾破裂等造成的内出血;体液丧失,如严重的呕吐、腹泻、胃肠变位和反刍兽瘤胃乳酸中毒,某些疾病引起的高热或大量出汗而又没有及时补液,造成机体的严重失水;血浆丧失,主要见于大面积烧伤,因毛细血管通透性增高,大量血浆从创面渗出。

血管容量增大见于严重感染、中毒和过敏反应,如某些急性传染病(如炭疽和出血性败血症)、肠道菌群严重失调的疾病、胃肠破裂引起的穿孔性腹膜炎、严重的创伤感染和脓毒败血症。病原微生物及其毒素,特别是革兰阴性菌产生的毒素的侵害,使小血管扩张、血管容量增大而发生循环虚脱。注射血清和其他生物制剂,使用青霉素、磺胺类药物产生的过敏反应,血斑病和其他过敏性疾病的过程中,产生大量血清素、组胺、缓激肽等物质,引起周围血管扩张和毛细血管床扩大,血容量相对减少。另外,剧痛和神经损伤,如手术、外伤和其他伴有剧烈疼痛的疾病、脑脊髓损伤、麻醉意外等,使交感神经兴奋或血管运动中枢麻痹,周围血管扩张,血容量相对降低。

心排血量减少主要见于各种原因引起的心力衰竭。由于心收缩力减弱,心排血量减少,因此,有效循环血量减少而发生循环虚脱。

#### 3.3.4.3 症状

病畜初期精神轻度兴奋,烦躁不安,汗出如油,耳尖、鼻端和四肢下端发凉,黏膜苍白,口干舌红,心率加快,脉搏快弱,气促喘粗,四肢与下腹部轻度发绀,显示花斑纹状,呈玫瑰紫色,少尿或无尿。随着病情的发展,病畜精神沉郁,反应迟钝,甚至昏睡,血压下降,脉搏微弱,心音混浊,呼吸疾速,节律不齐,站立不稳,步态跟跄,体温下降,肌肉震颤,黏膜发绀,眼球下陷,全身冷汗黏手,反射机能减退或消失,呈昏迷状,病势垂危。病畜后期血液停滞,血浆外渗,血液浓缩,血压急剧下降,微循环衰竭,第一心音增强,第二心音微弱,甚至消失,脉搏短缺。呼吸浅表疾速,后期出现陈-施氏呼吸或间断性呼吸,呈现窒息状态。

因发病原因不同,临床上常出现各种特殊症状。因血容量减少引起的循环虚脱表现为结膜高度苍白,呈急性失血性贫血现象;因剧烈呕吐和腹泻引起的循环虚脱表现为皮肤弹性降低,眼球凹陷,血液浓缩,发生脱水症状;因严重感染引起的循环虚脱表现为广泛性水肿、出血和原发性疾病的相应症状;因过敏引起的循环虚脱者往往突然发生强直性痉挛或阵发性痉挛,出现排尿、排粪失禁,呼吸微弱等变态反应。

#### 3.3.4.4 病理变化

剖检可见全身各器官都有明显的病理学变化。心脏扩张,心脏内充盈血液,毛细血管充血,肠壁淤血、出血,全身静脉淤血,特别是肝、脾、肾的静脉淤血,肺水肿和淤血,胃肠黏膜坏死。镜检可见心肌细胞溶解、凝固性坏死和收缩带状坏死;肺泡内和间质水肿、出血,肺泡壁上皮细胞脱落,透明膜和微血栓形成;肾小囊囊腔扩张,肾小管上皮细胞坏死、脱落,肾小管内有透明管型和颗粒管型。

#### 3.3.4.5 诊断

根据失血、失水、严重感染、过敏反应或剧痛的手术和创伤等病史,结合黏膜发绀或苍白、四肢厥冷、血压下降、尿量减少、心动过速、烦躁不安、反应迟钝、昏迷或痉挛等临床表现,可以作出诊断。应注意与心力衰竭相鉴别。

循环虚脱时,静脉回心血量不足,使浅表大静脉充盈不良而塌陷,颈静脉压和中心静脉压低于正常值;心力衰竭时,因心肌收缩功能减退,心脏排空困难,使静脉血回流受阻而发生静脉系统淤血,浅表大静脉过度充盈而怒张,颈静脉压和中心静脉压明显高于正常值。

血液学检查可见血糖和血液乳酸增高,二氧化碳结合力降低。肾功能减退时可有血清尿素氮、非蛋白氮和血钾增高。肝功能减退时血清转氨酶和乳酸脱氢酶活性增高。动脉血氧饱和度、静脉血氧含量下降。肺功能衰减时动脉血氧分压显著降低。失血性休克时红细胞和血红蛋白数量降低,失水性休克时血液浓缩,红细胞数增高,粒细胞数一般增高。有出血倾向和弥散性血管内凝血者,血小板数减少,纤维蛋白原降低,凝血酶原时间延长。

#### 3.3.4.6 治疗

该病的治疗原则是补充血容量,纠正酸中毒,调整血管舒缩机能,保护重要脏器功能以及采用抗凝血治疗,加强护理。

(1)补充血容量:常用乳酸钠林格氏液(0.167 mol/L 乳酸钠与林格氏液按

1∶2混合)静脉注射,同时给予10%低分子右旋糖酐(相对分子质量为20000～40000)溶液1500～3000 mL,可维持血容量,防治血管内凝血。也可注射5%葡萄糖生理盐水、生理盐水、葡萄糖溶液等。通过测定中心静脉压监控补液量,以防引起肺水肿或并发症,或者根据体况按每千克体重20～40 mL补液,也可根据皮肤皱褶试验、眼球凹陷程度、尿量、红细胞比容来判断和计算补液量。

(2)纠正酸中毒:用5%碳酸氢钠注射液,牛、马1000～1500 mL,猪、羊100～200 mL,静脉注射;用11.2%乳酸钠溶液,牛、马300～500 mL,与5%葡萄糖生理盐水500～1000 mL一起静脉注射;在乳酸钠林格氏液中按0.75 g/L加入碳酸氢钠,与补充血容量同时进行,纠正酸中毒。

(3)调整血管舒缩机能:使用α-肾上腺素能受体阻断剂(如氯丙嗪和苄胺唑啉)、β-肾上腺素能受体兴奋剂(如异丙肾上腺素和多巴胺)、抗胆碱能药(如山莨菪碱和阿托品)等扩张血管药有较好的效果。常用山莨菪碱100～200 mg静脉滴注,每隔1～2 h重复用药一次,连用3～5次;若病情严重,则可按每千克体重1～2 mg静脉注射,待病畜黏膜变红、皮肤升温、血压回升时,可停药。皮下注射硫酸阿托品,马、牛0.08 g,羊0.05 g,可缓解血管痉挛,增加心排血量,升高血压,兴奋呼吸中枢。肌内或静脉注射氯丙嗪(每千克体重0.5～1.0 mg),可扩张血管,镇静安神,适用于精神兴奋、烦躁不安、惊厥的病畜。如果病畜的血容量已补足,循环已改善,但血压仍低,可用异丙肾上腺素或多巴胺。异丙肾上腺素,马、牛2～4 mg,每1 mg混于5%葡萄糖注射液1000 mL内,开始以30滴/分左右的速度静脉滴注,如发现心动过速、心律失常等,应缓慢或暂停滴入。多巴胺,马100～200 mg,牛60～100 mg,加到5%葡萄糖溶液或生理盐水中静脉滴注。

(4)保护重要脏器功能:对处于昏迷状态且伴发脑水肿的病畜,为降低颅内压,改善脑循环,可用25%葡萄糖溶液静脉注射,马、牛500～1000 mL,猪、羊40～120 mL;20%甘露醇注射液静脉注射,马、牛1000～2000 mL,猪、羊100～250 mL,每隔6～8 h重复注射一次。当出现陈-施氏呼吸时,可用25%尼可刹米注射液皮下注射,马、牛10～15 mL,猪、羊1～4 mL,以兴奋呼吸中枢,缓解呼吸困难。当肾衰竭时,给予双氢克尿噻,马、牛0.5～2.0 g,猪、羊0.05～0.1 g,犬25～50 mg,内服。此外,为了改善代谢机能,恢复各重要脏器的组织细胞活力,增加治疗效果,还应考虑应用三磷酸腺苷、细胞色素C、辅酶A、肌苷等制剂。

(5)采用抗凝血治疗:为了减少微血栓的形成,可将肝素(每千克体重0.5～1.0 mg)溶于5%葡萄糖溶液,静脉注射,每4～6 h一次。应用肝素后,如果发生出血加重,可缓慢注射鱼精蛋白(1 mg肝素用1 mg鱼精蛋白)对抗。在发生弥散性血管内凝血时,一般禁用抗纤溶制剂。当纤溶过程过强,且与大出血有关时,可在使用肝素的同时,给予抗纤维蛋白溶解酶制剂。

(6)加强护理:避免受寒、感冒,保持安静,避免刺激,加强饲养管理,提供饮用温水。病情好转时,给予大麦粥、麸皮或优质干草等,以增加营养。

## 3.4 泌尿系统疾病

### 3.4.1 肾炎

#### 3.4.1.1 概念

肾炎是指肾小球、肾小管和肾间质组织发生的炎症性病理变化。该病的主要特征是肾区敏感、尿量减少,尿液含有病理产物,走路姿势异常。临床上分为急性肾炎、慢性肾炎和间质性肾炎。其中急性肾炎是肾实质发生的急性炎症过程,其病理损害主要在肾小球;慢性肾炎是指肾小球发生弥漫性炎症,肾小管发生变性,肾间质组织发生细胞浸润的一种慢性肾脏炎症过程;间质性肾炎又称肾硬化,是肾脏间质结缔组织增生,导致实质受压而萎缩,肾体积变小、变硬的一种慢性疾病。

#### 3.4.1.2 病因

肾炎多继发于某些传染病的经过之中,如炭疽、口蹄疫、败血症等。肾炎也可见于外源性毒物中毒,如外源性有毒植物、霉败变质饲料、被农药和重金属污染的饲料和饮水等中毒;或内源性毒物中毒,如误食有强烈刺激性的药物(如松节油)。内源性毒物主要是重剧性胃肠炎、代谢性障碍疾病、大面积烧伤等疾病所产生的毒素和组织分解产物,经肾脏排出时可致病。过劳、创伤、营养不良和感冒均为肾炎的诱发因素。肾间质对某些药物呈现超敏反应,可引起药源性肾炎,如二甲氧苯青霉素、氨苄青霉素、先锋霉素及磺胺类药物。

#### 3.4.1.3 症状

(1)急性肾炎:主要症状表现在泌尿系统和尿液的变化。病畜尿液减少甚至无尿,尿蛋白检查阴性,尿液呈一种比重高、浓稠、黏液样的浑浊物,多混有血液。尿沉渣检查可见红细胞、白细胞、管型等。病畜表现为排尿困难,膀胱常空虚,触诊肾区敏感。严重的急性肾炎表现为尿毒症,呼吸困难,呼出气体和皮肤带有尿味,机体衰弱、昏迷,全身肌肉痉挛。体温升高,背腰拱起,运步强拘。后期病例眼睑、胸腹下部水肿。脉搏强而硬,第二心音增强。

(2)慢性肾炎:全身症状不明显,病畜食欲减退,易疲劳,黏膜苍白,逐渐消瘦。后期可能出现水肿。尿量不定,比重增高,尿蛋白含量增加,尿沉渣中有多量肾上皮细胞、管型以及少量红细胞和白细胞。直肠内触诊发现肾脏坚硬,压痛不明显。

(3)间质性肾炎:以多尿为主要特征,尿比重降低,尿中含少量的病理性尿沉渣。后期病例尿量减少,皮下水肿。出现持续性的高血压,心脏肥大,第二心音增强。直肠内触诊发现肾脏体积缩小、硬实、无压痛。

#### 3.4.1.4 治疗

该病的治疗原则是加强护理,消除炎症,利尿和尿路消毒,对症处理。

将病畜置于干燥、温暖、阳光充足、通风良好的环境中,给予富含营养、易消化、无刺激性的糖类饲料,适当控制饮水和食盐。青霉素和链霉素合用有助于消除炎症。可用醋酸泼地松或氢化可的松抑制免疫反应。用双氢克尿噻和利尿素利尿消毒。当心脏衰弱时,可用强心剂,如安钠钾和洋地黄,出现尿毒症时,应补碱输液。

### 3.4.2 肾病

#### 3.4.2.1 概念

肾病是指肾小管上皮发生弥漫性变性、坏死的一种非炎性肾脏疾病。其病理变化特征是肾小管上皮混浊肿胀,上皮细胞弥漫性脂肪变性与淀粉样变性及坏死,通常肾小球的损害轻微。临床上以大量蛋白尿、明显水肿和低蛋白血症为特征,但不见血尿及血压升高现象。

#### 3.4.2.2 病因

肾病主要发生于传染性胸膜肺炎、流行性感冒、鼻疽、口蹄疫、结核病、猪丹毒等某些急性或慢性传染病过程中;某些有毒物质的侵害,如化学毒物(如汞、磷、砷、氯仿、吖啶黄等)中毒;霉菌毒素中毒,如采食霉败饲料;体内的有毒物质中毒,如消化道疾病、肝脏疾病、蠕虫病、大面积烧伤和化脓性炎症等疾病产生的内毒素中毒及严重的妊娠中毒、原发性酮病等。马肌红蛋白尿症、出血性贫血、大面积烧伤和其他引起大量游离血红蛋白与肌红蛋白的疾病可引起低氧性肾病。其他如低血钾可引起空泡性肾病(又称为渗透性肾病);犬和猫的糖尿病,常因糖沉着于肾小管上皮细胞,尤其是沉积于髓质外层与皮质最内层而导致糖原性肾病;禽痛风时,因尿酸盐沉着于肾小管而导致尿酸盐肾病。

#### 3.4.2.3 症状

急性肾病时,由于肾小管上皮受损严重而发生高度肿胀,且被坏死细胞阻塞,临床可见少尿或无尿,尿液浓缩,色深,密度增高。肾小管上皮变性,导致重吸收机能障碍,尿中可见大量蛋白质,当尿液呈酸性反应时,可见少量颗粒及透明管型。蛋白质大量丢失,导致血浆胶体渗透压降低,出现低蛋白血症,体液潴留于组织而发生水肿。临床可见面部、肉垂、四肢和阴囊水肿,严重时胸腔、腹腔出现积液。病程较长或严重时,病畜通常伴有微热、沉郁、厌食、消瘦及营养不良。重症晚期出现心率减慢、脉搏细弱等尿毒症症状。

慢性肾病时,尿量及比重均不见明显变化。但因慢性肾病导致肾小管上皮细胞严重变性及坏死时,临床上可出现尿液增多,比重下降,并在眼睑、胸下、四肢、阴囊等部位出现广泛水肿。

#### 3.4.2.4 病理变化

肾肿大,被膜易剥离,表面呈苍白色或灰白色,质地稍软或柔软,切面皮质增厚,散在灰白色条纹,皮质与髓质分界模糊,肾小球一般不易辨认。

#### 3.4.2.5 诊断

该病的诊断依据为蛋白尿,沉渣中有肾上皮细胞、透明及颗粒管型,但无红细胞和红细胞管型。血中尿素氮及 γ-谷氨酰转移酶升高。鉴别诊断应与肾炎相区别。肾炎除有低蛋白血症、水肿外,尿液检查还可发现红细胞、红细胞管型及血尿。肾炎病例的肾区疼痛明显。

#### 3.4.2.6 治疗

该病的治疗原则是改善饲养管理,消除病因,控制感染,利尿,防止水肿及对症治疗。

适当饲喂高蛋白饲料以补充机体丧失的蛋白质,纠正低蛋白血症。为防止水肿,应适当地限制饮水和饲喂食盐。在药物治疗上应消除病因,如可选用抗生素(如喹诺酮类药物)控制感染;采取相应的治疗措施治疗中毒性疾病。清除水肿,可选用利尿剂。如用速尿静脉注射或口服,其用量可根据水肿程度及肾功能情况而定,一般用量为:犬、猫5~10 mg,牛、马每千克体重0.25~0.5 g,1~2次/日,连用3~5天。双氢克尿噻口服,牛、马0.5~2 g,猪、羊0.05~0.1 g,1~2次/日,连用3~4天,同时应补充钾盐。也可选用乙酰唑胺内服,犬100~150 mg,3次/日,或用氯噻嗪、利尿素等利尿药。补充机体蛋白质,促进蛋白质的生成,可应用丙酸睾酮肌内注射,马、牛0.1~0.3 g,羊、猪0.05~0.1 g,间隔2~3天一次。或用苯丙酸诺龙肌内注射,马、牛0.2~0.4 g,羊、猪0.05~0.1 g。常在治疗效果不满意时应用免疫抑制剂治疗,以提高疗效。可选用环磷酰胺,该药物作用于细胞内DNA或mRNA,影响B淋巴细胞的抗体生成,减弱免疫反应。调整胃肠道机能,可投服缓泻剂,以清理胃肠,或给予健胃剂,以增强消化机能。

### 3.4.3 尿石症

#### 3.4.3.1 概念

尿石症又称尿结石,是指尿路中盐类结晶凝结成大小不一、数量不等的凝结物,刺激尿路黏膜,导致频繁排尿,引起出血性炎症(血尿)和泌尿路阻塞的一种疾病。临床上以腹痛、排尿障碍和血尿为特征。各种动物均可发生尿石症,主要发生于公畜。

#### 3.4.3.2 病因

长期饲喂高钙、低磷和富硅、富磷的饲料,可促进尿石形成。如我国各地引进的波尔山羊,因过多地饲喂精料而引起尿石症;如犬、猫偏食鸡肝、鸭肝等易引起尿石症。饮水不足是尿石形成的另一重要原因。在严寒季节,舍饲的水牛饮水量减少,是促进尿石症发生的重要原因之一;在农忙季节,过度使役,加之饮水不足,使尿液中某些盐类浓度增高。与此同时,由于尿液浓稠,尿中黏蛋白浓度增高,可促进结石的形成。肾和尿路感染时,脱落的上皮细胞及炎性反应产物增多,为尿石形成提供更多的作为晶体沉淀核心的基质。维生素 A 缺乏可导致尿路上皮组织角化,促进尿石形成。其他因素如甲状旁腺机能亢进、长期周期性尿液潴留、长期过量应用磺胺类药物、尿液的 pH 改变、阉割后小公牛雄性激素减少对泌尿器官发育的影响等,均可促进尿石的形成。

### 3.4.3.3 症状

病畜排尿困难,频频做排尿姿势,叉腿、拱背、缩腹、举尾、阴户抽动、努责、嘶鸣,线状或点滴状排出混有脓汁和血凝块的红色尿液。当结石阻塞尿路时,病畜排出的尿流变细或无尿排出而发生尿潴留。因阻塞部位和阻塞程度不同,其临床症状也有一定差异。当结石位于肾盂时,多呈肾盂肾炎症状,有血尿。阻塞严重时,有肾盂积水,病畜肾区疼痛,运步强拘,步态紧张。当结石移行至输尿管并发生阻塞时,病畜腹痛剧烈。直肠内触诊可触摸到其阻塞部近肾端的输尿管显著紧张且膨胀。膀胱结石时,可出现疼痛性尿频,排尿时病畜呻吟,腹壁抽缩。公牛的尿道结石多发生于乙状弯曲或会阴部。

当尿道不完全阻塞时,病畜排尿痛苦且排尿时间延长,尿液呈滴状或线状流出,有时有血尿。当尿道完全被阻塞时,则出现尿闭或肾性腹痛现象,病畜频频举尾,屡做排尿动作但无尿排出。尿路探诊可触及尿石所在部位,尿道外部触诊时,病畜有疼痛感。直肠内触诊发现膀胱内充满尿液,体积增大。若长期尿闭,则可引起尿毒症或发生膀胱破裂。结石未引起刺激和阻塞作用时,常不表现出任何临床症状。

### 3.4.3.4 病理变化

可在肾盂、输尿管、膀胱或尿道内发现结石,其大小不一,数量不等,有时附着在黏膜上,有时呈游离状态。阻塞部黏膜可见损伤、炎症、出血乃至溃疡。

当尿道破裂时,其周围组织出血和坏死,并且皮下组织被尿液浸润。在膀胱破裂的病例中,腹腔充满尿液。

### 3.4.3.5 诊断

饲料化学组成、饮水来源、饲养方法、地方流行性等情况,可为诊断提供重要线索。临床上出现尿闭和排尿障碍等一系列表现,如不断呈现排尿姿势、尿痛、尿淋漓、血尿、直肠内或体外触诊时膀胱充满尿液,或尿沉渣中发现细沙粒样石子,手捏呈粉末状。X线检查,特别是对犬、猫等小动物进行检查,可在肾脏、膀胱或尿道发现结石。

分析饲料营养成分,尤其是对尿石或尿沉渣晶体的化学成分通过X线衍射分析、X线能谱分析、红外线分析等技术进行确认,有利于对病因及尿石形成机理进行分析,有助于作出病因学诊断,为有效预防提供理论依据。

非完全阻塞性尿石症可能与肾盂肾炎或膀胱炎相混淆,需要通过直肠触诊进行鉴别。犬、猫等小动物可借助X线影像显示进行鉴别,尿道探诊不仅可以确定是否有结石,还可以判断尿石部位。

#### 3.4.3.6 治疗

该病的治疗原则是消除结石,控制感染,对症治疗。

消毒导尿管,涂擦润滑剂,缓慢插入尿道或膀胱,注入消毒液体,反复冲洗。该方法适用于消除粉末状或沙粒状结石。当尿石症严重时,可使用2.5%氯丙嗪溶液肌内注射,牛、马10~20 mL,猪、羊2~4 mL,猫、犬1~2 mL。一旦尿结石生成,并造成堵塞,多数采用外科摘除结石手术。若不采用对因防治方法,即使通过外科手术摘除了结石,患畜仍有可能生成新的结石。

中兽医称尿路结石为"沙石淋"。根据清热利湿,通淋排石,病久者肾虚并兼顾扶正的原则,一般多用排石汤(石苇汤)加减。

#### 3.4.3.7 预防

合理调配饲料日粮,特别注意日粮中钙、磷、镁的平衡,尤其是钙、磷的平衡。当饲喂大量谷皮饲料(含磷量较高)时,应适当增加豆科牧草或豆科干草的饲喂量。饲喂羊时,应注意限制日粮中精料的饲喂量,尤其是蛋白质的饲喂限量。因为精料饲喂过多,尤其是高蛋白日粮,不但使日粮中钙、磷比例失调,而且增加尿液中黏蛋白的数量,自然会增加尿石症发生的几率。注意饲喂富含维生素A的饲料。

保证有充足的饮水,充足的饮水可稀释尿液中盐类的浓度,减少其析出沉淀的可能性,从而预防尿结石生成。平时应适当增喂多汁饲料或增加饮水,以稀释尿液,减少对泌尿器官的刺激,并保持尿中胶体与晶体的平衡。

饲养犬、猫时,建议饲喂商品日粮,宠物偏食鸡肝和鸭肝的习惯应予以纠正,一旦发生尿石症,可根据尿结石化学成分的特点,饲喂有防病作用的商品日粮。

### 3.4.4 尿毒症

#### 3.4.4.1 概念

尿毒症是指肾衰竭发展到严重阶段、代谢产物和毒性物质在体内蓄积而引起机体中毒的全身综合征。临床上常发生在泌尿器官疾病的晚期,可出现神经、消化、循环、呼吸、泌尿和骨骼等系统的一系列特征性症状。各种动物均可发病。

#### 3.4.4.2 病因

尿毒症为继发综合征,主要是由各种原因导致的急性或慢性肾衰竭所引起,或者是由慢性肾炎、慢性肾盂肾炎等各种肾脏疾病所引起。

#### 3.4.4.3 症状

真性尿毒症主要是由含氮产物如胍类等毒性物质在血液和组织内大量蓄积而引起。病畜表现为精神沉郁、厌食、呕吐、意识障碍、嗜睡、昏迷、腹泻、胃肠炎和呼吸困难,严重时呈现陈-施氏呼吸,呼气有尿味;还可见到出血性素质、贫血和皮肤瘙痒现象;血液非蛋白氮显著升高。

假性尿毒症是由其他(如胺类、酚类等)毒性物质在血液内大量蓄积而引起,可导致脑血管痉挛,引起脑贫血,故又称抽搐性尿毒症或肾性惊厥。临床上主要表现为突发性癫痫样抽搐及昏迷,病畜呕吐、流涎、厌食、瞳孔散大、反射增强、呼吸困难,并呈阵发性喘息,卧地不起,衰弱而死亡。

#### 3.4.4.4 诊断

根据症状、病史调查、血液和尿液的检验结果进行综合判断,可作出诊断。

#### 3.4.4.5 治疗

该病的治疗原则是加强饲养管理,减少日粮蛋白质和氨基酸的含量,补充维生素是防止尿毒症进一步发展的重要措施。

缓解酸中毒,纠正酸碱失衡,可静脉注射碳酸氢钠,一次注射量为:牛、马 5～30 g,猪、羊 2～6 g,猫 0.5～1.5 g。纠正水与电解质紊乱,应及时静脉输液。为促进蛋白质合成,减轻氮质血症,可采用透析疗法,以清除体内毒性物质。

### 3.4.5 急性肾衰竭

#### 3.4.5.1 概念

急性肾衰竭又称急性肾功能不全,是指由多种原因造成的急性肾实质损害而导致的肾功能抑制。临床上以发病急、少尿或无尿、代谢紊乱、血肌酐急剧升高和尿毒症等为主要特征。急性肾衰竭可分为肾前性急性肾衰竭、肾后性急性肾衰竭和肾实质性急性肾衰竭。

#### 3.4.5.2 病因

该病的病因包括:外伤或手术造成的大出血,急性左心衰竭,严重的呕吐、腹泻失去大量水分等引起的肾脏严重缺血;由某些化学毒物(如氯仿、磺胺类药物等)和生物毒素(如蛇毒和生鱼胆汁)等因素引起的肾脏中毒。

#### 3.4.5.3 症状

多数病例少(无)尿期可持续 15 天左右。患病犬、猫在原发病的基础上,排尿明显减少或无尿;由于水、盐及代谢产物排泄障碍而出现水肿、心力衰竭、高钾血症(肾排泄过少,酸中毒及组织分解过快也是主要原因)、低钠血症(主要由水潴留过多引起)、代谢性酸中毒(肾脏排酸能力减弱而肾衰常合并高分解代谢状态,使酸性产物明显增多)和氮质血症,且易发生感染。此外,还表现为厌食、呕吐、消化道出血等,少数出现肝功能衰竭、黄疸等,多为预后不良征象。多尿期常持续1~3周。若能度过少尿期,则尿量开始增加,但水及氮质代谢产物潴留依然显著,由于钾排出过快而发生低钾血症;有些犬、猫出现心力衰竭、后肢瘫痪等症状。患病犬、猫多死于该期,亦称危险期。耐过者水肿开始消退,症状逐渐好转。经过多尿期后,尿量逐渐恢复正常,但患病犬、猫体力消耗严重,常表现为肌无力、萎缩等。恢复期的长短取决于肾实质的病变程度。重症者肾小球滤过功能长期不能恢复,可转为慢性肾衰竭。

#### 3.4.5.4 实验室检验

尿液检验可见少尿期的尿量少,尿比重初期高于1.025,尿钠浓度高,尿中可见红细胞、白细胞、各种管型及蛋白质。多尿期尿比重降低,尿中可见白细胞。血液检验可见白细胞总数及中性粒细胞比例升高。血中肌酐、尿素氮、磷酸盐、钾含量升高,血清钠、氯及$CO_2$结合力降低。肾造影可见造影剂排泄缓慢,超声波检查可确定肾后性梗阻。给少尿的犬、猫补液200~1000 mL后,静脉注射速尿,若仍无尿或尿比重降低,则可判定为急性肾衰竭。

#### 3.4.5.5 诊断

根据病史和临床症状,结合实验室检验结果可作出诊断。

#### 3.4.5.6 治疗

该病的治疗原则是积极救治,防止休克和脱水,及时补液,纠正酸中毒和渐缓氮质血症。

少尿期主要采取纠正血流动力学障碍,避免产生和处理各种内源性和外源性肾毒性物质两种措施,包括补液、输注血浆或白蛋白、应用洋地黄、控制感染等。外源性肾毒性物质主要包括抗生素、磺胺类药物、非甾体抗炎药、造影剂、重金属等。产生内源性肾毒性物质的疾病主要包括高尿酸血症、肌红蛋白尿、血红蛋白尿及高钙血症等。此外,使用小剂量多巴胺可扩张血管,提高肾血流量,增加肾小球滤过率。少尿期可使用速尿。

多尿期的重点是维持水、电解质和酸碱平衡,控制氮质血症,治疗原发病和防止各种继发症。适当补钾、补液(尽可能通过胃肠道补充);增加食物中蛋白质含量,以利于肾脏细胞的修复和再生。

血尿素氮含量为20 mg/dL,可作为恢复期的标志。恢复期一般不需要特殊治疗,避免使用肾毒性药物。

### 3.4.6 慢性肾衰竭

#### 3.4.6.1 概念
慢性肾衰竭是指功能肾组织长期或严重丧失,承担肾功能的肾单位绝对数减少,不能维持机体内环境的相对平衡的临床病症。临床特征表现为机体内多种物质代谢紊乱。

#### 3.4.6.2 病因
慢性肾衰竭多由急性肾衰竭转化而来。

#### 3.4.6.3 症状
慢性肾衰竭时常有钠、水潴留,如果摄入过量的钠和水,易引起体液过多,而发生水肿、高血压和心力衰竭。水肿时常有低钠血症,这是渗入过多水的结果(稀释性低钠血症)。慢性肾衰竭时,残余的每个肾单位的远端小管排钾都增加;此外,肠道也能增加钾的排泄。但由于机体调节能力较强,血钾多正常。尿毒症时发生高钾血症,可导致心率失常、肌无力和麻痹。慢性肾衰竭时,代谢产物如磷酸、硫酸等酸性物质因肾的排泄障碍而潴留,肾小管分泌 $H^+$ 的功能缺陷和肾小管制造 $NH_4^+$ 的能力差,因而造成血阴离子间隙增加,而血 $HCO_3^-$ 浓度下降,这是尿毒症酸中毒的特征,表现为呼吸加深、食欲减退、无力、呕吐,严重者昏迷、心力衰竭和血压下降。血钙常降低,但通常不引起症状。由于肾不能生成 1,25-二羟维生素 $D_3$,因此钙从肠道中吸收减少。慢性肾衰竭时血磷升高,高血磷可使钙沉积于软组织,引起软组织钙化。血钙降低刺激甲状旁腺素(PTH)分泌增加,而肾脏是 PTH 降解的主要场所,因而慢性肾衰竭常继发甲状旁腺机能亢进。肾脏排镁减少导致高镁血症,但通常无症状,也不要使用含镁的药物,如抗酸药、泻药等。

慢性肾衰竭表现为高血压(与钠水潴留和肾素增高有关)、心力衰竭(与钠水潴留和高血压有关)、心包炎(尿毒症性)、酸中毒(导致呼吸深长)和肺水肿;贫血[肾脏产生的红细胞生成素(EPO)减少]、出血倾向(由某些尿毒症毒素引起)、白细胞减少;乏力、抑郁、神经肌肉兴奋性增加,对外界反应淡漠、惊厥、昏迷等;皮肤瘙痒可能与钙在皮肤以及神经末梢沉积和继发性甲状旁腺机能亢进有关;此外,还出现肾性骨营养不良、内分泌失调、易并发感染、代谢失调(如体温低和高尿酸血症)等。

#### 3.4.6.4 诊断
对患病犬、猫,应每天监测饮水量、排尿量和尿液与血浆中的尿素氮与肌酐比,低于 30∶1 时应引起警惕。

#### 3.4.6.5 治疗
该病的治疗原则是控制病程的发展,恢复代偿,延长生命。

加强护理，减少食物中蛋白质的摄入，可使血尿素氮(BUN)水平下降，尿毒症症状减轻，还有利于降低血磷含量，减轻酸中毒症状，因为摄入蛋白质常伴有磷及其他无机酸离子的摄入。高热量食物的摄入，可减少蛋白质为提供热量而分解，减少体内蛋白质库的消耗。纠正水、电解质及酸碱平衡紊乱。没有水肿时，可给予低盐食物；有水肿时，应限制水及盐的摄入，必要时使用速尿。尿少时应限制钾的摄入，尿多时应适当补钾。给予维生素 $D_3$ 和钙制剂。纠正酸中毒可用乳酸林格氏液 40～50 mL/kg 体重，也可口服碳酸氢钠，每次 50 mg/kg 体重。并可用氢氧化铝凝胶，每天 3 次，0.6 g/kg 体重。使用抗生素控制感染；出现抽搐时应给予镇静；治疗各种并发症，必要时可采用腹膜透析治疗。保守疗法无效时可行肾移植术。肾脏移植后，需加强护理，为防止免疫排斥反应，需长期使用糖皮质激素等。

# 第4章 动物外科疾病

## 4.1 外科手术基础知识

### 4.1.1 外科手术概述

外科手术主要是指用解剖学知识,通过对机体组织或器官的切除、重建、移植等手段,治疗机体的局部病灶,从而消除其对全身的影响,以恢复机体某种功能,使机体保持健康或基本健康状态的各种治疗方法。

#### 4.1.1.1 外科手术的意义和任务

手术是外科诊疗的基础,是外科学的重要组成部分。外科手术的主要任务是:借助手和器械对家畜疾病进行治疗;作为家畜疾病的诊断手段,如肿物的穿刺术、剖腹探查术等;利用手术提高役畜的使用能力和保护人畜安全,如截角术;改善和提高肉品的质量和数量,限制劣种繁殖,如去势术;以经济为目的,利用手术技术创造财富,如牛黄培植手术、胆囊造瘘术等;给宠物做整容手术,如立耳术和断尾术;作为医学和生物学的实验手段,如脏器移植手术等。

#### 4.1.1.2 外科手术学的基础

外科手术学是建立在解剖学、生理学、病理学、药理学和微生物学的基础上的一门学科。解剖学和应用解剖学与手术通路的选择、除去病变组织关系密切,手术时只有熟悉病变部位的结构,合理地切除病变组织,保护健康组织,才能使手术成功。生理学是保证全身机能正常运转和认识不同组织再生能力的学科,离开生理学就失去对生命的了解,没有生命,就谈不上手术的成功。病理学涉及对炎症的理解,是外科手术学的基础理论。

#### 4.1.1.3 外科手术的学习方法

外科手术是一门实践性非常强的学科,学习者必须多接触病畜,不断实践;但也不能仅仅依靠实践,还应该结合书本知识,即理论和实践紧密结合。

学习手术技能应注意基本功的训练,所谓"基本功",是指对手术基本操作的熟练程度,对手术技巧的精通程度。手术是外科综合治疗中最重要的手段和组成部分,甚至是某些外科疾病唯一的治疗手段。手术基本操作技术是手术过程中重要的一环。尽管兽医外科手术种类繁多,手术的范围、大小和复杂程度不同,但是就手术操作本身而言,其基本技术如组织切开、止血、打结、缝合、结扎等都是相同的。因此，可以把外科手术基本操作理解为一切手术的共性和基础。在外科临床中，手术能否顺利完成，在一定程度上取决于对基本操作的熟练程度及对理论的掌握程度，所以说，手术基本操作是完成手术的必要条件。为此，要重视每一个过程和每一步操作，认真锻炼基本功，逐步做到操作动作的稳、准、轻、快，这样才能缩短手术时间，提高手术治愈率，减少术后并发症的发生。稳，即平稳，包括情绪的稳定及手术操作的稳定，情绪的稳定是操作平稳的先决条件，也是平时经常训练的结果；准，即准确，每一个操作步骤都要准确无误，特别是血管、神经密集的部位更是不能有半点差错，这就要求熟练掌握解剖学的有关知识；轻，即轻柔，避免手术中动作粗暴而引起严重的组织损伤，影响术后愈合；快，即反应敏捷和手术进程快，反应敏捷是指当手术中出现意外情况时，必须迅速作出决策，不至于延误时机，手术进程快是指手术操作中每一个具体动作速度快，但这种速度一定要建立在高质量的基础之上，不要因刻意追求速度而影响手术质量。

### 4.1.2 外科手术步骤

#### 4.1.2.1 外科手术的范围

在一般的外科手术中，手术的具体内容通常包括打开手术通路、进行主手术和闭合切口三个主要步骤。

##### 4.1.2.1.1 打开手术通路

打开手术通路的目的是显露发病的器官和病灶，以便于进行手术处理，所以该步骤是进行手术操作的先决条件。例如，进行瘤胃切开术时，必须先打开通往瘤胃的手术通路，即选择腹壁的某一部位进行切开。合理的手术通路是保障手术顺利进行和获得成功的重要条件，所谓"合理的手术通路"，就是指为了显露发病的器官和病灶，在通路的组织上所做的切口的部位、方向和长度都应该是合理的。切口一般选择在最接近发病器官和病灶，便于显露发病器官和病灶，便于手术操作的部位，切口的方向和长度及通往深部病区的通路的选择，应该以最低程度地损伤组织和尽量显露发病器官或病灶为原则，尽可能避免损伤大血管、神经干和腺体输出管，避免损伤具有功能的肌肉和腱膜的完整性。

最小损伤的概念不应理解为"切口越小越好"，要知道过小的手术切口影响发病器官的显露以及对其进行有效的手术处理；同时，由于勉强地显露或强行拉出要处理的组织，往往会造成手术通路组织（包括创缘和深部组织）遭受强力牵拉、压迫或挫灭，其损害程度往往大于延长切口所造成的组织损害。

##### 4.1.2.1.2 进行主手术（本手术）

进行主手术是手术步骤的主要部分，即对患畜的发病器官和病灶进行处理，是关系手术成败的关键。

#### 4.1.2.1.3 闭合切口

闭合切口是完成手术的最后步骤,其目的是将创口关闭,以利于愈合。

上述手术的三个步骤并非所有的手术都如此。有些手术的打开手术通路和主手术可能是一致的(如圆锯术);有些手术的主手术和手术创的闭合很难分开(如疝的缝合);还有些手术的切口并不需要闭合(如去势术)或仅需要部分闭合。

### 4.1.2.2 手术的分类

手术的分类方法很多,一种疾病的手术可以用不同的标准分成不同的类别。通常手术的分类方式有以下几种。

#### 4.1.2.2.1 按手术的时机分类

(1)急救手术:指动物病情危急,必须立即施行手术才能挽救病畜生命的手术,如严重窒息的气管切开术、大出血时的止血术等。

(2)急症手术:指要求在短时间内必须施行的手术,若不尽早施行手术,将加重病情,甚至失去手术治疗的机会,导致动物死亡,如各种外伤的清创缝合术、肠管套叠的整复术等。

(3)限期手术:指应该在较短期内,抓紧术前准备,尽可能早地施行的手术。此类手术若不在较短时间内施行,也将明显使病情加重,影响动物的恢复或治疗效果,如脓肿切开引流术、各种癌肿的切除术等。

(4)择期手术:指手术时间选择的早晚一般不影响治疗效果的手术。此类手术可根据动物机体的状况、经济条件、医院设备、时令季节等情况择期安排手术,如去势术、疝修补术等。

#### 4.1.2.2.2 按术中接触细菌的情况分类

(1)无菌手术:指在无菌条件下对未受感染的组织进行的手术。此类手术如果操作正确,处理得当,术后一般不会出现感染,如肿瘤切除术、腹股沟疝修补术等。

(2)污染手术:指在手术过程中某些步骤很难避免细菌污染的手术。此类手术术后有发生感染的可能,但如果术中注意无菌操作技术,或进行其他特殊处理,大多数手术仍可能避免术后感染的发生,如外伤的清创术、瘤胃切开术等。

(3)感染手术:指疾病本身就是化脓性感染的手术,术中接触大量的化脓性致病菌。此类手术术后发生切口感染的可能性极大,故一般不进行切口的缝合,如乳腺脓肿切开引流术等。

#### 4.1.2.2.3 按手术治疗彻底程度分类

(1)根治手术:不仅能消除疾病的症状,也能消除病因,以彻底根治为目的的手术称为根治手术,如良性肿瘤的切除术、瘤胃积食行瘤胃切开术等。

(2)姑息手术:在不能施行根治手术以彻底消除病因时,为了消除或缓解其症状而进行的手术称为姑息手术。如医治无效的跛行,进行某些神经切断术以缓解其跛行症状。

#### 4.1.2.2.4 按手术规模大小分类

(1)小型手术:指手术操作简单,安全性高,可在局部麻醉下进行的手术。该手术往往可由一名医生独立完成,如去势术、第三眼睑腺摘除术等。

(2)中型手术:指手术操作较复杂,往往需要多人参加的手术,如子宫卵巢摘除术、胃切开术等。

(3)大型手术:指手术操作复杂,危险性较大的手术,如脾脏切除术、肺叶切除术等。

(4)特大型手术:指重要脏器的复杂手术,通常需要多学科专业人员共同参加,借助高科技手术器械和监护设备才能进行,如肾脏移植术、肝脏移植术等。

#### 4.1.2.2.5 按术中有无血液流出分类

(1)无血手术:指手术过程中无血液外流的手术,如无血去势术、关节脱臼的整复术、非开放性骨折的复位术等。无血手术是在术前、术中及术后通过各种技术和方法减少出血,最大限度地避免或减少异体输血。

(2)观血手术:一般需要破坏组织的完整性,造成血液外流的手术都属于观血手术。

#### 4.1.2.2.6 按学科分类

外科手术按学科分类可分为普通外科手术、骨科手术、泌尿系统手术、胸科手术、心血管手术、脑神经手术、妇产科手术、眼科手术、耳鼻喉科手术及整形外科手术等。

由于外科系统科学的不断发展,分工更加精细,手术种类也更繁多。比如普通外科手术又分为头颈部手术、腹部手术、烧伤手术和器官移植手术等;整形外科手术又分为以功能为主的整形手术和以美容为主的整容手术,甚至以鼻、眼、乳腺等器官划分专一的手术。

### 4.1.3 术前准备

为了保证手术的顺利进行,术前必须做好一系列的准备工作。在兽医外科中,术前准备通常包括术者的准备、病畜的准备及手术器械和用品的准备。

#### 4.1.3.1 术者的准备

##### 4.1.3.1.1 术者技术及精神上的准备

就选择性外科手术来说,术前计划并不能仓促行事,外科医生应当仔细复查整个过程,核实病情,做到心中有数,这一点对初学者来说尤为重要。适当地查阅有关手术内容的材料和复习局部解剖技术等,以充分考虑手术中可能会遇到的情况,从而建立足够的信心,这对手术的完成是非常重要的。这种方法对从未有机会协助一位在某些手术中更有经验的同行的工作者来说,更应该掌握。优良的外科技术是基于外科医生对自己能力的自信的(但不是自负),这种精神上的准备会成为他无限的动力。不幸的是,紧急手术不允许术者有更多的时间去准备和计划,手术的准备和计划就得依靠术者良好的训练和丰富的经验。

#### 4.1.3.1.2　术者身体上的准备

兽医外科手术的顺利完成对术者的体力也有较高的要求。为保证手术的顺利完成,在做较大或较复杂的手术前,术者应休息好,以保证充沛的体力,从而在手术时精力集中,使技术发挥得到有效的保证。此外,为了防止和减少手术过程中由术者造成的感染,保证无菌操作的执行,手术前一天术者应避免做直肠检查、胎衣剥离、化脓创的处理等工作。

#### 4.1.3.1.3　手术计划的拟定

手术计划的拟定是术前的必备工作。根据术前动物检查的结果,事先应充分考虑手术过程可能遇到的一切细节,定出手术实施方案。手术计划的拟定是外科医生综合能力的体现,也是检验一名外科医生判断力的依据。术前通常由术者提出手术设想,然后由手术的参加者充分讨论,发挥集体智慧,拟定出尽可能符合实际的手术计划。在手术过程中,有计划和有秩序的工作,可减少手术中的失误,即使出现某些意外,也可以应付,不至于出现忙乱,初学者尤其要做到这一点。通过手术前有序的准备工作,可以积累经验,使技能在短时间内有大的提高。当遇到紧急情况,不可能有时间拟定完整的书面手术计划时,可由术者召集参加手术的有关人员,就手术中可能会遇到的一些关键问题交换意见,以求统一认识,分工协作,顺利完成手术任务。

手术计划的拟定可根据个人习惯的不同适当作出增减,但一般应包括以下方面的内容:手术人员的分工;保定方法和麻醉方法的选择(包括麻醉前用药);术前应注意的问题,如禁食、导尿、胃肠减压等;手术方法的选择及术中应注意的事项,包括手术通路及手术进程;手术可能发生的并发症、预防和急救措施,如大出血、呼吸和循环支持等;手术所需要的特殊药品和器械的准备;术后护理、治疗和饲养管理。

此外,在手术计划的后面,最好能附一份手术总结。在每次手术后认真总结经验,通过不断的实践和总结,可有效地提高外科手术人员的综合水平。

对手术时间的安排,除紧急手术外,大手术最好安排在上午进行,以便日间有较长的时间对动物进行观察。污染手术一般安排在无菌手术之后,以减少污染的机会。

#### 4.1.3.1.4 手术人员的分工及职责

外科手术是一项集体活动,为了保证手术时各项工作有条不紊地进行,做到各尽其责,迅速而准确地共同完成手术任务,必须有明确的分工,还要强调集体合作的精神。手术人员一般可做如下分工。

术者一般应由能胜任该手术的资历较高、经验丰富的医师担任。术者通常站在手术操作最为方便的位置。术者的职责是负责本台手术全面的工作,包括手术前手术方案的制定,手术过程中方案的变更,术后书写手术记录,审核术后医嘱等任务。手术中遇到紧急情况时,应与麻醉师共同商定处理办法。在不影响手术进行的情况下,可对下级医师简要说明、讲解手术情况。在器械助手(护士)和巡回护士清点纱布、器械无误后方可决定缝合手术切口。

第一助手一般应由资历与术者相同或较低的医师担任,站在术者的对面。第一助手应较术者提前到达手术室,其任务是在术前参与手术方案的制定,在术者的指挥下完成各项术前准备,在术中主动、积极、灵活地为术者创造有利条件,协助术者顺利完成每一步操作,并在手术方案的变更中起参谋作用,但最终决定权属于术者。第一助手负责检查动物保定的体位、手术器械的准备是否齐全,并负责手术区皮肤的消毒,铺盖无菌巾。术中可及时提醒术者疏漏事项或提出意见。术后检查动物情况,书写术后医嘱及病理检查单,术后及时书写手术后记录。

较大的手术设第二助手,由年资较低的医师或进修、实习医师担任。第二助手通常站在术者和麻醉师之间,也可站在第一助手和麻醉师之间,这样不影响器械护士(助手)传递器械。第二助手的任务是帮助暴露术野(拉钩)、吸引、剪线等。术后协助麻醉师护送动物回病房,向值班护士交代病情和注意事项。更复杂的手术也可设置第三助手,其任务、职责可视需要而定。

器械护士(助手)站在器械台旁,负责器械台的准备和手术中的供应、整理、传递手术所需要的器械、敷料、针、线、引流管等一切用品;关闭胸、腹腔之前,逐一清点纱布、器械、缝针等物品的数量,以防遗漏在体腔内。手术完毕,刷洗干净手术器械,归还到指定地点。

根据手术情况及麻醉方式,选定麻醉师所处的位置。其任务是负责麻醉及监护整个手术过程中动物的全身状况,保证手术过程中动物无痛、生命安全,使肌肉松弛,便于手术顺利进行。如动物情况发生变化,及时和术者及其他人员取得联系,积极组织抢救;负责术中输液、输血和用药的指挥工作。手术结束后将动物送回病房,并向值班人员交班后方可离开。

在手术过程中,手术人员要听从术者指挥,发挥术者的主导作用,调动每个人的积极性,各司其职,出现危险情况时要全力以赴,共渡难关;同时要集中精力,严肃工作纪律,保持安静。

在兽医临床上,根据其特殊性设置保定助手,在手术中负责动物的保定工作。在病畜的施术现场,常由畜主或饲养人员协助进行。保定助手在整个手术过程中要注意病畜的保定情况,如发现保定不确实,应随时加以纠正。术后保定助手负责解除保定,并将病畜送回畜舍,作妥善安排。

#### 4.1.3.2 病畜的准备

病畜的准备是家畜外科手术的重要组成部分。病畜术前准备工作的目的是尽可能使手术动物处于正常的生理状态,各项生理指标接近于正常,从而提高动物对麻醉和手术的耐受能力。因此,术前的准备工作直接或间接影响手术的效果和并发症的发生率。手术前的准备视疾病情况分为紧急手术术前准备、择期手术术前准备和限期手术术前准备三种。紧急手术(急救手术,如窒息、大出血等的手术)的术前准备要求迅速而及时,不能因为准备工作而延误手术时机。择期手术是指手术时间的早与晚可以选择,又不致影响治疗效果,如十二指肠溃疡的胃切开术和慢性瘤胃食滞的胃切开术等,有充分的时间做术前准备。限期手术如恶性肿瘤的摘除,当确诊之后应积极做好术前准备,不得拖延。一般对手术动物要做好以下各项准备工作。

##### 4.1.3.2.1 禁食

许多手术都要求动物术前禁食,如剖腹术。充满食糜的胃、肠管使腹腔压力增大,机械性障碍增加,会加大手术操作的难度。此外,饱腹后在麻醉的情况下使反胃的机会增加(贲门括约肌松弛,此外麻醉也导致胃肠平滑肌张力减弱,易发生臌气而致呕吐发生),特别是反刍动物,更为严重。禁食的时间根据动物种类不同及身体状况而定。消化系统排空相对较慢的动物禁食 24 h,禁水不超过 12 h,即可满足要求;犬、猫等消化道较短的动物,一般禁食 12 h、禁水 6 h 即可。禁食也会导致动物肝脏糖原储备下降,过长的禁食是不适宜的。在临床上,有时为了缩短禁食的时间而采用缓泻剂,但应注意适当补充水和电解质。当在肛门和会阴部做手术时,为防止手术时粪便污染,术前要求直肠排空,大家畜可掏空直肠内的粪便,小动物可灌肠或对肛门行假缝合,以减少粪便的污染。

##### 4.1.3.2.2 营养及预防性用药

动物在手术前,由于疾病或禁食时间长、大创伤、大出血等造成营养低下或水电解质失衡,而增加手术的危险性和术后并发症。蛋白质是动物生长和组织修复不可缺少的物质,也是维持代谢和血浆渗透压的重要因素。术前应注意检查,如果 100 mL 血液中马血清蛋白低于 6.0%,可能出现严重的蛋白质缺乏症状,因此,术前可根据需要适当补充(如补充白蛋白、血浆等)。出血较多时应及时输血,及时补充糖原、维生素和水分,纠正电解质失衡。对无菌手术(如骨、关节手术)、严重的外伤清创术、复杂的大手术等,术前一天或术前临时应使用抗生素。

#### 4.1.3.2.3 保持安静

为了使动物平稳进入麻醉状态,术前要减少动物的紧张和恐惧感,麻醉前最好有畜主伴随。在麻醉前,麻醉助手要多与动物接触,减少动物的紧张感。根据临床观察,环境变化对马和犬的影响较大,牛则较为迟钝,而猪对环境变化的影响相当敏感。长时间运输的患病动物,应留出松弛时间(急腹症者除外)。尽量减少麻醉和手术给动物造成的应激、代谢紊乱和水电解质平衡失调,要注意术前补液,特别是对于休克动物。一般情况下,大剂量输液会使心血管负担增加、血管扩张,对动物机体也十分不利。

#### 4.1.3.2.4 特殊准备

对患有不同器官疾病的动物,术前要做一些特殊的准备工作。呼吸和循环系统的状态与麻醉的关系最为密切。如有心力衰竭,必须在得到有效控制后才能进行手术;循环血量是保证麻醉及手术安全的最基本和最重要的条件,即使是急症病例,也尽可能使血容量接近正常。肺脏疾病要考虑麻醉及手术时体位的变化对呼吸功能的影响,严重的呼吸困难必须及时纠正,对呼吸系统感染者必须给予有效的控制,以免麻醉导致感染扩散;手术时还要有呼吸支持。肝脏疾病要适当采用护肝治疗,并补给维生素K等多种维生素。反刍类动物如牛的十二指肠秘结继发严重的瘤胃臌气时,为了避免在手术中压迫膈而引起呼吸困难,在术前可先服用制酵剂,采取胃肠减压措施(如瘤胃穿刺放气)。为防止高度充盈的膀胱破裂,在行膀胱手术前先穿刺排尿。对可能引起流血较多的手术,术前可采取全身性、预防性止血措施。

### 4.1.3.3 手术器械和用品的准备

对于金属器械,首先检查是否可用,然后清洗干净,放在器械包内或用灭菌布包成一小包,以免散乱。有弹簧的止血钳、持针钳要松开,以免高热影响其弹性。能松开或拆开的剪、钳最好松开灭菌;器械的锋刃部分应用纱布包裹,防止变钝。注射针头和缝合针应放在容器内(如针盒),或整齐地插在纱布上,以便于取用。金属器械最常用的灭菌法是高压蒸汽灭菌法,也可使用化学消毒法或煮沸灭菌法。

玻璃、搪瓷类器皿用煮沸灭菌法或高压蒸汽灭菌法。玻璃器皿如用煮沸灭菌法,不要在水热后放入,以防玻璃骤热而破裂。敷料、手术巾、手术衣帽、口罩等使用高压蒸汽灭菌法,在121.6℃下30~45 min即可杀灭所有细菌。将需灭菌物品按一定规格整理、折叠,用纱布包好,纱布不宜太大,包扎不宜太紧,排列不宜过密,以免阻碍蒸汽进入包裹内,影响灭菌质量。

缝合材料中丝线、棉线可用煮沸灭菌法或高压蒸汽灭菌法,但灭菌的时间不宜过长,反复多次灭菌会使丝线变脆,缝线应缠绕在线轴或玻片上,但不宜过紧。

金属缝线的韧性和张力较大,刺激性小,可采用煮沸灭菌法或高压蒸汽灭菌法。橡胶制品如手套、导管等均可采用煮沸灭菌法,灭菌前用纱布包裹,还可用化学消毒法。

## 4.1.4 术后管理

术前准备、术中操作和术后管理是手术治疗的重要环节,三者缺一不可。俗话说"三分治疗,七分护理",就是强调术后护理的重要性,而术后护理是术后管理的主要内容。为了能使术后护理工作得到落实,手术人员应将护理的方法告知负责护理的人员或畜主,并详细说明疏忽大意可能会导致的不良后果。通常术后管理包括以下内容。

**4.1.4.1 一般护理**

手术动物术后的一般护理主要有麻醉苏醒、保温、术后监护、术后并发症的处理、安静与运动等。

对于全身麻醉的动物,手术后应尽快使其从麻醉中苏醒。对大动物而言,由于体位的变化,对呼吸和循环系统产生不利的影响,尤其应该注意。在全身麻醉尚未苏醒之前,由于动物神志不清,应有专人照管,动物苏醒后协助其站立,避免动物摔伤或撞伤;在麻醉后吞咽功能未完全恢复之前,禁止饮水和饲喂,以防误咽。全身麻醉后动物体温下降,应注意保温,披上毯子或棉被,以防受凉,在冬季手术时尤其要注意。

术后 24 h 内要严密观察动物的体温、呼吸和循环系统的变化,发现异常要及时寻找原因,及时处理。较大的手术一定要注意补充水和电解质,及时补充营养,以利于伤口愈合和机体功能的恢复。

若发生术后出血,应及时查明原因,对症处理,可采用加压包扎、手术探查和及时输血等措施。若手术后 3~4 天切口疼痛加重、肿胀明显,并伴有体温升高,应考虑伤口感染的可能性,需要及时检查,发现伤口有红、肿、热、痛等早期感染现象时,立即拆除部分缝线引流,并大量使用抗生素治疗;已化脓感染时,需要拆线敞开引流。切口裂开多见于腹部手术,多发生于腹压突然增大,可立即采用减张缝合法。术后其他感染包括:术后 48 h 体温升高,呼吸快,出现呼吸系统感染症状;腹部手术后出现肠蠕动减慢和腹痛加剧,提示腹腔感染;找不到明显原因的高热者,应注意是否有泌尿道感染。一旦发现感染,应及时采取有效措施,酌情处理。

原则上术后应早期活动,以增加肺活量,减少肺部并发症,及早恢复肠道和膀胱功能。能活动的患病动物,2~3 天后就可以进行户外活动。开始活动时间宜短,而后逐渐增加,以改善血液循环,促进功能恢复,并可促进代谢,增加食欲。虚弱的患病动物不得过早、过量运动，以免导致术后出血和缝线断裂，影响愈合。重症起立困难的动物应多加垫草，对大动物要帮助其翻身，每日2～4次，防止发生褥疮。吊带对持久站立困难的大动物有良好的功效。四肢骨折、腱和韧带手术后，开始宜限制活动，以后根据情况适度增加练习。犬和猫的关节手术后一定时期内进行强制人工被动关节活动。四肢骨折内固定手术后，应当做外固定，以确保制动。

#### 4.1.4.2 预防和控制感染

手术创的感染主要取决于无菌操作的执行情况和动物对感染的抵抗能力；术后护理不当也是继发感染的重要原因。

为预防术后感染，将手术后动物置于干燥、清洁的环境里饲喂，及时清理粪尿，蚊蝇孳生的季节要杀蚊灭蝇，若有较深的创伤或大面积创伤，要注射破伤风抗毒素。为防止动物啃咬、舔舐、摩擦伤口，可采用颈环、颈帘、侧杆等保定方法给予保护。

抗生素和磺胺类药物对预防和控制感染、提高手术的治愈率有很大帮助。对于大多数无菌手术而言，抗生素治疗通常是不需要的，甚至是禁忌的（主要是避免周围环境中具有耐药性菌株的增加）。但对有全身感染的动物，在作出明确诊断后，应及早给予抗生素治疗。在抗感染时，抗生素通过静脉或肌肉途径注射效果更好。当采用静脉途径注射时，间歇注射抗生素似乎比连续输注更为可取，因为常能在血液及细胞外液中获得较高的药物浓度。抗生素对正在活跃生长期的细菌有最大的抗菌效应，但对已被吞噬的细菌只有很小的作用或没有作用。细菌在细胞内可继续存活很长时间，即使细胞外液有很高浓度的抗生素。若微生物在吞噬作用前被抗生素破坏，则更容易被吞噬细胞杀死。因此，在临床治疗时应有足够的剂量并持续一定的时间。抗生素的选择应以抗生素本身的敏感谱为基础，必要时应做药敏试验。

#### 4.1.4.3 病畜的饲养

手术后的动物需要充足的营养，不论术前或术后，都应该注意补给动物适当的营养物质。实际上，动物在患病期间自主摄入的营养往往是减少的。当出现损伤、感染、应激和疼痛时，动物对营养的需求会增大。据研究发现，人在做腹部外科手术后对能量和蛋白质的需求比平时多20%，出现严重外伤和感染时，对能量和蛋白质的需求量会更多。

动物营养的补充主要包括水、能量、蛋白质、维生素和矿物质。水是最为重要的物质，哺乳动物对水的需要量为25～40 mL/kg，临床上可根据血比容测定。体重为4 kg的猫每日需水量为120 mL，健康动物可饮用足够量的水，由于多种原因不能自主摄取时，可人工饲喂或静脉补给。蛋白质是动物组织损伤修复、免疫球蛋白产生和酶合成的重要成分，蛋白质供应不足会使免疫功能减弱，愈合减慢，肌肉张力减小。其主要来源是肉、鱼、蛋、乳制品和豆类植物,还可以通过药物适当补充。

能量由糖、脂肪和蛋白质分解产生,能量可通过摄食、静脉输注葡萄糖等方式获得。维生素和矿物质可以通过摄食或静脉输注补给,维生素C和维生素B在手术时都经常使用。

对于犬、猫等伴侣动物,术后有适合于动物恢复体能的术后食品可供选择,食疗是小动物临床上常用的手段之一。

胃肠道手术一般禁食24~48 h,待胃肠功能恢复后(如肛门排气),开始进少量流质食物,再逐渐进全量流质食物、半量流质食物,直至普通食物。非消化道手术后食欲良好者,一般不限制饮食,但一定要防止暴饮暴食,应根据病情逐渐恢复到日常用量。

### 4.1.5 动物的保定

#### 4.1.5.1 含义

保定是根据人的意愿对动物实行控制的方法,包括传统的机械保定和现代的使用药物进行的化学保定。

兽医临床的保定有两个基本要求:一是方便诊疗或手术的进行;二是确保人畜安全。其内容主要包括:

(1)对动物实行有效的控制,能为诊断和治疗提供安定条件,有利于外科手术技术的发挥。

(2)手术部位的显露有赖于保定技术和方法,有的手术需要体位变化,有的手术需要体肢转位,没有这些操作手术将无法进行。

(3)防止动物自我损伤,自身损伤破坏机体组织和医疗措施,使手术创变得复杂。临床用的犬颈环、侧杆等,可以预防病畜咬断缝线、撕碎绷带和损伤局部组织,保证创伤愈合,以提高医疗效果。

(4)对动物的束缚本身就包含对手术人员安全的保障,手术人员在手术过程中负伤,小则直接影响手术进程,大则造成极为严重的后果。

保定的最终目的是在保证完成诊疗的同时,保护人和畜的健康。每种手术都有常规的保定方法,不合理的保定技术或对保定技术中的某些细节的疏忽,都可能给动物造成伤害,如骨折、腱和韧带撕裂、脱臼、神经麻痹,甚至内脏损伤等。

兽医工作者除了要通晓各种动物的习性、攻击的手段之外,还要在兽医临床实践中认真执行各种保定技术的规定。

#### 4.1.5.2 保定技术

(1)动物的接近:检查者了解病畜的性情,向病畜发出欲接近信号,再从其前侧方慢慢接近,用手轻轻抚摩病畜的颈侧或臀部,使其安静,以便进行检查。

(2)动物的保定：采用徒手、器械、药物等方式固定动物，以便进行检查和治疗。

#### 4.1.5.3 家畜的保定

##### 4.1.5.3.1 猪的保定

(1)站立保定：先抓住猪耳、猪尾或后肢，然后做进一步保定。也可在绳的一端做一活套，使绳套自猪的鼻端滑下，套入上颌犬齿后面并勒紧，然后由一人拉紧保定绳或拴于木桩上，此时，猪多呈用力后退姿势。此法适用于一般的临床检查、灌药和注射等。

(2)提举保定：抓住猪两耳，迅速提举，使猪腹部朝前，同时用膝部夹住其颈胸部。此法可用于胃管投药及肌内注射。

(3)网架保定：取两根木棒或竹竿（长100~150 cm），按60~75 cm的宽度用绳织成网架。将网架置于地上，把猪赶至网架上，随即抬起网架，使猪的四肢落入网孔并离开地面即可保定。较小的猪可将其捉住后放于网架上保定。此法可用于一般的临床检查、耳静脉注射等。

(4)捉猪钳保定：捉猪钳是用于抓大猪的保定器械，用捉猪钳夹住猪耳后颈部或跗关节上方即可。

(5)保定架保定：将猪放于特制的活动保定架或较适宜的木槽内，使其呈仰卧姿势，或行背位保定。此法可用于前腔静脉注射及腹部手术等。

(6)绳套保定：用一根筷子粗的细绳在一端打活结，做成一个绳套。保定时，一人抓住猪的两耳并向上提，在猪嚎叫时，把绳套立即套入猪的上颌犬齿后面并抽紧，然后把绳子另一端固定在圈栏或木柱上，此时猪常后退，当猪退至被绳拉紧时，便站住不动。解脱时，只需把活结的绳头一抽便可。无论猪体形多大，用此法固定时都极为老实，站在原地不动。此法适用于一般的临床检查、灌药和注射等。全过程从保定、注射到佩带耳标，只需一人操作，可节省人力，提高速度。

(7)后腹部系绳保定：对于个体较大且凶猛、难以保定的猪，可采取此法。取一根长绳，中部对折成两段，然后将绳的折头端从猪的腹下部穿过，再将绳的另一端（双头）从绳的对折孔内穿过，并迅速向后拉紧，这样绳环就系在猪的后腹部上。然后将绳拉于圈栏或柱子上，将猪拴住或将其倒提起来，另一人抓住猪的两耳将猪头扶住，这时猪就变得很乖顺，可做各种检查和注射。此法对妊娠母猪禁用。

(8)侧卧保定：左手抓住猪的右耳，右手抓住猪右侧膝部前皱褶，并向术者怀内提举放倒，然后使前后肢交叉，用绳在掌跖部拴紧固定。此法可用于公猪和母猪去势、腹腔手术、耳静脉注射和腹腔注射。

(9)后肢提举保定：两手握住后肢飞节并将猪提起，头部朝下，用膝部夹住背部即可固定。此法可用于直肠脱的整复、腹腔注射以及阴囊和腹股沟疝手术等。

#### 4.1.5.3.2 牛的保定

牛是群体性动物,若有头牛带领,则容易控制。根据牛的这一特点,在草原上或长途运输中,常利用狭栏控制牛群和捕捉牛只。这种方法对牛群有效,比较安全。当用狭栏驱赶牛群时,要防止牛跌倒,狭栏不宜设弯曲,不得高声喊叫,否则易造成牛群的拥挤或混乱。

牛有惊人的听力,当驱赶牛群时,如后方大声催逼,会致使牛爬到前方牛背上,增加相互伤害的机会。牛的识别力不如马,容易碰撞或践踏致伤。

乳牛在自然培育中,有时变得令人很难理解,在野外或运动场见到有人来时,往往站立不动或贪婪地注视,并逐步向前靠近。当牛与人距离 9～12 m 时,牛会突然出现逃避行为,摇头并快跑。而当牛站立在饲槽旁时,则变得顺从。

牛对陌生环境的反应比马小,但当牵进房门时,会出现畏缩不前或脱缰逃跑的现象,小牛的表现更为明显。

公牛十分强悍,随时都带有挑衅的隐患,任何时候对公牛过于信赖都是错误的,对公牛的保定要分外小心。对于难控制的公牛,应用化学保定剂或镇静剂效果较好。

(1)徒手保定:一手握牛角根,另一手提鼻绳、鼻环或用拇指、食指与中指捏住鼻中隔,即可保定。此法可用于一般检查、灌药、肌内注射及静脉注射。

(2)鼻钳保定:用鼻钳经鼻孔夹紧鼻中隔,用手握持钳柄加以保定。此法可用于一般检查、灌药、肌内注射及静脉注射。

(3)两后肢保定:取一条 2 m 长的粗绳,折成等长的两段,于跗关节上方将两后肢胫部围住,然后将绳的一端穿过折转处向一侧拉紧。此法可用于恶癖牛的一般检查、静脉注射以及乳房、子宫和阴道疾病的治疗。

(4)单柱保定:单柱保定时也可以用自然树桩来代替单柱,保定时用一根长 2.5 m 的绳,对折成双股,右手抓持两股绳尾端,绳的双股端绕牛颈部和单柱一周,然后左手抓住对折双股套端,手经双股套内将右手中的一股绳拉入绳套内,右手立即拉紧另一股绳,压紧被拉入的绳,然后左手再伸入折叠的绳套内,拉右手中的另一股绳,进入折叠绳套内,右手立即拉紧一根绳端,如此反复几次,牛颈部就被固定在单柱上。

(5)二柱栏保定:二柱栏由一根横梁与两根立柱连接。保定时,把牛牵到柱栏左侧,将鼻绳系在头侧的柱栏上或横梁前端的铁环上,用一根绳将牛颈部固定在前柱上,然后用长绳将牛围在两根立柱之间,再吊挂围绳、胸绳和腹绳加以固定,吊带将牛吊起的高度以四肢能支持体重而不能卧下和跳跃为度。

(6)四柱栏及六柱栏保定:先将前带装好,然后将牛从两后柱间牵入柱栏内,立刻装上后带,防止牛后退,接着装好鬐甲带,防止牛向前跳出柱栏,最后装上腹带。

(7)倒卧保定:倒卧保定主要适用于去势及外科手术。牛的倒卧保定有背腰缠绕倒牛保定和拉提前肢倒牛保定两种方法。

①背腰缠绕倒牛保定:分为五步。第一步,在绳的一端做一个比较大的活绳圈,套在牛的两个角根部。第二步,将绳沿非卧侧颈部外面和躯干上部向后牵引,在肩胛骨后角处环胸绕一圈做成第一个绳套。第三步,将绳继续向后引至臀部,再在乳房前方环腹一周,做成第二个绳套。第四步,由两人慢慢向后拉绳的游离端,第三人把持牛角,使牛头向下倾斜,牛立即蜷腿而慢慢倒下。第五步,牛倒卧后,固定好头部,防止牛站起。一般情况下,不需要捆绑四肢。

②拉提前肢倒牛保定:分为三步。第一步,由三人倒牛、保定,一人握鼻绳或笼头保定头部。第二步,先取一根约 10 m 长的圆绳,折成长、短两段,在转折处做一个套结,套在左前肢系部。然后将短绳一端经胸下引至右侧,并绕过背部再返回左侧,由一人拉绳保定。另外将长绳引至左髋结节前方并经腰部返回绕一周打上半结,再引向后方,由两人牵引。第三步,让牛向前走一步,在牛抬举左前肢的瞬间,三人同时用力拉紧绳索,牛随即先跪下而后倒卧,一人迅速固定牛头,另一人固定牛的后躯,第三人迅速将缠在腰部的绳套向后拉,使绳套滑到两后肢的蹄部,并拉紧。

#### 4.1.5.3.3 羊的保定

羊性情温顺,很少对人造成伤害,保定也很容易,在牧场和草场抓羊应了解羊的习性,才能方便工作。

(1)站立保定:两手握住羊的两角,骑跨羊身,以大腿内侧夹持羊两侧胸壁即可保定。此法可用于临床检查或疾病治疗。

(2)倒卧保定:保定者俯身从对侧一手抓住两前肢系部或抓住一前肢臂部,另一手抓住腹肋部膝前皱襞处扳倒羊体,然后改抓两后肢系部,前后一起按住即可。此法可用于疾病治疗或简单手术。

#### 4.1.5.3.4 犬的保定

犬的种类很多,体型差异很大。由于生活环境不同,每只犬的表现有极大的差异。因此,临床上不管犬的驯养程度如何,都要保持警惕,对极端训教不良的犬,也要有耐心,不得给犬以粗暴的感觉。

对犬进行保定时,首先要防止伤人,其次要避免犬的自身损伤。为防止犬咬人,常用扎口法。

(1)徒手保定:①怀抱保定,即保定者站在犬一侧,两只手臂分别放在犬胸前部和股后部,将犬抱起,然后一只手将犬头颈部紧贴自己胸部,另一只手抓住犬两前肢限制其活动。此法适用于对小型犬和幼龄大、中型犬进行听诊等检查,并常用于皮下或肌内注射。②徒手犬头保定是指保定者站在犬一侧,一手托住犬下颌部,一手固定犬头背部,控制头的摆动。为防止犬回头咬人,保定者站于犬侧方,面向犬头,两手从犬头后部两侧伸向其面部。两拇指朝上贴于鼻背侧,其余手指抵于下颌,合拢捏紧犬嘴。此法适用于幼年犬和温驯的成年犬。③站立保定时,保定者蹲在犬右侧,左手抓住犬脖圈,右手用牵引带套住犬嘴,再将脖圈及牵引带移交右手,左手托住犬腹部。此法适用于大型犬的保定。中、小型犬可在诊疗台上施行站立保定,保定者站在犬一侧,一手托住胸前部,另一手搂住臀部,使犬靠近保定者胸前。此法可用于临床检查、皮下或肌内注射。④侧卧保定是指保定者站在犬一侧,两只手经其外侧体壁向下绕腹下分别抓住内侧前肢腕部和后肢小腿部,用力使其离开地面或诊疗台,犬即卧倒,然后分别用两前臂压住犬的肩部和臀部。此法适用于对大、中型犬腹壁、腹下、臀部和会阴部等进行短时快速的检查与治疗。⑤倒提保定是指保定者提起犬两后肢小腿部,使犬两前肢着地。此法适用于犬的腹腔注射、腹股沟阴囊疝手术、直肠脱和子宫脱的整复等。

(2)扎口保定:取绷带一段,先以半结做成套,置于犬的上、下颌,迅速扎紧,另一个半结在下颌腹侧,接着将游离端顺下颌骨后缘绕到顶部打结。短口吻的犬捆嘴有困难,极易滑脱,可在前述扎口法的基础上,将两绳的游离端经额鼻自上向下,与扎口的半结环相交和打结,有加强固定的效果,临床上使用较为方便。此法适用于性情较凶或对生人有敌意的犬。

(3)口套保定:犬口套由牛皮或硬质塑料等制成,购买时选择适合的大小,因为口套一般不能调节。根据犬个体大小选择适宜的口套将犬嘴套住,在犬耳后扣紧口套带。

(4)机械性保定:机械性保定用颈环、体架和侧杆等。市场上有颈环出售,也可自己用硬纸板、塑料板、X线胶片、破旧桶、篮子等制作颈环。颈环在临床上广泛应用,并发症不多,主要用于防止动物舔、咬、抓患部。不是所有的犬对颈环都能适应,初安装颈环时注意其对呼吸的影响。使用颈环时在其内侧周围用纱布垫好,与颈间留出能插入一指的空隙,麻醉未醒的动物不宜使用。此法不适用于性情暴躁和后肢瘫痪的犬。体架适合保护体躯,包括腹、胸、肛门区和后肢的跗关节以上区域,特别适用于对颈环不能忍受的动物;也可用于尾固定,治疗会阴瘘、会阴肿等,尾提高有助于通气、排液或药物处理。此法对犬的头、颈和前肢不能产生保定效果。侧杆适用于防止舔、咬同侧后肢和跗关节,但不能保护对侧后肢和跗关节。

(5)静脉穿刺保定:①前臂皮下静脉(头静脉)穿刺保定法,即犬胸卧于诊疗台上,保定者站在诊疗台右(左)侧,面朝犬头部。右(左)臂搂住犬下颌或颈部,以固定头颈。左(右)臂跨过犬左(右)侧,身体稍依偎犬背,肘部支撑在诊疗台上,利用前臂和肘部夹持犬身,控制犬移动。然后手托住犬肘关节前移,使前肢伸直。再用食指和拇指横压近端前臂背侧或全握前臂部,使静脉怒张。必要时,应先作犬扎口保定,以防咬人。②颈静脉穿刺保定法是指犬胸卧于诊疗台一端,两前肢位于诊疗台之前。保定者站于犬左(右)侧,右(左)侧臂跨过犬右(左)侧,将其夹于腋下,手托住犬下颌,上仰头颈,左(右)手握住两前肢腕部,向下拉直,使颈部充分显露。

(6)手术台保定:犬手术台保定法有侧卧保定、仰卧保定和胸卧保定三种。保定前,应进行麻醉。根据手术需要,选择不同体位的保定方法。保定时,用保定带将犬四肢固定在手术台上。仰卧保定时,颈、胸腹部两侧应垫以沙袋,以保持犬身平稳。

(7)化学保定:化学保定是指应用某些化学药物使犬暂时失去正常的反抗能力,而犬的感觉依然存在或部分减退的一种保定方法。此法达不到真正麻醉的效果,仅使犬的肌肉松弛、意识减退和反抗消除。常用药物包括镇静剂、安定剂、催眠剂、镇静止痛剂、分离麻醉剂等,如氯胺酮、安定、速眠新、噻胺酮等。此法适用于对犬进行长时间或复杂检查和治疗。在化学保定中,除了用安定剂之外,还可用厌恶气味,或用苦味、辣味等物质涂抹于患部,给犬留下记忆。

(8)其他保定:①颈钳保定法,钳体用铁杆制成,钳柄长90~100 cm,钳端由两个长20~25 cm、半圆形的钳嘴组成。保定时,保定人员手持颈钳,张开钳嘴并套入犬的颈部,合拢钳嘴后,手持钳柄即可将犬保定。此法多用于未驯服或凶猛的犬,保定可靠,使用较方便;也适于捕捉处于兴奋状态的病犬。②棍套保定法,将长约4 m的绳子对折穿过长1 m、直径4 cm的铁管,形成一绳圈,或用棍套固定器。使用时,保定者握住铁管,对准犬头将绳圈套住颈部,然后收紧绳索固定在铁管后端。这样,保定者与犬保持一定距离。此法可用于未驯服或凶猛犬的保定。③犬笼保定法,将犬放在不锈钢制作的长方形犬笼内,推动活动板将其挤紧,然后扭紧固定螺丝,以限制其活动。此法适用于兴奋性很强或性情暴烈的犬,多用于肌内注射或静脉注射。

4.1.5.3.5 猫的保定

猫在陌生环境下常比犬更胆怯和惊慌,当人伸手接触时,猫会愤怒,耳向后伸展,并发出嘶嘶的声音或抓咬人。保定时应避免猫咬伤、抓伤人。

(1)抓猫保定:抓猫保定即直接用手把猫保定的方法。此法一般适合猫的主人使用,因为猫对它的主人熟悉,不易产生应激反应,而主人也一般对猫的习性十分了解,不易对猫产生伤害。实施保定的人应提前戴上厚革制长筒手套,对手臂起到保护作用,双手也应戴上手套。抓猫保定的一般流程为:一只手抓住猫颈、肩、背部皮肤,皮肤不易抓得太厚,以免引起剧烈挣扎。然后把猫提起,另一只手快速抓住两后肢并伸展,将其稳住,可借助颈绳套和捕猫网。个别猫反应敏捷、灵活,用手套抓猫难以奏效时,就要用到下面的方法。

(2)布卷裹猫袋保定：根据猫的体长，选择适宜的革制保定布或帆布铺在保定台上，将猫安放于保定布的近端，提起近端保定布覆盖猫体，并顺势连同布、猫向前翻滚，将猫紧紧地裹住呈直筒状，使其四肢丧失活动能力，可根据需要拉出头颈或后躯进行诊治。

(3)猫袋保定：猫袋可以自制或购买，一般由质量较好的帆布制作而成。选用与猫体大小相同的猫袋，将猫从开口端装进去，另一头用猫袋绳拉紧。若要露出头部或臀部，可以调节袋口和袋绳。实际操作中，有时还要根据实际情况进行站立保定或侧卧保定，站立保定时用手固定好猫的头颈部，侧卧保定时在固定好猫头颈部的同时还要固定好其四肢，防止其挣扎而影响操作。此法适用于头部检查、测量直肠温度及灌肠等。

(4)扎口保定：此法与短口吻犬的扎口保定法相同。

(5)静脉穿刺保定：猫的头静脉和颈静脉穿刺保定方法基本上与犬相同。必要时，可使用保定布。极度兴奋的猫适宜做颈静脉穿刺。

(6)保定架保定：保定架支架用金属或木材制成，用金属或竹筒制成两瓣保定筒固定在支架上。将猫放在两瓣保定筒之间，合拢保定筒，使猫躯干固定在保定筒内，其余部位均露在筒外。此法适用于测量体温、注射及灌肠等。

(7)颈圈保定：多选用 X 线胶片制成圆形颈枷，防止自身损伤。

(8)侧卧保定：先将猫在平整台面上按倒，然后站于猫的背侧，用手抓住下方的前肢前臂部和后肢大腿部，再用两手臂分别压住它的颈部和臀部，同时将猫紧贴在操作人员的腹部。对于脾气坏的猫，可以一只手抓住猫颈背部皮肤，另一只手抓住两后肢，使其侧卧于台面上。

(9)项圈保定：保定用的项圈又称伊丽莎白圈，是一种常用的防止动物自身损伤的保定装置，用项圈保定也是防止猫自身损伤的最好办法。项圈有圆锥形和圆盘形两种，可根据需要选购不同型号。也可以自行制作项圈，可用 X 线胶片制成圆锥形项圈。这种保定方法可使猫不能回转舔咬身体受伤部位，使身上抓伤、碰伤的伤口尽快愈合。

4.1.5.3.6 灵长类动物的捕捉与保护

对于灵长类动物，无论是进行临床治疗，还是进行科研实验，都必须捉拿和固定。动作既要仔细、温和，又要大胆、敏捷，做到既不被其咬伤，又不使其逃脱。要根据动物的大小、性情、厩舍类型等因素采用不同的固定方法。应注意的是，必须小心，因为灵长类动物隐藏着威胁，它们常咬人，且有与它们的个体大小不协调的能力。如果饲养员或畜主能参与捕捉的话，让他们先把动物捆上，确保不会出现危险。可考虑如下保定方法。

检查动物时一般用皮手套和面盔甲进行保护，对于 5 kg 以上的动物不要用单手提,尤其是雄性动物,有大的犬齿,可以咬透厚手套。对于特别小的猴,可用拇指与中指握住它的胸,即使把拇指放在动物的下颌下面,也不会被咬到。对于松鼠猴或小短尾猿等,可用一只手将它们的前肢背在后面,另一只手抓住它们的后肢和尾。

非人灵长类动物有很多种,下面以猕猴为例介绍灵长类动物的捕捉方法。灵长类动物的捕捉方法包括房内或露天大笼内捕捉法、固定项圈法和麻醉捕捉法等。房内或露天大笼内捕捉法是采用捕猴网进行捕捉,捕捉动作要迅速、准确,不要损伤猴的头部和其他部位,再将猴两上肢反背于身后,捉住后将猴从网中取出。固定项圈法是在笼养之前预先给猴戴上有链条的项圈(链条与项圈的结合处设有活动环,能转动自如)。捕捉时,只要抽紧铁链使猴固定,推开笼门,将猴两上肢反背于身后,即可捉出笼外。此法方便安全,但长期戴项圈容易损伤颈部皮肤。为避免捕捉时情绪受到过分的刺激,也可以采用麻醉捕捉法,即将猴夹在前后笼壁之间,拉出一后肢,常规消毒后肌内注射氯胺酮。也可用短柄捕猴网从笼门间隙伸入笼内,将猴盖住并翻转网罩使猴裹在网内,提出笼外,然后将两上肢反背于身后再捕捉。

保定动物时,应根据实际情况选择可靠和简便易行的保定方法,一定要在掌握保定技巧的基础上,保护自身安全,防止动物袭击。因此,要做到以下几点:保定前需了解动物的习性,掌握动物有无恶癖的情况;保定应在畜主的协助下完成,不能对动物采用粗暴的方式;应采用粗细适宜且结实的绳索进行捕捉,并且所有绳结应为活结,以便在危急时刻迅速解开;根据动物大小选择适宜的保定场地,要求地面平整,没有碎石、瓦砾等,以防动物自身损伤;适当限制参与保定的人数,切忌一哄而上,以防惊吓动物。

### 4.1.6 无菌技术

"消毒"和"灭菌"这两个术语,虽然没有统一的定义,但消毒通常是指用化学药剂进行消毒,一般仅能杀灭不包括芽孢在内的细菌体或抑制其生长、繁殖等活动。灭菌则是指用物理的方法杀灭所有微生物(包括芽孢)。

虽然抗菌技术在外科工作中的应用范围已经不大,但仍然不能弃用。手术人员的手臂和手术部位的准备仍不得不使用抗菌技术。严重感染的伤口应用适宜的化学消毒剂,适宜的化学消毒剂常能起到积极作用。尤其是近年来化学和药理学的不断发展,许多新的、有效的化学消毒剂不断产生,它们的杀菌或抑菌活力很强,而对人体和伤口组织的损伤较小。因此,在外科临床工作中,尤其是在手术室工作中,需要抗菌技术和无菌技术相互补充、综合利用。

应用消毒和灭菌方法抑制或杀灭可能到达手术区的病原微生物,预防手术创感染的措施,称为无菌技术。无菌技术是在外科范围内防止伤口发生感染的综合预防性技术,是保证手术成功最重要、最基本的条件之一。

无菌技术的基本原则是:使一切器械、物品、空气以及手术人员的手在与伤口接触以前尽可能地达到无菌状态,从而避免细菌进入伤口内,组织不会因灭菌措施而受到损害,可有效预防感染的发生。

#### 4.1.6.1 手术污染的可能来源

##### 4.1.6.1.1 皮肤、被毛上的细菌

人类和动物的皮肤和被毛上附着有大量的细菌,这些细菌可通过手术人员的手、臂和皮肤破裂孔进入伤口内而引起感染。当医护人员处理伤口时,伤口内的细菌也可传播到医护人员的手上,如果未经消毒即为另一个病畜处理伤口,可将前一个病畜伤口内的细菌传播到后一个病畜的伤口内,这种情况称为交叉感染。

皮肤上的细菌不但存在于皮肤表面,还存在于指甲下、皮肤的皱纹和毛孔、皮脂腺管内。皮肤上的化脓病灶可向环境中散布大量的病原菌,是危险的感染来源。由于这些化脓病灶不能被彻底消毒,因此,有化脓病灶的人不应进入手术室或其他要求隔离的地区。

动物皮肤、被毛上的细菌也是自身感染的来源,手术前术区的皮肤应进行清洁,手术时还需要进行消毒。

##### 4.1.6.1.2 鼻咽部的细菌

鼻咽部的细菌包括口腔中的细菌。人的鼻咽部有大量的细菌,这些细菌在深呼吸、说话、咳嗽和喷鼻时,随着飞沫排到空气中并进行传播,如落在伤口内或落在与伤口接触的物品上,可引起感染。人的口腔是细菌最喜欢的地方,口腔仿佛是一个恒温器,因为其中的水分、适当的温度和剩余的食物都为细菌生长创造了良好的条件。在手术过程中,如果外科医师说 300 个字,那么从口中随唾液一起喷出的细菌数可达 25 万个。唾液中以链球菌最多,葡萄球菌较少。

据统计,一次喷鼻能喷出 4 万个飞沫,排出 1 万～2 万个细菌。若鼻咽部有常在的致病菌(如金黄色葡萄球菌、溶血性链球菌等),则可成为切口感染的来源。因此,在要求无菌的工作环境中,工作人员必须戴口罩,以防飞沫散布细菌。

##### 4.1.6.1.3 空气中的细菌

空气中的细菌除附着于飞沫上外,还附着于尘埃上,飞沫中的细菌最终也必将附着于尘埃上。尘埃落在伤口内和与伤口接触的器械、物品上,就会引起伤口感染。

据计算,每小时落入无菌区的细菌有 3 万～6 万个。在静止的新鲜空气中,细菌很少,但在微尘飞扬时,如扫地或过多人走动的环境中,空气中的细菌随着微

尘飞扬而明显增多。因此,手术室必须保持清洁,防止将尘土从外面带入室内,并加强通风换气;另外,还可采用物理或化学的方法消灭已存在的细菌。最常用的方法是紫外线照射法(照射时间为 30 min 以上,距光源 60 cm 以内灭菌效果好)。化学方法是用新洁尔灭或石炭酸喷雾。气体熏蒸法常用福尔马林和高锰酸钾粉,比例为 2∶1,按 1～2 mL/m³ 将福尔马林倒入高锰酸钾内,倒入后即可产生蒸气,紧闭门窗 6 h 以上。也可以用乳酸熏蒸法,按 12 mL/100 m³ 将 80% 乳酸倒入容器内,下置酒精灯,水蒸发完后熄灭酒精灯,紧闭门窗 30 min。手术室的打扫应采用湿打扫法。

4.1.6.1.4　器械、用品上的细菌

这些物品可通过灭菌或抗菌处理达到无菌要求。在临床工作中,如果工作人员责任心不强,无菌处理不彻底,使用过期的灭菌用品或灭菌后又被污染,这些物品都可能成为感染的来源。

4.1.6.1.5　感染病灶或有腔脏器中的细菌

这些细菌是手术后感染的重要来源。这些细菌一般不可能用消毒、灭菌的方法杀灭,因此,操作时要严格遵守隔离制度,避免污染。污染器械和用品应与无菌用品分开放置,污染的人应重新消毒,手术结束后应用等渗生理盐水对手术区和切口充分冲洗。

**4.1.6.2　手术创外科感染的途径**

皮肤和黏膜是抵抗外界细菌侵入有机体的坚强防线,当手术切开皮肤或创伤时,皮肤的完整性即遭到破坏,这样就为细菌侵入打开了门户,因而有引起感染的危险。手术感染的途径中最重要的是接触感染。通常手术创外科感染的途径有以下两方面。

4.1.6.2.1　外源性感染

外界的病原微生物通过各种途径进入伤口内部而引起的感染称为外源性感染。这是手术感染的主要途径,可分为以下几种:

(1)空气感染:空气本身并非是感染源,所谓的"空气感染",通常是指空气中的尘埃连同附着在其上的细菌一起落入伤口内而引起的感染。

(2)飞沫感染和滴入感染:所谓的"飞沫感染",是指由于手术人员谈话、咳嗽和喷鼻时喷出的飞沫落入伤口内而引起的感染。患有口腔或上呼吸道疾病的手术人员尤其要注意飞沫感染,因为此时病菌的毒力较强。手术人员手臂和前额上的汗滴,因含有来自汗腺的细菌,如果落入伤口内,也易引起感染。

(3)接触感染:这是手术发生感染的主要途径,应特别注意预防。接触感染有以下几种:

①手术人员手臂的污染:手术人员的手臂在手术时需要直接或间接且反复多

次接触手术创口,手臂消毒不良成为感染的重要途径之一。通常人们的手上就带有许多细菌,如果兽医人员在处理化脓创或进行尸体剖检时不注意手的防护,手的污染就更严重。由于手臂的消毒受到许多限制,严重的污染可使手臂在数天内都不易做到彻底消毒,因此,手术人员除术前应严格消毒外,平时也应注意避免手臂严重污染。

②术部被毛的污染:畜体的被毛和皮肤上存在大量的微生物,其中化脓性微生物含量在冬季可达60%。如果术部消毒不良,术部被毛和皮肤上的微生物就可能落在伤口内,引起感染。

③手术器械、敷料和其他用品的污染:如果直接或间接接触手术创的器械、敷料和其他用品被细菌污染,细菌就不可避免地被带入创内而造成感染。因此,这些物品都应该严格消毒或灭菌,且不能与污染用品接触。

④植入感染:植入感染是指长期留在创内或不慎留在创内成为感染源的物品所引起的感染。如消毒不良的缝线、剪下的线头、异物或留在创内作为引流的纱布或引流管等。这些物品长期留在组织中,如果消毒不良而被污染,就会成为细菌隐蔽的场所以及危险的手术感染来源。

⑤术后切口的污染:术后切口的污染也称为继发性外源性感染。术后对切口缺乏妥善的保护,致使伤口遭受污染,是常见的手术感染来源之一。如对病畜缺乏必要的保护措施,任凭病畜倒卧在污染的环境中,伤口即受到污染。

4.1.6.2.2 内源性感染

这种感染形式较少遇到。病原微生物会以某种形式以隐性状态存在于机体内,如果手术过程中触动或偶然切开了含有病原微生物的组织,就可能在术后产生并发症和术后感染。如创伤愈合后的疤痕、脐部的疤痕、淋巴结和已形成包膜的脓肿,都可成为隐性感染灶。

### 4.1.6.3 手术室的消毒

4.1.6.3.1 手术室的基本要求

手术室的条件与预防手术创的空气感染关系密切。手术室的基本要求包括:应有一定的面积和空间;天花板和墙壁应平整光滑;应有良好的给排水系统;要有足够的照明设备;要有较好的通风系统;应保持适当的温度,以20~25℃为宜;经济条件允许时,分别设置无菌手术室和污染手术室;手术室内应仅放置重要的器具,不必要的、无关的物品一律不得摆放;手术室还需设立必要的附属用房;比较完善的手术室,应设置仪器设备的存储室。

4.1.6.3.2 手术室的消毒方法

最简单的方法是把手术室打扫干净,用3%~5%来苏尔或5%漂白粉等消毒剂喷洒,消毒后通风换气。人工紫外灯照射消毒可以有效地净化空气,减少空气中细菌的数量,也可以杀死物体表面上附着的微生物。化学药物熏蒸消毒主要有甲醛熏蒸法(40%甲醛溶液加热,蒸气熏蒸 4 h,可杀灭细菌芽孢、细菌繁殖体、病毒、真菌等)、福尔马林加氧化剂法(福尔马林加一半量的高锰酸钾粉,持续熏蒸 4 h)和乳酸熏蒸法(乳酸原液 10~20 mL/100 m$^3$,加入等量的水,加热持续 60 min)。

#### 4.1.6.4 手术部位的消毒

##### 4.1.6.4.1 术部除毛

动物被毛浓密,容易沾染污物,并隐藏大量的细菌。因此,手术前必须先用肥皂水充分洗刷术部周围大面积的被毛。寒冷季节可使用温消毒水湿擦被毛,再用干布拭干。然后将术部被毛剪短、剃净。剃毛时要避免造成微细的创伤,或过度刺激皮肤而引起充血。剃毛最好在手术前一天完成,以便有时间缓解因剃毛而引起的皮肤刺激。术部的剃毛范围要超出切口周围 20~25 cm,小动物可在 10~15 cm 的范围。有时要考虑到可能需要延长手术切口,剃毛的范围应更大些。在紧急手术时,仅需要剪除被毛,再用消毒水洗净即可。兽医临床过去使用的脱毛剂,由于具有不良气味和刺激性,目前已很少使用。

##### 4.1.6.4.2 术部消毒

术部皮肤消毒最常用的药物是 2%碘酊和 70%酒精。先用纱布或棉球蘸 2%碘酊,均匀涂擦皮肤,待自然晾干后,再用 70%酒精脱碘 2 遍。在涂擦碘酊和酒精时要注意:如果是无菌手术,应由手术区的中心部位向四周涂擦;如果是感染的创口,则应由较清洁处涂向患处。

皮肤消毒也可以采用以下药剂:①0.75%碘伏,不必用酒精脱碘,临床使用更简便,效果较好。②苯扎溴铵,适用于皮肤、黏膜、会阴部和肛门部的消毒,也常用于幼崽皮肤黏膜的消毒。用纱布或棉球蘸 0.1%苯扎溴铵,涂擦术区 3 遍即可达到消毒的目的。③0.1%氯己定,应用范围、使用方法同苯扎溴铵,但灭菌的效果大于苯扎溴铵。涂擦的范围相当于剃毛区。注意:苯扎溴铵等阳离子表面活性剂与肥皂解离的阴离子活性基团相互作用,可造成消毒性能下降。

对于口腔、鼻腔、阴道、肛门等处黏膜的消毒,可先洗去黏液及污物,再用 0.1%苯扎溴铵、高锰酸钾溶液、利凡诺溶液洗涤消毒。眼结膜多用 2%~4%硼酸溶液消毒。做蹄部手术前,可用 2%煤酚皂溶液脚浴。

术部消毒后应立即进行手术,不可在空气中暴露过久,以免术区被污染。

##### 4.1.6.4.3 术部隔离

术部虽经消毒,但术区周围未经严格消毒的被毛,容易对手术区造成污染,加上动物在手术时容易挣扎、骚动,易使尘土、被毛、皮屑等落入伤口内(局部麻醉时更容易出现)。因此,手术区皮肤消毒后,切口周围应铺盖无菌布单,以遮盖其他部位,减少术中的污染。铺盖无菌布单一般由穿好手术衣、戴好手套的器械护士(助手)及第一助手完成。简单的手术一般直接铺一块较大的有孔手术巾,即可进行手术。多数手术均应根据不同手术、不同部位铺盖相应的无菌巾和无菌手术单。

无菌巾、单的铺盖原则:第一助手未穿上手术衣铺盖无菌巾、单时,应先铺对侧,后铺操作侧;穿手术衣铺盖时,先铺操作侧,后铺对侧;先铺"脏区"(如会阴部、后腹部等),后铺洁净区;先铺下方,后铺上方。铺盖无菌巾时不可触及任何未经灭菌的物品;铺下无菌巾后只可由手术区向外移动,不可向内移动。

在实际工作中,不同部位手术的无菌巾有不同的铺盖方法。常用手术部位无菌巾、单的铺盖方法如下:

(1)腹部手术:倒卧保定时,将无菌巾在 1/3 处折为双层,双层部位靠近切口。铺盖无菌巾时距离切口周围 2～3 cm,未穿手术衣时先铺切口下方,第二块盖在对侧一边,第三块盖在切口上方,第四块盖在靠近自己的一侧,然后用创巾钳将手术巾固定在动物皮肤上,或用数针结节缝合代替创巾钳固定手术巾。最后在手术巾上面再铺盖一个大孔单,必要时在铺盖大孔单之前先铺两块中单于切口上下方。

(2)四肢手术:倒卧保定时,先由助手将患肢抬起,再用一块无菌巾将四肢下端包裹、缠绕起来,用创巾钳将无菌巾固定在患肢上,放下患肢,再于手术部位铺盖无菌巾、单。

给全身麻醉下行倒卧保定的动物实施手术时,手术巾对手术区有很好的保护和隔离作用。但对于某些需要在站立状态下实施手术的大动物而言,如对牛行瘤胃切开术、剖腹产术时,手术巾的作用常受到影响。主要是因为无菌巾在局部的固定并非易事,即使暂时固定牢固,手术过程中也会因手术巾的重力、动物局部麻醉后仍会骚动不安等使手术巾移动,难以达到隔离的作用。对此可采用特制的大手术巾,大手术巾能铺盖到手术动物的背部及对侧腹部,其重量足以使其在手术中达到平衡状态,不会下滑,再给予适当的固定,即可减少手术巾重力的影响。此外,近年来在人外科临床上常采用一次性自黏性手术隔离膜,在手术部位除毛、消毒后,待其干燥,将隔离膜粘在皮肤上,以达到隔离的目的。使用这种隔离膜时,即使动物在手术中骚动,隔离膜也不会移动而影响隔离的效果。

#### 4.1.6.5 器械、物品的消毒和灭菌

4.1.6.5.1 煮沸灭菌法

在普通的水中加入碳酸氢钠,配成 2% 碳酸氢钠溶液,自煮沸开始计算时间,煮沸器械或物品 10～15 min,即可充分灭菌。碳酸氢钠不但可以提高沸点(105 ℃)和灭菌能力,还可以防止金属器械生锈(但对橡胶制品有害)。

煮沸灭菌法操作简单,但并不是绝对可靠的,该方法不能杀灭具有顽强抵抗力的芽孢。因此,凡接触过带芽孢细菌(如破伤风杆菌、坏疽杆菌等)的器械或物

品，必须煮沸 40~60 min。值得注意的是，在煮沸灭菌时，器械和物品必须放在水面以下，煮沸器的盖应严密关闭，以确保沸水的温度。

正确使用煮沸灭菌法还应注意以下事项：被灭菌的物品必须去油洗净，煮锅必须保持清洁、无油脂，因为油脂可阻碍细菌和湿热的接触；灭菌物品必须全部放在水面以下，器械的关节必须充分打开；煮沸时应盖紧，灭菌的时间应从煮沸后开始计算，如灭菌过程中必须加入其他物品，应重新计算时间。

#### 4.1.6.5.2 高压蒸汽灭菌法

在密闭的高压蒸汽灭菌器内，蒸汽的压力增高，温度也随之增高，可达 130 ℃，这样高的温度可在较短时间内杀死所有细菌，包括具有顽强抵抗力的芽孢。一般在蒸汽压力 103 kPa，温度达 121.6 ℃时，经 15~20 min 即可达到可靠的灭菌效果。过高的温度或过长的时间都是不需要的，因为可能损坏物品的质量，尤其是橡胶类制品。

表 4-1　灭菌器内蒸汽压力与温度的比例

| 蒸汽压力/kPa | 温度/℃ |
| --- | --- |
| 0 | 100 |
| 103 | 121.6 |
| 138 | 126.6 |
| 207 | 134.4 |

在使用高压蒸汽灭菌器时应注意，蒸汽首先进入灭菌器的套层，再自上方进入灭菌器的内部；蒸汽较空气轻约 1/3，浮在上面，不易与空气混合。在加压前，要先通入足够的蒸汽，迫使灭菌器内的空气向下经出气管（装在灭菌器的下面）完全排出；然后关闭出气管，开始加压。如果灭菌器内残留有空气，会阻碍蒸汽均匀散布到灭菌器各处，影响灭菌的效能。根据实验显示，在没有空气的灭菌器内，炭疽杆菌的芽孢在 3 min 内即可被杀死，如有 20% 以上的空气，则 10 min 后才可杀死炭疽杆菌的芽孢，含 34% 的空气时，半小时也杀不死炭疽杆菌的芽孢。想要除去蒸锅内的全部空气是很复杂的，如能排除 90% 的空气，在实践中就已达到了目的。

灭菌器的温度表装在出气管处，这样可准确地指示灭菌器内的温度，也可通过灭菌器上方的压力表反映灭菌器内的温度。当压力或温度达到所需要的温度（121.6 ℃）时，才开始计算所需要的灭菌时间（15~20 min）。

还需注意的是，灭菌器内的物品不要包裹得太紧，也不宜过大，一般不要超过 55 cm×33 cm×22 cm。包裹的排列不宜过密，这样使蒸汽容易进入包裹的内部，以保证灭菌的效果。

避免蒸汽温度过高。蒸汽内如无足够的水分，温度高于饱和蒸汽温度时杀菌能力会降低，且易烧焦布类和橡胶制品。

定期检查灭菌效果。测定灭菌器灭菌效能的最好方法是定期进行细菌学检查，一般每月一次。通常用含芽孢菌的泥土，置于灭菌器底层物品包裹的中心部位，在灭菌完毕后，再做细菌培养。简单的方法是将记录温度计或升华硫黄（熔点为 120 ℃）置于灭菌器底层物品包裹的中心部位，当灭菌器温度计示数达到 121.6 ℃时，如果记录温度计的示数达到 120 ℃，或试管内的升华硫黄已经熔化，即表示灭菌器的灭菌效能良好、可靠。

4.1.6.5.3　化学药品消毒法

化学药品消毒法是指利用某些化学消毒剂的杀菌作用进行消毒的方法，一般仅限于不能应用高热灭菌的物品。

作为灭菌的手段，化学药品消毒法的效果并不理想，尤其是对细菌芽孢，往往难以杀灭。此外，化学药品的消毒能力受到药物浓度、温度、作用时间等因素的影响。但化学药品消毒法不需要特殊的设备，使用方便，尤其是对某些不宜用高热灭菌的物品，仍不失为一种有效的灭菌方法。

化学药品消毒法有 2 种，一种是溶液浸泡法，另一种是气体熏蒸法。在使用化学消毒剂溶液浸泡法时，必须注意以下事项：浸泡前应将需要消毒的物品洗净、去脂并擦干。有些消毒剂与血液、脓汁、肥皂、油脂等接触后，其作用效果可降低。器械的关节必须打开，有腔物品必须排尽空气，使腔内充满消毒液，物品不可露出液面。使用某些消毒剂（如苯扎溴铵、洗必泰、消毒净等）浸泡金属器械时，必须加入防锈剂。如在 1000 mL 溶液中加入 5 g 亚硝酸钠或 3 g 碳酸氢钠。必须严格掌握浸泡时间，不应随时放入未消毒的物品。使用器械前，必须用无菌等渗盐水将消毒液冲洗干净，因为有些消毒液对组织和物品可能有损害作用。

临床上所用的化学药品很多，常用的有下列几种：苯扎溴铵是应用最多、最普遍的一种，其毒性较低，刺激性小，消毒能力较强，略带一种芳香气味。使用时多配制成 0.1% 溶液，常用于浸泡消毒手臂、器械或其他可浸湿物品等。其原药呈黄色黏稠的流膏样，市售为 5% 水溶液，使用时稀释 50 倍，即成 0.1% 溶液。苯扎溴铵属于阳离子表面活性剂，这类药物还有洗必泰、度米芬和消毒净等。其用法基本相同，只是浓度稍有差异。苯扎溴铵溶液易获得，配制和使用都很方便，其主要特点是：浸泡器械或消毒手臂及其他物品后，不必用灭菌生理盐水冲洗，直接应用对组织无刺激，使用方便。稀释后的水溶液比较稳定，可较长时间储存。实验结果提示，储存时间一般不宜超过 4 个月。可以长期浸泡器械，既储存又灭菌，但浸泡器械时必须按比例加入 0.5% 亚硝酸钠，即每 1000 mL 的 0.1% 苯扎溴铵溶液中加入医用亚硝酸钠 5 g，配成防锈苯扎溴铵溶液。环境中有机物的存在会使苯扎溴铵的消毒能力显著下降，故在应用时需注意不可带入血污或其他有机物。器械上的血污必须清洗干净，然后才能泡入药液中，否则很快使药液变为灰绿色而降低其杀菌能力。在浸泡、保存消毒器械的容器中,不能混有杂物、毛发和沉淀性杂质。需及时用纱布过滤,使用其澄清的液体。不可与各种清洁剂如肥皂混用,后者属于阴离子表面活性剂,两者混用会大大降低苯扎溴铵的消毒效能。忌与碘酊、升汞、高锰酸钾和碱类药物混合应用。

表面活性剂还有度米芬,溶液浓度为0.05%~0.1%,用于浸泡或擦拭。消毒净,用0.1%~0.5%水溶液浸泡或擦拭消毒。洗必泰,用0.02%水溶液消毒手臂,浸泡3 min。术野用0.05%洗必泰酒精(70%)溶液消毒,器械消毒用0.1%水溶液,外伤冲洗用0.05%水溶液。

酒精是常用的消毒剂,一般采用70%水溶液。70%酒精亦可作为手臂的消毒液,但消毒之后需用灭菌生理盐水冲洗。其他可浸湿物品的消毒,浸泡时间不少于30 min,可达到理想的消毒效果。大件器物不宜使用,因需酒精太多,价格昂贵。

煤酚皂溶液(即来苏尔)不可以使用粗制产品,因为粗酚会使器械表面不洁,且对活组织的损害较重。煤酚皂溶液是常用的消毒药,多用于环境的消毒。在没有其他较好方法的情况下,亦可选用煤酚皂溶液消毒器物。用5%煤酚皂溶液浸泡器械30 min。因其有刺激性,应将黏附于器械表面的药液冲洗干净,方可应用于手术区内,在手术方面,它并不是理想的消毒药品。

10%甲醛用作金属器械、塑料薄膜、橡胶制品及各种导管的消毒液,一般浸泡30 min。40%甲醛溶液可以作为熏蒸消毒剂。在任何抗腐蚀的密闭大容器里都可以进行熏蒸消毒,较大的玻璃干燥器即可用作熏蒸器具。采用甲醛熏蒸消毒的器物,在使用前需用灭菌生理盐水充分清洗,以除去其刺激性。

聚乙烯吡咯烷酮碘为棕黄色粉末,可溶于水和乙醇,着色浅,易洗脱,对皮肤、黏膜刺激性小,不需用乙醇脱碘,无腐蚀作用,且毒性低。它是聚乙烯吡咯烷酮与碘的复合物,含有效碘9%~12%。当接触皮肤或黏膜时,能逐渐缓释出碘而起到消毒及杀灭微生物的作用。该药的刺激性较碘酊低,对细菌、真菌和病毒均有很强的杀灭作用,但对细菌芽孢作用较弱。它是一种新型外科消毒药,常用7.5%溶液(有效碘0.75%)消毒皮肤,1%~2%溶液用于阴道消毒,0.55%溶液以喷雾方式用于鼻腔、口腔和阴道黏膜的防腐。

#### 4.1.6.6　手术人员的准备与消毒

手术人员本身,尤其是手臂的准备与消毒对防止手术创的感染具有重要的意义,手术人员在术前应做好以下准备。

##### 4.1.6.6.1　更衣

通常在更衣间内进行更衣。脱去外衣、裤子和鞋,穿上手术室的清洁衣裤和专用鞋,上衣最好是短袖衫,以充分显露手臂,避免将室外的污尘带入手术室内。

上衣的袖子只许遮住上臂的1/3。带好手术帽和口罩,手术帽的前缘要齐眉,并将头发全部遮住,手术口罩要有足够的大小,须能遮住口和鼻。戴眼镜者可简单地用阔胶布条封闭口罩上缘,以免热呼气上升而使镜片模糊。接着应剪短指甲,剔除逆刺,清除甲垢。

#### 4.1.6.6.2 手臂的清洁与消毒

用肥皂和指刷反复洗刷手臂,用流水充分冲洗,对手臂进行初步的机械性清洁和处理。如果这个步骤执行得严格、仔细,则手臂上大部分微生物和污物(如皮脂、脱落的表皮和皮屑等)会被清除,为下一步手臂的消毒打好基础;反之,如果潦草从事,则将在很大程度上影响下一步对手臂的消毒。因此,对这个步骤应给予足够的重视。先用肥皂作一般的洗手,再用无菌毛刷蘸煮过的肥皂水洗刷手臂部。洗刷顺序为从指尖到肘上10 cm处,以防遗漏。洗刷5~10 min,洗刷时要用力,特别注意甲缘下、指间和手掌等处。

对手臂洗刷的具体顺序为:甲缝→指端→手指、指间→手掌、掌背→腕部→前臂→肘部及以上10 cm处。洗刷结束后,至少用流水冲洗3遍,冲洗时要将手朝上,使水自手部流向肘部。洗刷完毕后,用无菌纱布(每侧一块)按顺序擦干手、前臂及肘部,以免将水带入酒精桶内而冲淡酒精。

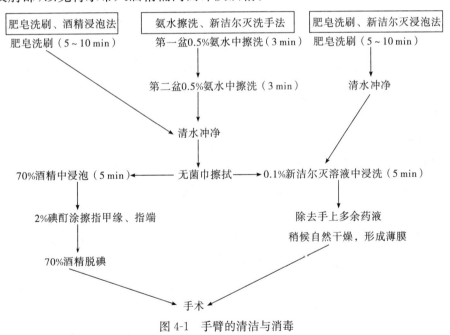

图4-1 手臂的清洁与消毒

#### 4.1.6.6.3 穿无菌手术衣

手术衣以后开身系带的长罩衫为宜,长袖紧口,用纯棉材料制成。拿取无菌手术衣,选择较宽敞处站立,面向无菌台,手提衣领,抖开,使无菌手术衣的另一端下垂。两手提住衣领两角,衣袖向前位将手术衣展开,举至与肩同齐,使手术衣内侧面面对自己,顺势将双手和前臂深入衣袖内,并向前平行伸展。巡回护士在穿衣者背后抓住衣领内面,协助将袖口后拉,并系好系带。

穿无菌手术衣时应注意:穿无菌手术衣必须在相应手术间进行;无菌手术衣不可触及非无菌区域,如有质疑,立即更换;无菌衣有破损或可疑污染时,立即更换;巡回护士向后拉衣领时,不可触及手术衣外面;穿无菌手术衣人员必须戴好手套,方可解开腰间活结或接取腰带,未戴手套的手不可拉衣袖或触及其他部位;无菌手术衣的无菌区范围为肩以下、腰以上及两侧腋前线之间。

#### 4.1.6.6.4 戴手套

戴手套有干戴和湿戴两种方法。目前,兽医临床常用湿戴法,即采用0.1%新洁尔灭日夜浸泡消毒后湿戴。用手捏住手套套口的翻折部,分清左右手,将右手插入右手手套内,分开五指并插入相应的手指套内,然后帮助左手完成。双手相互交叉折叠腕部的衣袖并将手套的翻折部盖住手术衣袖口。

戴无菌手套时应注意:未戴手套的手不可触及手套外面;已戴手套的手不可触及未戴手套的手;手套的上口要严密套盖住手术衣袖;戴好手套后用灭菌生理盐水冲洗;如发现有手套破损,需立即更换;干戴手套时应先穿好手术衣,湿戴手套时应后穿手术衣。

### 4.1.7 麻醉法

麻醉的主要目的是使施术动物失去痛觉,保持安静,便于肌内注射,保证外科手术顺利进行。麻醉可分为全身麻醉和局部麻醉。

#### 4.1.7.1 麻醉前用药

给予动物神经安定药或安定镇痛药,其作用是:使动物安静,以消除麻醉诱导时的恐惧和挣扎;手术前镇痛;作为局部或区域麻醉的补充,以限制自主活动;减少全麻药的用量,从而减少麻醉的副作用,提高麻醉的安全性;使麻醉苏醒过程平稳。

麻醉前常用的药物主要有:

(1)安定:肌内注射给药45 min或静脉注射5 min后,产生安静、催眠和肌松作用。牛、羊、猪肌内注射0.5~1 mg/kg,犬、猫0.66~1.1 mg/kg,马0.1~0.6 mg/kg。

(2)乙酰丙嗪:马肌内注射5~10 mg/100 kg,牛50~100 mg/100 kg,猪、羊0.5~1 mg/kg,犬1~3 mg/kg,猫1~2 mg/kg。

(3)吗啡:吗啡对马、犬、兔效果较好,而反刍动物、猪、猫慎用。马10~20 mg/kg,静脉注射,或0.2~0.4 g,皮下注射;犬2 mg/kg,皮下或肌内注射;兔和啮齿类动物3~5 mg。

(4)阿托品:马、牛50 mg,羊、猪10 mg,犬0.5~5 mg,猫1 mg,皮下或肌内注射。阿托品的主要作用包括:明显减少呼吸道和唾液腺的分泌,使呼吸道保持通畅；降低胃肠道蠕动，防止在麻醉时呕吐；阻断迷走神经反射，预防反射性心率减慢或骤停。

(5)小动物临床诱导麻醉常用丙泊酚、舒泰和右美托咪定。

#### 4.1.7.2 全身麻醉

全身麻醉是指利用某些药物对中枢神经系统产生广泛的抑制作用，从而暂时地使机体的意识、感觉、反射和肌肉张力部分或全部丧失的一种麻醉方法。全身麻醉包括吸入麻醉、非吸入麻醉、神经安定镇痛和电针麻醉。

(1)吸入麻醉是指采用气态或挥发性液态的麻醉药物，使药物经过呼吸由肺泡毛细血管进入循环系统，并达到中枢神经系统，使中枢神经系统产生麻醉效应。常用的麻醉药有麻醉乙醚、氟烷、甲氧氟烷、安氟醚、氧化亚氮等。为减少麻醉前的副作用，消除不良反应，可在麻醉以前给药，保持过程平稳，如使用氯丙嗪、安定、吗啡、镇痛新等。

(2)非吸入麻醉是指麻醉药不经吸入而进入体内并产生麻醉效应。非吸入麻醉药因动物种属不同，在使用上各有其自身的特点。除了应考虑种属之间的差异外，有时还应考虑个体之间对药物耐受性的不同，即所谓的"个体差异"。在临床使用上，应针对动物的种类选择适合的药物。用药的剂量因给药的途径不同而有所差别。剂量过小，常达不到理想的麻醉效果，追加给药比较麻烦，且多次追加还有蓄积中毒的风险；剂量过大，一旦药物进入体内，则很难消除其持续的效应，故应慎重。对某些安全范围狭窄的药物尤其应注意。非吸入麻醉的优点是操作简便，不需特殊装置，一般不出现兴奋期。常用药物有水合氯醛、静松灵等。

(3)神经安定镇痛是为了减轻某些麻醉药物对肌体的不良影响，尽量减少对中枢神经系统的过度抑制而使用的技术，它适合于某些不能接受深麻醉的动物，特别是原有心肺功能不全或肝肾机能差的动物。神经安定镇痛是将神经安定药和镇痛药合并使用，具有药量小、镇痛和镇静效果好的优点。常用药物有保定灵。

(4)电针麻醉是从针刺麻醉发展而来的（针刺麻醉是在针灸疗法的基础上发展起来的），就是用不同波形和频率的电压进行刺激。电针麻醉的优点包括：生理干扰少，恢复常态快，动物在手术过程中始终保持清醒状态；麻醉过程中可以自由采用强心、输液等措施；术后麻醉解除快；方法简便、易行，有利于推广。

#### 4.1.7.3 局部麻醉

利用某些药物有选择地暂时性阻断神经末梢、神经纤维以及神经干的冲动传导，从而使其分布或支配的相应局部组织暂时丧失痛觉的一种麻醉方法。局部麻醉方法有以下几种：

(1)表面麻醉：利用麻醉药的渗透作用，使其透过黏膜而阻滞浅在的神经末梢。常用药物为 0.5%丁卡因或 2%利多卡因。

(2)局部浸润麻醉:沿手术切口线皮下注射或深部分层注射麻醉药,阻滞神经末梢。常用药物为 0.25%~1%普鲁卡因。

(3)传导麻醉:在神经干周围注射局部麻醉药,使其所支配的区域失去痛觉。常用药物为 2%利多卡因或 2%~5%普鲁卡因。

(4)脊髓麻醉:将局部麻醉药注射到椎管内,阻滞脊神经的传导,使其所支配的区域失去痛觉。脊髓麻醉又分为硬膜外腔麻醉和蛛网膜下腔麻醉。

局部麻醉常用的药物有普鲁卡因、利多卡因和丁卡因,见表 4-2。

表 4-2  三种常用局部麻醉药的特点比较

| 特点 | 普鲁卡因 | 利多卡因 | 丁卡因 |
|---|---|---|---|
| 组织渗透性 | 差 | 好 | 中等 |
| 作用显效时间 | 中等 | 快 | 慢 |
| 作用维持时间 | 短 | 中等 | 长 |
| 毒性 | 低 | 略高 | 较高 |
| 用途 | 多用于浸润麻醉 | 多用于传导麻醉 | 多用于表面麻醉 |

### 4.1.8 手术基本操作

在外科治疗中,手术和非手术疗法是互相补充的。手术是外科综合治疗中重要的手段和组成部分,而手术基本操作技术又是手术过程中重要的一环。

#### 4.1.8.1 常用外科手术器械

外科手术器械是施行手术必需的工具。熟练地掌握器械的使用方法,与保证手术基本操作的正确性关系很大,是外科手术的基本功。

常用的基本手术器械有手术刀、手术剪、手术镊、止血钳、持针器、缝合针、牵开器、创巾钳、肠钳、探针等。

##### 4.1.8.1.1 手术刀

手术刀用于切割和分离组织,有固定刀柄手术刀和活动刀柄手术刀两种。为适应不同部位和手术的需要,刀片和刀柄有不同的规格。常用的刀柄规格为 4 号、6 号和 8 号大刀柄,这三种型号的刀柄只可安装 19 号~24 号大刀片;3 号、5 号和 7 号刀柄安装 10 号、11 号、12 号和 15 号小刀片。手术刀按刀刃的形状可分为圆刃手术刀、尖刃手术刀和弯形尖刃手术刀等。手术刀由刀柄和可装卸的刀片两部分组成。刀柄一般根据其长短及大小来分型,一把刀柄可以安装几种不同型号的刀片。刀片的种类较多,按其形态可分为圆刀、弯刀及三角刀等;按其大小可分为大刀片、中刀片和小刀片。手术时根据实际需要,选择合适的刀柄和刀片。刀柄通常与刀片分开存放和消毒。刀片应用持针器夹持安装,切不可徒手操作,以防割伤手指。装载刀片时,用持针器夹持刀片前端背部,使刀片的缺口对准刀

## 第4章 动物外科疾病

柄前部的刀棱,稍用力向后拉动即可装上。取下刀片时,用持针器夹持刀片尾端背部,稍用力提起刀片向前推即可卸下。手术刀主要用于切割组织,有时也用刀柄尾端钝性分离组织。用止血钳或持针器夹持刀片,装入刀柄前端的槽缝内。

根据不同的需要,执刀的姿势有下列几种:

(1)指压式:以手按压刀背后1/3处,用腕与手指的力量切割,适用于切开皮肤、腹膜及钳夹组织。

(2)执笔式:如同执钢笔,涉及腕部,力量主要在手指,需要小力量、短距离精细操作,用于切割短小切口,分离血管、神经等。

(3)全握式:力量在手腕,用于切割范围较广、用力较大的部位,如切开较长的皮肤切口、筋膜、慢性增生组织等。

(4)反挑式:刀刃由组织向外面挑开,以免损伤深部组织,如切开腹膜。

#### 4.1.8.1.2 手术剪

手术剪可分为两种,一种是沿组织间隙分离和剪断组织的组织剪,另一种是用于剪断缝线的剪线剪。正确的执剪方法是以拇指和第四指插入剪柄的两环内,不宜过深,食指轻压在剪柄和剪刃交界的关节处,中指放在第四指环的前外方柄上,准确地控制剪开的方向和长度。其他的执剪方法都有缺点,是不正确的。组织剪可根据大小、长短和弯直进行分类,直剪用于浅部的手术操作,弯剪用于深部的组织分离。

#### 4.1.8.1.3 手术镊

手术镊用于夹持、稳定或提起组织,以利于切开及缝合。手术镊有不同的长度。镊的前端分有齿和无齿(平镊),又有短型和长型,尖头和钝头之分,可按需要选择。有齿镊损伤大,用于夹持坚硬的组织;无齿镊损伤小,用于夹持脆弱的组织及脏器。执手术镊的方法是用拇指对食指和中指执拿,夹持力量应适中。

#### 4.1.8.1.4 止血钳

止血钳主要用于夹住出血部位的血管或出血点,以达到直接钳夹止血的目的,有时也用于分离组织、牵引缝线等。止血钳一般有弯、直两种,分为大、中、小等型。直钳用于浅表组织和皮下止血,弯钳用于深部止血。执拿止血钳的方法与手术剪相同。

松钳方法:用右手时,将拇指与第四指插入柄环内捏紧使扣分开,再将拇指内旋即可;用左手时,拇指及食指持一柄环,第三、四指顶住另一柄环,二者相对用力,即可松开。

#### 4.1.8.1.5 持针器

持针器又称持针钳,用于夹持缝针缝合组织。一般有握式持针器和钳式持针器两种。大动物手术常用握式持针器。使用持针器夹持缝针时,缝针应夹在持针器的尖端,若夹在齿槽床中间,则易将针折断。一般应夹在缝针的针尾 1/3 处,缝针应重叠 1/3,以便操作。

#### 4.1.8.1.6　缝合针

缝合针主要用于闭合组织或贯穿结扎。缝合针有两种,一种是带线缝合针(无眼缝合针),另一种是有眼缝合针。缝合针分为直型、1/2 弧型、3/8 弧型和半弯型。缝合针的尖端分为圆锥形和三角形。直型圆针用于缝合胃肠、子宫、膀胱等;弯针适用于缝合深部组织;三角针适用于缝合皮肤、腱、筋膜及瘢痕组织。直型圆针用于缝合胃肠、子宫和膀胱时,用手指直接持针操作。此法动作快,弯针有一定的弧度,操作灵便,不需要较大的空间,适用于深部组织的缝合。

#### 4.1.8.1.7　牵开器

牵开器又称拉钩,用于牵开术部表面组织,加强深部组织的显露,以利于手术操作,可分为手持牵开器和固定牵开器。手持牵开器由牵开片和机柄两部分组成,按手术部位和深度的需要,牵开片有不同的形状、长短和宽窄。目前使用较多的是手持牵开器,其牵开片为平滑钩状,对组织的损伤较小。耙状牵开器因容易损伤组织,只用于牵开皮肤切口。

手持牵开器的优点是可随手术操作的需要,灵活改变牵引的部位、方向和力量;缺点是手术持续时间较久时,助手容易疲劳。

#### 4.1.8.1.8　创巾钳

创巾钳有数种样式,用以固定手术巾,使用方法是连同手术巾一起夹住皮肤,防止手术巾移动,以免手和器械与术部接触。

#### 4.1.8.1.9　肠钳

肠钳用于肠管手术,以阻断肠内容物的移动、溢出或肠壁出血。肠钳结构上的特点是齿槽薄,弹性好,对组织损伤小,使用时需外套乳胶管,以减少对组织的损伤。

#### 4.1.8.1.10　探针

探针分普通探针和有沟探针,用于探查窦道,借以引导窦道及瘘管的切除或切开。在腹腔手术中,常用有沟探针引导切开腹膜。

### 4.1.8.2　组织分离法

组织分离的目的在于良好地显露深部组织,打开手术通路,便于切除病变部位。

#### 4.1.8.2.1　组织分离时的注意事项

切口大小必须适当,在充分暴露术部的前提下,切口越小越好。切开时,须按解剖层次分层进行,并注意保持切口从外到内的大小相同。切口组织必须整齐,力求一次切开。切开深部筋膜时,为了防止深层血管和神经的损伤,可先切一小口,用止血钳分离张开,然后再剪开。切开肌肉时,要沿肌纤维方向用刀柄或手指分离,少作切断,以减少损伤,影响愈合。切开腹膜、胸膜时,要防止内脏损伤。切割骨组织时,要先分离骨膜,尽可能地保存其健康部分,以利于骨组织的愈合。

**4.1.8.2.2　组织分离分类**

锐性分离是用刀或剪刀完成的。锐性分离对组织损伤小,术后反应少,愈合快。钝性分离是用刀柄、止血钳、剥离器或手指完成的。钝性分离造成的组织损伤较重,易残留失去活性的组织细胞,术后反应较重,愈合较慢。钝性分离适用于肌肉、筋膜和良性肿瘤的分离。

**4.1.8.3　止血法**

止血是手术过程中自始至终经常遇到而又必须立即处理的基本操作技术。完善的止血可以预防失血的危险和保证术部良好的暴露,有利于争取手术时间,避免误伤重要器官。常用的止血法如下。

4.1.8.3.1　全身预防性止血

在手术前给家畜注射增加血液凝固性的药物或同类型血液,以提高机体抗出血的能力,减少手术过程中出血。例如,在术前 30～60 min 输入同种同型血液,大家畜 500～1000 mL,猪、羊 200～300 mL;注射增加血液凝固性及促进血管收缩的药物,如肌内注射 0.3% 凝血质注射液、维生素 K 注射液、安络血注射液或止血敏注射液等。

4.1.8.3.2　局部预防性止血

肾上腺素止血常配合应用局部麻醉,利用肾上腺素收缩血管的作用,达到减少术部出血的目的,但肾上腺素作用消失后,小动脉血管扩张,可能引发二次出血。一般在 1000 mL 普鲁卡因溶液中加入 0.1% 肾上腺素 2 mL,作用可维持 20 min 至 2 h。止血带止血适用于四肢、阴茎和尾部手术,一般用橡皮管或绳索、绷带。橡皮管止血方法是:用足够的压力于手术部位的上 1/3 处将橡皮管缠绕数周固定,保留时间不得超过 90 min,松开止血带时,宜采用多次"松、紧、松、紧"的方法,严禁一次松开。

4.1.8.3.3　手术过程中止血

压迫止血是用纱布或泡沫塑料压迫出血的部位,以清除术部的血液。为了提高止血的效果,可选用温生理盐水、1%～2% 麻黄素、0.1% 肾上腺素浸湿后拧干的纱布。钳夹止血是利用止血钳的最前段夹住血管断端,钳夹方向应尽量与血管垂直。结扎止血是先用止血钳夹住出血处,然后用线结扎。填塞止血是指当深部出血无法找到血管断端时,用灭菌纱布紧塞以达到止血目的的方法。烧烙止血是用电烧烙器或烙铁将血管断端收缩封闭而止血。

4.1.8.3.4　局部化学及生物止血法

麻黄素、肾上腺素止血是指用 1%～2% 麻黄素溶液或 0.1% 肾上腺素溶液浸湿的纱布进行压迫止血。明胶海绵止血多用于一般方法难以止血的创面出血以及实质器官、骨松质及海绵质出血。止血原理是促进血液凝固和提供凝血时所需要的支架结构,明胶海绵能被组织吸收,使受伤血管日后保持贯通。

#### 4.1.8.4 缝合法

缝合是将已经切开、切断或因外伤而分离的组织、器官进行对合或重建其通道,保证良好愈合的基本操作技术。

##### 4.1.8.4.1 缝合原则

严格遵守无菌操作的原则。缝合前必须彻底止血,清除凝血块、异物及无生机的组织。为了使创缘均匀接近,在两针孔间要有相当的距离,以防拉穿组织。缝合针的刺入和穿出部位应彼此相对,针距相等,否则易使创伤形成皱襞和裂隙。凡无菌创或非污染的新鲜创经外科常规处理后,可作对合密闭缝合。具有化脓腐败过程以及深部创囊的创伤可不缝合,必要时作部分缝合。在缝合组织时,一般是同层组织相缝合。除非特殊需要,不允许把不同类的组织缝合在一起。缝合、打结应有利于创伤的愈合,如打结时既要适当收紧,又要防止拉穿组织。缝合不宜过紧,否则易造成组织缺血。创缘、创壁应互相均匀对合,皮肤创缘不得内翻,创伤深部不应留有无效腔、积血和积液。在条件允许时可作多层缝合。不同组织的缝合要选择适当的缝合方法、针距以及边距,选择适当的缝合器械,在保证良好愈合的前提下,缝线越少越好,以减少组织对异物的排斥反应。若在手术后缝合的创伤出现感染症状,应立即拆除部分缝合线,以便排出创液。

##### 4.1.8.4.2 缝合材料

缝合材料包括缝合针、缝合线、持针器和辅助器械。缝合针又分圆形和三棱形,每种又分直型、半弯型和全弯型。缝合线分为吸收性缝线(如肠线和聚乙醇酸缝线)和非吸收性缝线(如丝线、不锈钢丝和尼龙缝线)。

##### 4.1.8.4.3 缝合方法

单纯对合缝合(对接缝合)中,单纯间断缝合用于皮肤、皮下组织、筋膜、黏膜、血管、神经和胃肠道的缝合,其优点是操作容易、迅速。在愈合过程中,即使个别缝线断裂,其他邻近缝线也不受影响,不致使整个创面哆开。能够根据各种创缘的延伸张力正确调整每根缝线的张力。如果创口有感染的可能,可将少数缝线拆除后排液,对创缘的血液循环影响较小,有利于创伤的愈合。单纯间断缝合的缺点是需要较长时间,使用缝线较多。单纯连续缝合常用于具有弹性、无太大张力、较长的创口,如用于皮肤、皮下组织、筋膜、血管和胃肠道的缝合。该方法的优点是节省时间和缝线,密闭性好;缺点是若一处断裂,则全部缝线拉脱,创口哆开。

内翻缝合法适用于胃肠道、子宫、膀胱等空腔器官的缝合,其优点是促进愈合,减少沾染。

伦勃特缝合法在胃肠道缝合中,用于缝合浆膜肌层。库兴缝合法是从伦勃特缝合法演变而来的,适用于缝合胃和子宫浆膜肌层。康奈尔缝合法多用于缝合胃肠和子宫壁。

外翻缝合法包括间断外翻缝合法和连续外翻缝合法,前者适用于血管、肌肉等组织的缝合,后者常用于血管和腹膜的缝合。

#### 4.1.8.4.4　打结法

外科常用的结有方结、三叠结和外科结。打结的方法有单手打结、双手打结和器械打结。

打结时应注意:打结收紧时应做到"三点一线",即左右手的用力点和结扎点成一直线。第一结和第二结的方向不能相同,即两手需交叉。用力均匀,两手的距离不宜离线太远。正确的剪线方法是结扎完毕,双线尾提起略偏左,在结节处上方倾斜剪断。

#### 4.1.8.4.5　拆线

拆线是指拆除皮肤缝线。拆线时间一般是手术后 7～8 天。

拆线方法:用碘酊消毒创口、缝线及周围皮肤,用镊子将线结提起,剪刀插入线结下,紧贴针眼剪断。拉出缝线,方向应向拆线的一侧,动作轻巧。再次用碘酊消毒创口及周围皮肤。

#### 4.1.8.4.6　组织缝合时的注意事项

目前所使用的缝合线(吸收性或非吸收性的)对机体来说均为异物,因此,在缝合过程中要尽可能地减少缝合线的用量。缝合后缝合线的张力与缝合的密度(即针数)成正比,但为了减少伤口内的异物,缝合的针数不宜过多,一般间隔为 1～1.5 cm,使每针所加于组织的张力相似,以便均匀地分担组织的张力。缝合时不宜过紧或过松,过紧会引起组织缺氧,过松可导致组织对合不良,以致影响组织愈合。皮肤缝合后应将积存的液体排出,以免造成皮下感染和线结脓肿。连续缝合虽具有力量分布均匀、抗张力强等优点,但若一处断裂,则全部缝线松脱,伤口裂开。组织应按层次进行缝合,较大的创伤要由深到浅逐层缝合,以免影响愈合或发生裂开。浅而小的伤口一般只作单层缝合,但缝线必须通过各层组织。缝合时要使缝针与组织垂直刺入,拔针时要按针的弧度和方向拔出。根据腔性器官的生理解剖和组织学上的特点,缝合时要注意:保证密闭性良好,不漏气、不透水,更不能让内容物溢入腹腔,应保持原有的收缩功能。为此,缝合时要用小针、细线,缝合组织要少,除第一道用连续缝合外,肠管第二层一般不做一周的连续性缝合,以免形成一个缺乏弹性的瘢痕环,收缩后发生狭窄,影响功能。腔性器官缝合的基本原则是使切开的浆膜向腔体内翻,浆膜面相对,浆膜上的间皮细胞受损后析出的纤维蛋白原,在酶的作用下很快凝固为纤维蛋白,黏附在缝合部,可修补创伤,为此,在第二道缝合时均采用浆膜对浆膜的内翻缝合。

#### 4.1.8.5 引流

##### 4.1.8.5.1 适应证

皮肤和皮下组织切口污染严重,经过清创,仍不能控制感染的创伤;脓肿切开排脓的创伤;切口内渗血,未能彻底控制,有继续渗血可能的创伤;愈合缓慢的创伤。

##### 4.1.8.5.2 引流种类

纱布条引流是用防腐灭菌的纱布条涂布软膏,放置引流。胶管引流是用管腔直径为 0.635~2.45 cm 的乳胶管进行引流,用前可剪出小孔。

##### 4.1.8.5.3 注意事项

引流物的类型和大小一定要适宜。引流物类型和大小的选择应根据适应证、引流管性能和创流排出量来决定。引流物的放置位置要正确,引流管要妥善固定,引流管必须保持通畅。必须详细记录引流物的类型、数量和位置。

#### 4.1.8.6 包扎法

包扎法是指利用敷料、卷轴绷带、复绷带、夹板绷带、支架绷带及石膏绷带等材料包扎止血,保护创面,防止自我损伤,吸收创液,限制活动,使创伤保持安静,促进受伤组织的愈合。

局部加压借以阻断或减轻出血及制止淋巴液渗出,为预防水肿和创面肉芽过剩而使用的绷带,称为压迫绷带;为防止微生物侵入伤口和避免外界刺激而使用的绷带,称为创伤绷带;当骨折或脱臼时,为固定肢体或体躯某部,以减少或制止肌肉和关节不必要的活动而使用的绷带,称为制动绷带。

卷轴带多用于家畜四肢游离部、尾部、角头部、胸部和腹部等。包扎方法是以左手持绷带的开端,右手持绷带卷,以绷带的背面紧贴肢体表面,由左向右缠绕。当缠第一圈之后,将绷带的游离端反转盖在第一圈绷带上,再缠第二圈压住第一圈绷带。然后根据需要进行不同形式的包扎缠绕,均应以环形开始并以环形终止。包扎结束后,将绷带末端剪成两条打个半结,以防撕裂。

##### 4.1.8.6.1 环形包扎法

环形包扎法用于系部、掌部、趾部等小创口的包扎。包扎方法是在患部把卷轴带呈环形缠绕数周,每周盖住前一周,最后将绷带末端剪开打结或以胶布固定。

##### 4.1.8.6.2 螺旋形包扎法

螺旋形包扎法是以螺旋形由下向上缠绕,后一圈遮盖前一圈的 1/3~1/2,用于掌部、踱部及尾部等的包扎。

##### 4.1.8.6.3 折转包扎法

折转包扎法又称螺旋回返包扎法,用于上粗下细径圈不一致的部位,如前臂和小腿部。包扎方法是由下向上呈螺旋形包扎,每一圈均应向下回折,逐圈遮盖上圈的 1/3~1/2。

4.1.8.6.4　蛇形包扎法

蛇形包扎法又称蔓延包扎,斜行向上延伸,各圈互不遮盖。该法用于固定夹板绷带的衬垫材料。

4.1.8.6.5　交叉包扎法

交叉包扎法又称"8"字形包扎法,用于腕关节、跗跖关节、球关节等部位,方便关节屈曲。包扎方法是在关节下方做一环形带,然后在关节前面斜向关节上方做一周环形带,再斜行经过关节前面至关节下方。待患部完全被包扎住后,以环形带结束。

4.1.8.6.6　垂耳包扎法

先在患耳背侧安置棉垫,将患耳及棉垫反折,使其贴在头顶部,并在患耳耳郭内侧填塞纱布。然后绷带从耳内侧基部向上延伸到健耳后方,并向下绕过颈上方到患耳,再绕到健耳前方。如此缠绕 3~4 圈将耳包扎好。

4.1.8.6.7　尾包扎法

尾包扎法用于尾部创伤,或后躯、肛门、会阴部施术前、后固定尾部。先在尾根作环形包扎,然后将部分尾毛折转向上作尾的环形包扎,将折转的尾毛放下,作环衫包扎,目的是防止包扎滑脱。如此反复多次,用绷带以螺旋形缠绕至尾尖,将尾毛全部折转,作数周环形包扎后,绷带末端通过尾毛折转所形成的圈内。

包扎注意事项:按包扎部位的大小、形状选择宽度适宜的绷带。包扎要求迅速准确,用力均匀,松紧适宜。在操作时绷带不得脱落污染。临床治疗中不宜使用湿绷带包扎,因为湿布会刺激皮肤,而且容易造成感染。对四肢部位的包扎,须按静脉血流方向,从四肢的下部开始向上包扎。包扎至最后末端应妥善固定,用胶布贴住比打结更为光滑、平整、舒适。如果采用末端撕开系结,结扣不可置于隆突处或创面上,也应避免啃咬而松结。包扎应美观,绷带平整无折皱,以免发生不均匀的压迫。解除绷带时,松开固定结,再朝缠绕反方向用双手相互传递松解。对破伤风梭菌等厌氧菌感染的创口,尽管做过一定的外科处理,但不宜用绷带包扎。

夹板绷带的包扎方法:先将患部皮肤刷净,包上较厚的棉花、纱布、棉花垫或毡片等衬垫,并用蛇形或螺旋形包扎法加以固定,然后装置夹板。夹板的宽度视需要而定,长度既应包括骨折部上下两个关节,使上下两个关节同时得到固定,又要短于衬垫材料,以免夹板两端损伤皮肤。最后用绷带螺旋包扎或用结实的细绳加以捆绑固定。铁制夹板可加皮带固定。

## 4.2 感染性疾病

### 4.2.1 脓肿

#### 4.2.1.1 概念
在任何组织或器官内形成的外有脓肿膜包裹、内有脓汁蓄积的局限性化脓性病灶,称为脓肿。若在解剖腔内发生脓肿,则称为蓄脓或积脓。

#### 4.2.1.2 病因
脓肿的主要致病菌是葡萄球菌,其他还有链球菌、大肠杆菌、绿脓杆菌和腐败细菌。另外,刺激性药物如水合氯醛、氯化钙、高渗盐水及砷制剂,误注或漏注于静脉外也会发生脓肿。

#### 4.2.1.3 症状
浅在性脓肿初期局部增温,有疼痛反应,以后开始软化并出现波动,随后脓汁溶解表层的脓肿膜和皮肤,可自溃排脓。深在性脓肿多见不到症状,但常出现皮下水肿,触诊时有疼痛反应,指压留有压痕。

脓肿的全身症状一般不明显,只有当脓肿破溃,有毒产物被机体大量吸收时,才会出现明显的全身症状,严重时可引起败血症。

#### 4.2.1.4 治疗
脓肿处于急性炎性细胞浸润阶段时,要抗菌、消炎、制止渗出,局部涂擦樟脑软膏和复方醋酸铅散,以抑制炎性渗出和止痛。炎性渗出停止后,用温热疗法、短波透热疗法促进炎性产物的消散和吸收,也可配合应用抗生素和磺胺类药物。当炎性产物已无消散和吸收的可能性时,应促进脓肿成熟,使用鱼石脂软膏、温热疗法,待出现波动后,立即进行手术。脓汁抽出法多用于关节部脓肿膜良好和脓肿膜形成良好的小脓肿。用注射器抽出脓汁后,再用生理盐水反复冲洗、抽净,灌注混有青霉素的溶液。脓肿成熟、出现波动后可使用脓肿切开法,立即切开脓肿,切口应选择波动最明显、排脓最容易的部位。脓肿切开后按化脓性创进行外科处理,切口要有一定的长度并做纵向切口,以保证在治疗过程中浓汁能顺利排出。深在性脓肿切开时除进行麻醉外,最好进行分层切开,并对出血的血管进行仔细结扎或钳夹止血,以防引起脓肿的致病菌进入血液循环,而被带至其他组织或器官,发生转移性脓肿。脓肿切开后,脓汁要尽量排空,但切忌用力压挤脓肿壁(特别是脓汁多而切口过小时),忌用棉纱等用力擦拭脓肿膜里面的肉芽组织,否则有可能损伤脓肿腔内的肉芽性防卫面而使感染扩散。如果一个切口不能彻底排空脓汁,亦可根据情况做必要的辅助切口。浅在性脓肿可用防腐液或生理盐水反复清洗脓腔,最后用脱脂纱布轻轻吸出残留在腔内的液体。切开后的脓肿创口可按化脓创进行外科处理。脓肿摘除法常用于脓肿膜完整的浅在性小脓肿。手术时要小心地把整个脓肿连同脓肿壁完整地分离下来,注意勿刺破脓肿膜,要求形成新鲜的无菌手术创,术后缝合包扎。对于已经出现全身症状的深在性脓肿,还应该在局部治疗的同时及时进行全身治疗。

### 4.2.2 蜂窝织炎

**4.2.2.1 概念**

在疏松结缔组织内发生的急性弥漫性化脓性炎症,称为蜂窝织炎。其特点是:常发生在皮下、筋膜下、肌间隙或深部疏松结缔组织内;病变不易局限,扩散迅速,与正常组织无明显界限;常累及病变附近的淋巴结,并伴有明显的全身症状。

**4.2.2.2 病因**

该病的主要致病菌是葡萄球菌和链球菌等化脓性球菌及大肠杆菌、厌氧菌等,一般经皮肤的细微创伤而引发,也可继发于其他的化脓性感染灶;另外,刺激性药物误注或漏注于疏松结缔组织内也可引发。

**4.2.2.3 分类**

按蜂窝织炎发生部位的深浅,蜂窝织炎可分为浅在性蜂窝织炎(如皮下、黏膜下蜂窝织炎)和深在性蜂窝织炎(如筋膜下、肌间、软骨周围、腹膜下蜂窝织炎)。按蜂窝织炎的病理变化,蜂窝织炎可分为浆液性蜂窝织炎、化脓性蜂窝织炎、厌氧性蜂窝织炎和腐败性蜂窝织炎,如化脓性蜂窝织炎伴发皮肤、筋膜和腱的坏死,则称为化脓坏死性蜂窝织炎;在临床上也常见到化脓菌和腐败菌混合感染而引起的化脓腐败性蜂窝织炎。按蜂窝织炎发生的部位,蜂窝织炎可分为关节周围蜂窝织炎、食管周围蜂窝织炎、淋巴结周围蜂窝织炎、股部蜂窝织炎、直肠周围蜂窝织炎等。

**4.2.2.4 症状**

蜂窝织炎的病程发展迅速,局部症状表现为大面积肿胀、局温升高、疼痛剧烈和机能障碍;全身症状表现为精神沉郁、体温升高、食欲不振,并出现各种系统机能紊乱。

皮下蜂窝织炎多发于四肢,初期呈弥漫性渐进性肿胀,触诊时局部热痛明显,皮肤紧张,无可动性,稍后局部化脓,经过良好者脓肿破溃、脓汁排出;恶化者脓汁向深部扩张。筋膜下及肌间蜂窝织炎表现为初期肿胀不明显,触诊痛感明显,以后迅速发展蔓延,患部热痛剧烈,机能障碍显著,炎症向肌间延伸,逐渐发展为坏死、化脓,脓肿破溃后流出大量的灰红色血样稀薄脓汁。肌间蜂窝织炎常继发于开放性骨折、化脓性骨髓炎、关节炎及腱鞘炎,有些是皮下蜂窝织炎或筋膜下蜂窝织炎蔓延的结果。肌间蜂窝织炎感染可沿肌间和肌群间大动脉及大神经干的径路蔓延,首先是肌外膜,然后是肌间组织,最后是肌纤维。先发生炎性水肿,继而形成化脓性浸润并逐渐发展成为化脓性溶解。患部肌肉肿胀、肥厚、坚实、界限不清,机能障碍明显,触诊和他动运动时疼痛剧烈。表层筋膜因组织内压增高而高度紧张,皮肤可动性受到很大的限制。肌间蜂窝织炎表现为全身症状明显,体温升高,精神沉郁,食欲不振。局部已形成脓肿时,切开后可流出灰色、常带血样的脓汁。有时化脓性溶解可引起关节周围炎、血栓性血管炎和神经炎。

当颈静脉注射刺激性强的药物时,若漏入颈部皮下或颈深筋膜下,则可引起筋膜下蜂窝织炎。注射后1~2天局部出现明显的渐进性肿胀,有热痛反应,但无明显的全身症状。当并发化脓性或腐败性感染时,则3~4天后局部即出现化脓性浸润,继而出现化脓灶。若脓胀未及时切开,则可自行破溃而流出微黄白色较稀薄的脓汁,并继发化脓性、血栓性颈静脉炎。当动物采食时,由于饲槽对患部的摩擦或其他原因,常造成颈静脉血栓脱落而引起大出血。

#### 4.2.2.5 治疗

蜂窝织炎的治疗坚持局部疗法和全身疗法并举的原则,着眼于减少炎性渗出,避免感染扩散,减轻组织内压,改善全身状况,增强机体抗病能力。

早期用0.5%普鲁卡因青霉素作病灶周围封闭,用醋酸铅冷敷。急性炎症缓和后温敷,以促进炎性产物的消散和吸收。局部治疗常用50%硫酸镁湿敷,也可用20%鱼石脂软膏或雄黄散外敷。有条件的地方可做超短波、微波、中波、红外线或氦氖激光等理疗。如在冷敷后不见好转,组织出现增进性肿胀、体温升高等恶化趋势,应立即手术切开(局限性蜂窝织炎性肿胀应在出现波动后再切开)。手术切开时应根据情况做局部或全身麻醉。浅在性蜂窝织炎应充分切开皮肤、筋膜、腱膜及肌肉组织等。为了保证渗出液顺利排出,切口必须有足够的长度和深度,并做好纱布引流。必要时应造反对口,四肢应做多处切口,最好是纵切或斜切。伤口止血后可用中性盐类高渗溶液作引流液,以利于组织内渗出液外流。亦可用2%过氧化氢溶液冲洗和湿敷创面,待肿胀明显消退后,体温恢复正常,创口按化脓创处理。

早期应用抗生素疗法、磺胺疗法及普鲁卡因封闭疗法。病畜要加强饲养管理,特别是多给予富含维生素的饲料。预防和治疗全身败血症,配合应用碳酸氢钠、乌洛托品、葡萄糖、樟脑酒精糖溶液等。

### 4.2.3 败血症

#### 4.2.3.1 概念

败血症是有机体从原发病灶吸收致病菌及其生活活动产物和组织分解产物,

引起机体急性全身性感染的病理性过程。一般来讲,败血症都是继发的,是开放性损伤、局部炎症和化脓性感染过程以及手术后的一种严重并发症。

#### 4.2.3.2 病因

败血症的主要致病菌是金黄色葡萄球菌、溶血性链球菌、大肠杆菌、厌气性链球菌和坏疽杆菌等,有时是单一感染,有时是混合感染。

机体过劳、衰竭、维生素不足、慢性传染病时容易发生该病。另外,处理创伤时使防卫肉芽受损、创内存在大量脓汁、创液和大量坏死组织等均能促使败血症的发生。

此外,长期使用糖皮质激素、免疫抑制剂等药物导致机体正常免疫机能改变,或者是慢性消耗性疾病、营养不良、贫血、低蛋白血症等其他原因导致免疫机能低下的病畜,还可并发内源性感染,尤其是肠源性感染,肠道细菌及内毒素进入血液循环,导致该病的发生。

#### 4.2.3.3 症状

转移性败血症是致病菌通过栓子或被感染的血栓进入血液循环而被带到不同的器官和组织内,形成转移性脓肿,即脓血症。脓血症多发生于牛、犬、禽、猪、绵羊等。临床表现为体温升高,呈弛张热型和间歇热型,精神、食欲发生变化,饮水增加,呼吸、心跳增数。血液检查示白细胞增数伴发核左移。转移性脓肿发生在不同器官,呈现不同症状:肝表现为结膜黄染;肠剧烈腹泻;肺表现为呼气带腐臭味并有大量脓性鼻液。

非转移性败血症又称毒血症,是由细菌毒素和组织分解产物进入血液而引起的全身中毒反应,常见于马和山羊。临床表现为许多组织器官的退行性变化,病畜卧底不起,体温升高至 40 ℃ 以上,呈稽留热型,食欲废绝,呼吸困难,结膜黄染,尿量减少,腹痛腹泻。血液检查可见红细胞数、血红蛋白含量减少,白细胞数初增多后减少,核右移。

#### 4.2.3.4 治疗

因为感染病灶是细菌繁殖及毒素产生和储存的场所,是败血症的发源地,所以,必须从原发和继发的败血症灶着手,消除感染和中毒的来源,消灭败血症的发病基础,去掉病根,否则再好的全身性用药,疗效也不理想。为此,必须彻底清除所有的坏死组织,切开创囊、流注脓肿和脓窦,摘除异物,排除脓汁,畅通引流,用刺激性较小的防腐消毒剂彻底冲洗败血病灶,然后按化脓性感染创进行局部处理。感染病灶周围用混有青霉素的盐酸普鲁卡因溶液封闭。

早期大量应用抗生素和磺胺类药物;维持循环血量和中和毒素,输血和补液;多给予维生素和饮水;为了防止酸中毒,可用碳酸氢钠疗法;为了增强肝脏的解毒机能和机体的抗病能力,可应用葡萄糖疗法。对症疗法的目的在于改善和恢复全身化脓性感染时受损害系统和器官的机能。心脏衰弱时可应用强心剂,肾机能紊乱时可应用乌洛托品,败血性腹泻时可静脉注射氯化钙。

## 4.3 损伤性疾病

损伤是由各种不同的外界因素作用于机体,引起机体组织器官在解剖上的破坏或生理上的紊乱,并伴有不同程度的局部和全身反应的病理过程。按损伤组织器官的性质,损伤分为软组织损伤和硬组织损伤;根据损伤的病因,损伤可分为机械性损伤、物理性损伤、化学性损伤和生物学性损伤。

### 4.3.1 创伤

#### 4.3.1.1 概念

创伤是因锐性外力或强烈的钝性外力作用于机体组织或器官,使受伤部位皮肤或黏膜出现伤口及深在组织与外界相通的机械性损伤。创伤是一种开放性损伤,如图4-2所示。

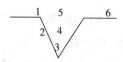

1. 创缘  2. 创壁  3. 创底  4. 创腔  5. 创口  6. 创围

图 4-2 创伤示意图

#### 4.3.1.2 一般症状

创伤出血量的多少决定于受伤的部位、组织损伤的程度、血管损伤的状况和血液的凝固性等。创口裂开是由受伤组织断离和收缩引起的,裂开程度决定于受伤的部位,创口的方向、长度和深度以及组织的弹性。疼痛及机能障碍是由感觉神经受损伤或炎性刺激引起的。疼痛的程度决定于受伤的部位、组织损伤的性状、动物种属和个体差异。

#### 4.3.1.3 种类和临床特征

根据致伤物的种类和性质,可以将创伤分为切创、刺创、砍创和挫创。切创由锐利的物体(如刀类、铁片或玻璃片)切割组织引发。创缘、创壁平整,组织挫灭轻微,出血多,疼痛轻微。及时处理,多取第一期愈合。刺创是由细长、锐利的物体(如钢丝或叉)刺入组织引发。创口小,创道长而狭,极易形成化脓性窦道,引起厌氧菌感染。砍创由劈砍物(如柴刀或马刀)砍切组织引发。创口裂开较大,疼痛明显,出血和挫灭组织较多,易感染、愈合慢。挫创是由钝性外力(如打击、冲撞、蹴踢等)作用或动物跌倒在硬地上所致。创形不整,出血量少,但组织挫灭和污染严重,易感染、愈合慢。

根据创伤的时间长短及是否污染,将创伤分为新鲜创、化脓创和肉芽创。新鲜创即受损时间短,尚流血或有血凝块,有的虽被污染,但无症状的创伤。化脓创是受损时间较长,进入创内的致病菌大量生长繁殖,出现明显的感染症状,引起全身性反应的创伤。肉芽创是急性炎症已消退,新生的肉芽组织快速生长,细菌仅停留在创伤的表面和死亡组织的脓性渗出物中,无蔓延趋势的创伤。

#### 4.3.1.4　影响创伤愈合的因素

创伤感染是延迟创伤愈合的主要因素,主要包括致病菌的致病作用、细菌毒素和炎性产物被机体吸收两方面。创内存在的异物或坏死组织导致炎性净化过程不能结束。受伤部位血液循环不良影响炎性净化过程的顺利进行和肉芽组织的生长。受伤部位不安静易引发继发感染,并破坏新生的肉芽组织。处理创伤不合理,如止血不彻底,施行清创手术过晚或不彻底,引流不通畅,不合理的缝合和包扎,不遵守无菌规则等,都能延长愈合时间。机体缺乏维生素可影响创伤愈合,如维生素 A 缺乏影响上皮细胞的再生;维生素 B 缺乏影响神经纤维的再生;维生素 C 缺乏导致细胞间质和胶原纤维的形成障碍;维生素 K 缺乏使血凝缓慢。

#### 4.3.1.5　创伤愈合的种类

第一期愈合是一种较为理想的愈合方式。其特点是创缘、创壁整齐,创口吻合,无肉眼可见的组织间隙,炎症反应轻微。创内无异物、坏死灶和血肿,组织保有生活能力,失活组织较少,没有感染。无菌手术创、新鲜污染创及时处理,都能达到此期愈合。第二期愈合的特征是伤口增生多量的肉芽组织,充填创腔,形成瘢痕组织而治愈。一般伤口较大,伴组织缺损,创缘及创壁不整,伤口内有血凝块、细菌感染、坏死组织以及由于炎性产物、代谢障碍而丧失第一期愈合能力的创伤,多取此期愈合。痂皮下愈合的特征是表皮擦伤,伤在浅表,有少量流血,以后血液或渗出浆液逐渐干燥而形成痂皮,并于痂皮下伤的边缘再生表皮而治愈。若发生细菌污染,则于痂皮下化脓取第二期愈合。

#### 4.3.1.6　治疗

创伤治疗的一般原则是:①抗休克。一般是先抗休克,待休克好转后再行清创手术。对于大出血、胸壁穿透创及肠脱出,应在积极抗休克的同时,进行手术治疗。②防治感染。受伤后应立即使用抗生素,预防化脓性感染,同时积极进行局部治疗,使污染的伤口变为清洁伤口并进行缝合。③纠正水和电解质失衡。通过输液调整机体中水和电解质平衡。④消除影响创伤愈合的因素。可促进肉芽组织生长,促进创伤早期愈合。⑤加强饲养管理。增强机体抵抗力,能促进伤口愈合,对严重的创伤,应给予高蛋白及富含维生素的饲料。

创伤治疗的基本方法包括:清洁创围;冲洗创腔,即用抑菌力较强的防腐药反复冲洗,如 0.2% 高锰酸钾溶液、3% 过氧化氢溶液和 2%～4% 硼酸溶液;外科处理,如扩大创口,除去深部异物,切除坏死组织,消灭创囊,排出脓汁;创伤用药,治疗化脓创的药物应具有抗菌、增强淋巴系统净化能力、降低渗透压、组织消肿、促进酶类作用正常化等特性,如10%食盐溶液、10%硫酸钠溶液、10%水杨酸钠溶液等;创伤引流,以纱布条浸高渗溶液引流。

经上述处理后,化脓创一般行开放疗法。根据需要选用抗生素、磺胺类药物、碳酸氢钠等进行全身疗法。

肉芽创的处理原则是促进肉芽组织生长,保护肉芽组织不受损伤和继发感染,加速上皮新生,防止肉芽赘生,促进创伤愈合。处理措施包括:清洁创围;清洁创面,不可使用刺激性过强的药物,用生理盐水冲洗即可,切忌强力按摩或刮削肉芽创面;应用药物,选择刺激性较小、能促进肉芽组织生长的药物,如10%磺胺嘧啶鱼肝油、2%~3%红汞鱼肝油等;为促进创缘上皮新生,使用氧化锌水杨酸钠软膏等;对赘生肉芽进行处理,轻度赘生可用硝酸银棒或硫酸铜腐蚀,赘生肉芽较多时,可撒布高锰酸钾粉,用厚棉纱布研磨,也可手术切除或刮除。

### 4.3.2 窦道和瘘

窦道和瘘都是狭窄、不易愈合的病理管道,其表面被覆上皮或肉芽组织。两者不同的地方在于:窦道是深部组织的脓窦向体表开口的通道,呈盲管状;瘘是体腔与体表或空腔器官互相之间的通道,有两个开口。

#### 4.3.2.1 病因

窦道多为后天性的,而瘘有先天性和后天性的区别。先天性瘘多因发育不正常而产生,如脐瘘、膀胱瘘等。后天性的窦道和瘘多由外伤、化脓性和坏死性炎症、不合理的手术等造成。

#### 4.3.2.2 症状

窦道和外瘘在体表都有管道,周围皮肤内卷;化脓性窦道排出脓汁,排泄性瘘排出器官内容物,分泌性瘘排出腺体分泌物。窦道和后天性瘘多为肉芽组织或瘢痕组织所覆盖,先天性瘘多为上皮细胞覆盖,外围由坚硬的纤维组织构成。

窦道和瘘的形状、长度、方向和结构因致病原因、发生部位和病程长短的不同而异,为了弄清这些情况,可用探针、硬质细胶管进行探诊,也可手术分层切开探查,术前向窦道或瘘内灌入5%美蓝溶液或2%龙胆紫溶液,有条件的可用X线造影术。

#### 4.3.2.3 治疗

通常采用手术疗法并辅以药物治疗。窦道的治疗主要是消除病因和病理性管道,通畅引流以利于愈合。用手术方法将窦道内异物、结扎线和坏死组织除去,用10%碘仿醚等减少脓汁的分泌和促进组织再生。排泄性瘘以手术切除瘘管口及瘢痕组织,对破溃的组织进行缝合,其要领是:用纱布堵塞瘘管口,扩大切开创口,剥离粘连的周围组织,找出通向空腔器官的内口,除污物,检查内口的状态,根据情况对内口进行修整手术、部分切除术或全部切除缝合,修整周围组织并缝合。手术中要尽可能防止污染新创面,以争取第一期愈合。对于腮腺瘘等分泌性瘘,可向管内灌注20%碘酊、10%硝酸银溶液等,向瘘内滴入甘油数滴,然后撒布高锰酸钾粉少许,用棉球轻轻按摩,利用其烧灼作用破坏瘘的管壁。一次不愈合者可重复应用。当上述方法无效时,可先用注射器在高压下向管内灌注融化的石蜡,然后装粘胶绷带。亦可先注入5%～10%甲醛溶液或20%硝酸银溶液15～20 mL,数日后,当腮腺已发生坏死时,进行腮腺摘除术。

# 第5章 动物产科疾病

## 5.1 难 产

### 5.1.1 概述

难产是指在分娩的过程中，由于各种原因使胎儿不能顺利地排出母体外，分娩过程受阻的产科疾病。与难产相对应的顺产，是指安全顺利的自然或生理性分娩。

顺产和刚开始的难产在一定条件下可以互相转化。在难产的过程中，如果处理不及时或处理不当，可导致母畜子宫及产道损伤、腹膜炎、休克、弥散性血管内凝血等疾病，严重的可导致母畜死亡，同时，可因脐带受压、胎盘过早剥离、子宫肌压迫性收缩等而导致胎儿死亡。因此，预防和处理母畜难产是实现安全分娩的关键。

因物种及品种不同，动物难产的发病率差别很大。牛最常发生难产，发病率约为3.25%，若是初产及体格较大的品种，发病率更高。绵羊怀双胎时难产的发病率明显升高。马和猪难产的发病率相对较低，为1%~2%；山羊难产的发病率为3%~5%。

初产动物难产的发病率比经产动物高。据报道，牛第1~3胎次时难产的发病率分别为66.5%、23.1%和14.3%，且产公犊时的发病率较产母犊时高。

### 5.1.2 发生原因

怀孕期满，胎儿发育成熟，母体将胎儿及其附属物从子宫内排出体外，这个生理过程称为分娩。分娩的正常与否，是由产力、产道及胎儿三个因素决定的，其中任何一个因素发生异常，均可导致难产。

#### 5.1.2.1 产力

将胎儿从子宫中排出的力量称为产力，产力是由子宫肌和腹肌有节律的收缩构成的，分别称为阵缩和努责。阵缩是分娩过程的主要动力，努责在分娩中与子宫协调收缩，对胎儿的产出起着十分重要的作用。孕畜营养不良、患病、疲劳、分娩时受外界因素干扰或不适时地给予子宫收缩剂，均可导致产力异常而引起难产。

#### 5.1.2.2 产道

产道是分娩时胎儿产出的必由之路,由软产道(如子宫颈、阴道、前庭和阴门)和硬产道(骨盆)构成。骨盆畸形、骨折及子宫颈、阴道、阴门的瘢痕、粘连和肿瘤、发育不良,都可造成产道异常。

#### 5.1.2.3 胎儿

分娩过程正常与否,与胎儿和盆腔之间、胎儿本身各部分之间的相互关系十分密切。胎儿活力不足、畸形过大、胎位(指胎儿背部与母体背部和腹部的关系)的下位和侧位、胎向(指胎儿身体纵轴与母体身体纵轴的关系)的横向和竖向、胎势(指胎儿各部分是伸直还是弯曲)的反常,均可造成难产。

### 5.1.3 助产的准备

助产的效果与诊断是否正确有密切的关系。经过仔细检查,全面地分析和判断,才能确定采用什么方法助产及其预后。对预后不良的病畜,应告知畜主,征得畜主同意后及时采取处理措施。

#### 5.1.3.1 术前检查

##### 5.1.3.1.1 询问病史

询问畜主产畜的产期、年龄和胎次、分娩的过程如何、产畜过去有何特殊病史、是否经过助产、助产的方法与情况等。多胎动物须注意两胎儿之间娩出相隔时间的长短、努责的微弱程度、已产出胎儿的数量及胎衣是否排出等。

##### 5.1.3.1.2 临床检查

对于母畜的检查,主要通过检查母畜的体温、呼吸、脉搏、精神等几个方面综合考虑其全身情况,以判断母畜能否继续分娩或经受住复杂的助产手术。特别注意母畜能否站立,不能站立的,应判断是卧下休息还是已经体力衰竭,或者是由其他疾病所致,以便于做好应对方案。通过检查阴门及尾根两旁的荐坐韧带后缘是否松弛、乳房是否涨满、能否挤出白色的初乳等,判断妊娠是否足月。检查骨盆腔的大小及软、硬产道的异常,骨盆腔与阴门能否充分扩张,阴道的松软及润滑程度,子宫颈的松软及扩张程度,以判断产道的状态。

对于胎儿的检查,通常隔着胎膜触诊胎儿的前置部分,通过触诊胎儿头颈、胸腹、背臀尾及前后腿的解剖特点及状态,判断胎姿、胎向和胎位有无异常,胎儿死活,胎儿体格的大小和进入产道的深浅等。只有根据胎儿、产道、母体的全身情况和器械设备等条件,才能决定使用何种助产方法。

胎儿死活对助产方法的选择起着决定性作用。若胎儿死亡,则在保全产道不受损伤的情况下,对胎儿采用各种措施。若胎儿还活着,则首先考虑挽救母子双全,其次是挽救母畜。

判断胎儿死活的方法是：正生时，可将手指伸入口中，感觉吮吸动作的有无；或将舌头拉出，感觉舌头是否能缩回；用手按压眼球，感觉眼球有无转动；用手触摸颌下动脉与颈动脉，确定有无脉搏；牵拉前肢，感觉前肢有无疼痛反应。倒生时，可将手指插入肛门，感觉收缩情况；感觉脐动脉有无脉搏；牵拉后肢，观察其疼痛反应；触摸胎粪的有无，无则活着，有则死亡。以上判断过程中，阳性反射说明胎儿仍然存活，但阴性反射不能完全说明胎儿死亡，需谨慎作出结论。

一般来讲，胎儿若要顺产，其胎位、胎向、胎势结合起来可以概括为两种，一种是纵向、上位、头前置和前肢伸直（正生）；另一种是纵向、上位、后肢前置和后肢伸直（倒生）。除以上两种以外，其他胎位、胎向和胎势的结合均可引起动物难产。

#### 5.1.3.2 术前准备

##### 5.1.3.2.1 场地的选择与消毒

尽可能在手术室进行，若条件不允许，可根据环境条件及母畜的身体状态因地制宜，创造适宜的施术条件。助产的场地要求清洁、干燥、阳光充足、通风良好、无贼风、宽敞，预先用消毒液消毒，褥草不可过长。

##### 5.1.3.2.2 母畜的保定

母畜的保定对于手术助产顺利与否有很大关系。母畜的保定以站立为宜，且后躯高于前躯，使胎儿及子宫向前，不至于阻塞在骨盆腔内，便于矫正和截除。

如母畜不能站立或硬外膜麻醉后，应使其侧卧，选择卧于哪一侧的原则是：胎儿须行矫正或截除的那一部分不要受其自身的压迫，以免影响操作。此外，母畜最好卧于高处。

##### 5.1.3.2.3 麻醉

麻醉是施行助产手术不可缺少的条件。选择麻醉方法，除考虑畜种敏感性差异外，还应考虑母畜在手术中能否站立，对子宫复旧有无影响，对胎儿有无影响等。常用麻醉方法如下。

（1）镇静、镇痛、松肌：动物发生难产时，有的表现为轻度不安，强烈努责，有的可能发生休克，这种情况下可用镇静、镇痛、松肌药物，使其保持安静，便于助产，还可减少复杂手术中局部和全身麻醉药的需要量，减少麻醉药的副作用和毒性。常用药物为静松灵、龙朋和氯丙嗪类。

（2）硬膜外麻醉：硬膜外麻醉可使感觉神经失去传导作用，在将胎儿推回骨盆腔的时候不会引起母畜努责，可松弛子宫，以免妨碍助产操作。在剖腹产时，硬膜外麻醉还可防止肠道脱出，也不影响子宫复旧。常用麻醉药为普鲁卡因和利多卡因，注射部位有三处，分别为第一、二尾椎间隙，荐骨与第一尾椎间隙和腰荐间隙。

（3）后海穴麻醉：在不能进行硬膜外麻醉或不愿让母畜卧下时，可在后海穴处将 10 cm 长的针头沿荐骨体下方平行稍向上刺入，牛可注射 0.5% 普鲁卡因

40～100 mL,猪、羊注射 20～40 mL。后海穴麻醉仅能减弱努责,麻醉效果不及硬膜外麻醉。

(4)电针麻醉:可供选用的穴位有猪的安神组穴;牛、羊的天平、百会、腰旁组穴,百会、六脉、腰带组穴;马、驴的巴山、邪气组穴,岩池、颔溪、下医风组穴。

(5)全身麻醉:主要用于马的严重难产的矫正、截胎、子宫捻转时翻转母体及剖腹产,牛子宫捻转时翻转母体等。马可先注射镇静剂,如龙朋,再静脉注射硫喷妥钠或巴比妥钠,牛可静脉注射水合氯醛,或使用硫喷妥钠。

(6)局部浸润麻醉:主要用于剖腹产及其他用于母体的术部麻醉,尤其是在胎儿还活着时,可结合硬膜外麻醉使用。

5.1.3.2.4 消毒

助产过程中,术者手臂和器械要多次进出产道,因此,术者手臂、手术器械、母畜外阴部及周围、胎儿的露出部分,均需按外科手术的要求进行消毒。消毒时,先用清水将母畜的阴唇、会阴、尾根及胎儿的露出部分清洗干净,再用 0.1% 高锰酸钾溶液或 0.1% 苯扎溴铵溶液消毒并擦干。

5.1.3.2.5 润滑

救治难产时,产道及胎儿表面的润滑是必不可少的。如果阴道及阴门的黏膜干燥,可以利用温和无刺激的肥皂水、温水或液状石蜡等。如果胎水流失,产道十分干燥,可先施行硬膜外麻醉,使产道松弛,然后在产道中灌入润滑剂,可用矿物油、白凡士林与 10% 硼酸混合液等润滑剂。

5.1.3.2.6 常用的产科器械

合格的产科器械应具备的条件是构造简单坚固,使用灵活方便,有多种用途或适合某项特殊用途,不易损伤母体,易于消毒,便于携带等。助产所用的器械主要有拉、推、矫正及截胎的器械和绳导。

绳导是用来引导产科绳、钢绞绳或线锯条穿绕胎儿肢体用的器械。产科绳、钢绞绳或线锯条细软,要想绕过胎儿的某一部分,常因胎膜或胎儿本身的阻碍而难以完成,需用绳导作为穿引器械。绳导多用于大家畜,在母畜阵缩和努责的间歇期使用,以免受到母畜的阻扰。可先将绳或线锯条缚在绳导的一侧,从胎儿肢体一侧缓慢穿绕过去,再从另外一侧拉出。常用的有环状绳导、长柄绳导等。

拉的器械包括产科绳、产科链、产科钩和产科套。产科绳是矫正和拉出胎儿必需的工具之一。过去常用棉绳,其柔软耐用,但不易彻底消毒。尼龙绳消毒方便,易于得到。大家畜常用的产科绳一般粗为 5～8 mm,长为 1.5～2 m,绳的一端有一圈套。使用时,将绳套戴在中间 3 个手指上带入子宫。拉出的时候,可将绳拴在前肢的球节上方或系部及胎头,但不可隔着胎膜拴,以免拉的时候滑脱。产科链即小铁环做成的链子,其用途和使用方法同产科绳,不如产科绳使用方便,但易于消毒。产科钩分长柄和短柄,每种又分锐钩和钝钩。其他还有肛门钩、复钩、钩钳、眼钩等。如胎儿的某些部分用手和绳子都无法牵拉时,可用产科钩,效果较好。进入子宫时,需注意保护钩尖,以免损伤母体。产科套作为拉出的器械,主要用于羊的助产,由两根前后端都有孔的金属杆和绳子组成,杆长40～45 cm,粗4～5 mm。绳的一端固定在第一根杆的前端孔上,并穿过另一杆的前端孔和两杆的后两孔。把两杆带入子宫,伸至胎头耳后,移动两前端,使它们位于颌下,用手拉紧两杆,并把绳的游离端拉紧,就可拉动胎儿。

推的器械是救治大家畜难产时,将胎儿从骨盆腔推回子宫,以便有较大的空间进行操作的工具。一般情况下,用手臂推即可,但特殊情况下需用器械。推的器械主要是产科梃,一般柄长80 cm,前端呈叉状,叉宽10～12 cm。使用产科梃时,术者用拇指及小指握住叉的两端把梃带入子宫,对准要推的部位,然后指导助手向一定的方向慢慢推动。术者的手要把梃叉固定在胎儿身上,防止滑脱伤及子宫。应趁母畜不努责时推动,努责时不推,但一定顶住。推动一定距离之后,助手顶住胎儿,术者即可放手去矫正异常部分。

矫正的器械包括推拉梃和扭正梃。推拉梃大致与产科梃一致,但梃叉两端各有一环,柄长约80 cm,梃叉宽约7 cm,深约3 cm。使用时将产科绳穿绕两孔,绕上或套上需要推拉的部位(多为头颈或四肢),再将绳的游离端抽紧,在柄上拴牢,即可进行推拉或矫正。扭正梃柄长约85 cm,主叉长8～10 cm,分叉长10～14 cm。头颈发生捻转时,将梃叉的直端插入胎儿口内,分叉置于扭转侧的下方,转动梃柄,把头扭正。

截胎器械主要有刀、产科凿、剥皮铲、产科线锯和胎儿绞断器。死亡胎儿无法完整拉出时可先截胎,然后部分拉出。刀主要有隐刃刀(刀刃可以退入刀柄内的小刀)、指刀(刀背上有一环或两环,可以套在食指或中指上,分短柄和长柄)、产科刀(长约12 cm)和钩刀(主要用于缩小死亡胎儿的胸腔体积)。产科凿是用于大家畜的一种长柄凿,凿刃有直刃、弧形刃和"V"字形刃,主要用于凿断骨骼、关节和韧带。剥皮铲柄长,铲身呈槽形,前缘为不甚锐利的刃,用于剥离胎儿的四肢。产科线锯种类很多,常用的由两条钢管(由一个卡子固定在一起)、一根钢丝锯条和两个锯把组成。使用方法分为绕上法和套上法,前者是将锯条绕过需要锯断的部位加以固定,后者是将锯条提前在钢管内装好,然后套在需要锯断的部位固定。胎儿绞断器由绞盘、钢管、抬杠、大摇把、小摇把和钢绞绳组成。胎儿绞断器比线锯力量大,可迅速绞断胎儿的任何部分,但骨质断端不整齐,容易损伤产道。

### 5.1.4 难产助产的原则

难产助产的目的一般是取出胎儿、挽救母畜,争取实现母子双全,同时注意保

护母畜的生殖机能,有困难时,多保全母畜。难产助产多遵循以下原则:

(1)难产助产是一项艰苦细致的工作,需要花大力气和较长的时间。因此,要有信心和毅力,并严格遵守操作规程。

(2)难产助产时不可忽略消毒,要重视使用润滑剂,尽可能防止生殖道受到刺激和感染,之后要在子宫内放置抗菌药物。

(3)助产的时间越早越好,剖腹产尤其如此。因此,对难产家畜要及时检查与救助。

(4)助产前必须周密仔细地检查,根据检查结果,结合设备条件,慎重考虑助产的方案和先后的顺序(使用一种以上的方法时),然后迅速实施。

(5)要重视发挥集体的力量。术者在操作时,子宫的空隙比较小,且有强力压迫,手指的动作单调,也不能采取自然的站姿。

### 5.1.5 常用的助产手术

救治难产时,可供选择的助产手术有很多,大致可分为两类,一类是用于胎儿的手术,另一类是用于母体的手术。

#### 5.1.5.1 用于胎儿的手术

5.1.5.1.1 牵引术

牵引术又称拉出术,是指用外力将胎儿拉出母体的助产手术,是救治难产最常见的手术。牵引术适用于:子宫弛缓;用矫正术已经矫正引起难产的原因时;胎儿过大;初产母畜产道狭小;产道被病理情况阻塞(如肿瘤、脂肪等);胎儿倒生,加速胎儿排出;胎儿气肿,为防止污染,施行截胎后拉出胎儿身体时;多胎动物子宫中仅剩1~2个胎儿,又很可能发生继发性子宫弛缓时。

牵引工具可以使用产科绳、产科链、产科钩或产科套。正生时牵引两前腿和头,当两前腿和头已经通过阴门时,可只牵引两前腿。对大家畜,应将绳拴在两前腿球节的上方。对猪、犬等小型动物,可用中指及拇指掐住两侧上犬齿,并用食指压住鼻梁拉胎儿。牵引路径应与骨盆轴相符合。

倒生时,对大家畜,绳应拴在两后肢球节上方,轮流拉两后腿。对猪、犬等多胎动物,将中指放在两胫部之间,握住两后腿趾部牵拉。牵引路径应与骨盆轴相符合。

牵引时要注意,应严格限于胎位、胎向及胎势正常或已经矫正为正常的难产;产道应高度润滑;拉出时应配合母畜的努责;要防止活胎儿受到损伤,并考虑骨盆的构造特点。

5.1.5.1.2 矫正术

矫正术是指通过推、拉、翻转、矫正或拉直胎儿四肢的方法,把异常胎位、胎向及胎势矫正到正常的手术,适用于具有非正常胎位、胎向和胎势的母畜。

矫正必须在腹腔内进行。如果胎儿挤在骨盆入口或楔入骨盆腔内,应先将胎儿推回腹腔,以便有足够的空间进行矫正。如果产道干燥,应灌注大量润滑剂,施行硬膜外麻醉,在母畜努责间歇期矫正。矫正姿势包括推动和拉出两个方向彼此相反的动作,二者是同时进行的,在推动的同时牵拉矫正。矫正位置是使胎儿在其纵轴上转动,变成正常的上位,常用的手法是翻转。矫正方向是使胎儿在横轴上转动,把横向或竖向矫正为正生或倒生的纵向。矫正时应推远端、拉近端。

矫正时应注意,必须在子宫内进行;须在子宫内灌入大量润滑剂;使用尖锐器械时,须保护好锐利部;难产历时已久的病例,子宫壁变脆、易破,矫正时应特别小心。

#### 5.1.5.1.3　截胎术

截胎术是为了缩小胎儿体积而肢解或除去胎儿身体某些部分的手术。截胎术适用于无法矫正的难产;不能或不适宜施行剖腹产者;胎儿已经死亡且产道尚未缩小的难产。

截胎术分为皮下法和经皮法。皮下法又称覆盖法,是指在截除某一部分前,先把皮肤剥离,截除肢体后,皮肤盖住肢体断端,避免拉出时损伤母体。经皮法又称开放法,是指截胎时直接把某一部分截除,不留皮肤。

截胎时应注意,严格掌握截胎术的适应证,胎儿死亡之后及早应用最好;尽可能在母畜站立的情况下进行,或侧卧时将后躯尽量垫高;防止损伤子宫及阴道,注意消毒和润滑;截除时靠近躯体部分的骨质断端尽可能短一点。

### 5.1.5.2　用于母体的手术

#### 5.1.5.2.1　剖腹产手术

剖腹产是指通过切开母体腹壁及子宫取出胎儿的手术。剖腹产适用于骨盆发育不全或骨盆变形而盆腔变小;小动物体格过小;阴道极度肿胀或狭窄;子宫颈狭窄、子宫捻转,矫正无效;胎儿过大或水肿;异常胎位、胎向、胎势,无法矫正,或胎儿畸形,且截胎有困难;怀孕期满,因患其他疾病而生命垂危,需要剖腹抢救仔畜。

牛、羊、马的剖腹产方法基本类似,可分为腹下切开法和腹壁切开法;猪的剖腹产方法稍有不同。

(1)腹下切开法:可供选择的切口部位有 5 处,即乳房前中线、中线与右乳静脉之间、中线与左乳静脉之间、乳房与右乳静脉右侧 5～8 cm 处、乳房与左乳静脉左侧 5～8 cm 处。选择切口的一般原则是:胎儿在哪里摸得最清楚,就靠近哪里做切口,如果两侧触诊的情况相似,可在中线或其左侧施术。一般来讲,中线处切口血管较少,切口及缝合均比较容易,左侧的切口也比较好。

(2)腹壁切开法:子宫破裂时,破口多靠近子宫角基部,宜行腹壁切开法,以便缝合。若胎儿干尸化,人工引产不成功,子宫壁紧缩,也可使用腹壁切开法。切口可选择左侧或右侧。选择切口的原则是:触诊哪一侧容易摸到胎儿,就在哪一侧施术,两侧都摸不到时可在左侧施术。

#### 5.1.5.2.2 外阴切开术

外阴切开术是救治难产,尤其是青年母牛难产时,为了避免会阴撕裂而采用的一种简单方法。如果发现胎头已经露出阴门,牵引胎儿可引起会阴撕裂,即可实行外阴切开术。

外阴切开术的切口一般选择在阴唇的背侧面,距背联合部 $3\sim5$ cm 且拉得最紧的游离缘。切口应切透整个阴唇,长度依需要而定,一般为 7 cm 左右。

### 5.1.6 常见的难产及其助产方法

#### 5.1.6.1 子宫弛缓

子宫弛缓,又称阵缩及努责微弱,是指分娩时子宫及腹壁的收缩次数少、时间短、强度不够,以致胎儿不能排出。子宫弛缓主要见于牛、猪和羊,发病率随着胎次和年龄的增加而升高。多胎动物的发病率较高。

从分娩开始就表现子宫收缩微弱的,称原发性子宫弛缓;开始子宫收缩正常,以后收缩变弱的,称继发性子宫弛缓。

原发性子宫弛缓发生的原因很多。例如,妊娠末期,特别是分娩前,孕畜内分泌失调,如雌激素、催产素或前列腺素分泌不足,或孕酮过多,或子宫肌对上述激素的反应微弱;妊娠期间营养不良、使役过度、年老体弱、运动不足、肥胖、全身性疾病等,多可使子宫收缩微弱。继发性子宫弛缓通常继发于难产,见于所有动物,尤其是大动物多发。多胎动物主要见于胎儿过多。

原发性子宫弛缓通常表现为母畜妊娠期满、分娩预兆已出现,但努责的次数少、时间短、力量弱,长久不能排出胎儿。猪还表现为胎儿排出的间隔时间延长。产道检查可发现子宫肌松软开放,但开张不全。继发性子宫弛缓开始正常,以后逐渐减弱。注意:在猪、奶山羊等排出一部分胎儿后可能还剩 $1\sim2$ 只时,容易把继发性子宫弛缓当作分娩结束。

原发性子宫弛缓的治疗:对小动物可以注射催产素,猪、羊 $10\sim20$ IU,犬、猫、兔 $5\sim10$ IU,如分娩时间太长,应先注射雌激素。另外,要注意胎儿、产道都要正常,子宫颈已开放。大动物助产常用牵引术。若难产复杂,如伴有胎位、胎势异常,且矫正后不易拉出或不易矫正的病例,采用剖腹产。若胎儿已死亡,可用截胎术。继发性子宫弛缓需治疗原发病,也可实行剖腹产。

### 5.1.6.2　子宫颈开张不全

子宫颈开张不全是牛、羊最常见的难产之一，其他动物少见。子宫颈的肌肉组织产前受雌激素作用，变软的过程较长。若阵缩过早、产出提前，或由各种原因导致雌激素及松弛素分泌不足，则子宫颈不能充分软化。流产或难产时胎儿的头和腿不能伸入产道、原发性子宫弛缓、子宫捻转、胎儿死亡或干尸化、多胎动物怀胎少、子宫颈硬化等，均可导致子宫颈开张不全。

临床上产畜已具备全部分娩症状，阵缩、努责正常，但经久不见胎儿排出，有时也不见胎水和胎膜；产道检查发现阴道壁柔软、有弹性，但子宫颈与阴道间有明显的界线。根据子宫颈开张程度不同，可分为4度：一度狭窄是胎儿的两前腿及头在牵拉时尚能勉强通过；二度狭窄是两前腿及头能进入子宫颈，但头不能通过，硬拉可导致子宫颈撕裂；三度狭窄是仅两前蹄能伸入子宫颈；四度狭窄是子宫颈仅开一小口。常见一度和二度狭窄。

若牛、羊发生子宫颈开张不全，在阵缩不强、胎囊未破、胎儿还活着时，宜稍等待，注射己烯雌酚，然后用催产素及葡萄糖酸钙，以增强子宫的收缩，帮助扩张。用药后几小时仍未松弛开放时，母子面临危险，建议手术助产。牵引术可用于一度和二度狭窄，二度狭窄牵引时可使胎儿受到伤害，易使子宫颈破裂，必须小心。三度和四度狭窄建议剖腹产。

### 5.1.6.3　子宫捻转

子宫捻转是指整个怀孕子宫、一侧子宫角或子宫角的一部分（猪）围绕自己身体纵轴发生扭转，多发生于牛。

子宫捻转发生的原因多是母畜围绕自己身体的纵轴发生急剧转动。如妊娠末期，母畜急剧起卧并转动身体，因胎儿重量大，子宫不随腹壁转动，可发生一侧捻转。下坡时绊倒，或运动中突然改变方向，也易引起捻转。临产时发生的子宫捻转，可能是母畜因疼痛起卧，或胎儿转变体位引起的。

临床上产畜多表现为腹痛，有分娩预兆，但经久不见分娩，全身症状明显。直肠检查可见有一侧阔韧带特别紧张或呈交叉状态，并检查到胎动明显，有的可摸到子宫上的螺纹。阴道检查可见捻转小于90°时不明显，捻转大于180°时阴道黏膜扭成螺旋状，越往前越细，捻转360°时完全封闭。

为做好子宫捻转的矫正工作，需对捻转方向作良好判断。一般来说，子宫角向右捻转，阴道螺纹从右后上方走向前左下方，右侧阔韧带特别紧张；子宫角向左捻转，阴道螺纹从左后上方走向前右下方，左侧阔韧带特别紧张。

对于子宫捻转的矫正，主要是子宫角向哪边捻转，就进行反向矫正。矫正的方法如下。

(1)直肠矫正：采用站立保定法，前低后高，在第1～2尾椎间隙进行脊髓麻醉。如果子宫向右侧捻转,将手伸至子宫右下方,向上向左翻转,同时第一助手用肩部或背部顶在右侧腹下向上抬,另一助手在左侧由上向下施加压力。如果子宫向左捻转,操作方法相同,相应的方向相反。

(2)产道矫正:采用站立保定法,前低后高,在第1~2尾椎间隙进行脊髓麻醉。手伸入胎儿的捻转侧下方,握住胎儿的某一部分向上向对侧翻转。边翻转,边用绳牵拉尾椎上的肢体。

(3)翻转母体矫正:迅速向子宫捻转方向转动母体,由于子宫的位置相对不变,仅母体翻转,使子宫恢复正常。子宫向哪一侧捻转,母畜就卧于哪一侧。翻转前把前后肢捆好,后躯抬高。若翻转成功,则阴道螺纹消失。翻转无效时重新起卧,再翻转,禁止原地翻回去。几次翻转都不成功时,行剖腹矫正或剖腹产。

(4)剖腹矫正或剖腹产:剖腹矫正时大动物取仰卧保定,沿腹白线右侧切开,不宜矫正者,改为右侧卧保定,行剖腹产。小动物沿左脐后腹白线切开,行矫正术或剖腹产。

#### 5.1.6.4 头颈姿势异常

头颈姿势异常包括头颈侧弯、头向后仰、头向下弯等。头颈侧弯是指胎儿头部弯于自身胸部侧面;头向后仰是指头颈向上向后仰于背部;头向下弯是指胎头向下弯曲,并常伴腿部前置。头颈姿势异常发生的原因可能是在分娩时胎儿活力不足,头颈未能转正,或子宫急剧收缩,胎膜过早破裂,子宫壁裹住胎儿,胎头未能以正常姿势伸入骨盆腔,或助产失误,如头部尚未进入产道,过早牵拉前肢。

对于头颈姿势异常的助产,多在产畜阵缩和努责微弱,将胎儿身体推向子宫的同时,矫正头颈的异常姿势,必要时可考虑截胎或剖腹产。

#### 5.1.6.5 腕部前置

腕部前置是指胎儿正生时前腿没有伸直,腕关节部位发生屈曲,位置在前,腕关节屈曲必然伴发肩关节屈曲。腕关节屈曲多为两侧性的,较常见。

产道检查可摸到一个或两个前腿屈曲的腕关节位于耻骨前缘附近,阴门外多无所见(两侧性)或仅露一前蹄(单侧性)。

若发生此类难产,助手可用产科梃顶在胎儿胸部与异常前腿肩端向前推,术者用手钩住蹄尖或握住系部尽量往上抬,将前腿拉出而矫正,矫正无效时可行截胎或剖腹产。

#### 5.1.6.6 肩部前置

肩部前置是指正生时胎头已伸入盆腔,而前腿及肩关节以下部分伸于自身躯干旁。这种异常较为常见,但猪的这种姿势是正常的。

临床检查可于阴门外见胎唇或一蹄尖或无所见。产道检查可摸到胎头及屈曲的肩关节,前腿自肩关节以下位于躯干旁。

助产方法是用产科梃顶在胸前与对侧前腿之间,术者用手握住异常前腿的前置下端,或用推拉梃将绳子带到腕部,在推的同时,将上肢抬向上端,使之变成腕部前置,然后进行矫正处理。矫正无效时可行截胎或剖腹产。

#### 5.1.6.7 跗部前置

跗部前置即跗关节屈曲,是指胎儿倒生时后肢没有伸直,跗关节位置在前,跗关节屈曲必然伴发髋、膝关节同时屈曲,后退折叠,以致难产。

检查阴门可见一蹄底向上的后蹄(一侧性)或无所见(两侧性),产道检查在骨盆的入口处摸到胎儿的尾巴、坐骨粗隆、肛门、臀部及屈曲的跗关节。

助产可采用矫正术和剖腹产,胎儿死亡时也可考虑截胎术。

#### 5.1.6.8 坐骨前置

坐骨前置即髋关节屈曲,是指胎儿倒生时后肢没有伸直,位于自身躯干下,坐骨朝向骨盆腔。检查时可见一后蹄在阴门外(一侧性)或无所见(两侧性);产道检查可触摸到胎儿的尾巴、坐骨粗隆和肛门。

助产可采用矫正术和剖腹产,胎儿死亡时也可考虑截胎术。

### 5.1.7 难产的预防

难产虽然不是十分常见的疾病,但一旦发生,极易引起仔畜死亡,也常危及母畜的生命,即使母畜存活,也会因助产方法不当,影响以后的生育机能和生存性能。因此,积极防治难产有比较重要的意义。

#### 5.1.7.1 预防难产的饲养管理措施

不要让母畜配种过早。母畜尚未发育成熟时,容易因骨盆狭窄而发生难产,这在公母混群的家畜中比较常见。第一次配种的时间,一般来说,牛不应早于12月龄,马不应早于3岁,猪不宜早于6~8月龄,羊不宜早于1~1.5岁。

对母畜进行合理的饲养。要保证青年母畜生长发育的营养需要;妊娠期适当增加母畜营养供给,但不能过于肥胖;妊娠末期,适当减少蛋白质饲料,以免胎儿过大造成难产,肉用牛和猪应当引起重视。

怀孕母畜要有适当运动和使役。前期可以使常役,以后逐渐减轻,产前2个月停止使役,但进行牵遛和逍遥运动。运动可提高母畜对营养物质的利用,提高全身及子宫的紧张性,使胎儿活力旺盛。

及时治疗母畜疾病。对于产畜的任何疾病,都应及时治疗,促进早日康复,保证分娩时有足够的产力;尤其对阴道和子宫疾病,防止引起产道狭窄。

#### 5.1.7.2 临产时防治难产的措施

及时进行临产检查,对分娩正常与否作出判断。检查时间:牛在胎膜露出至胎水排出这段时间;马、驴在尿膜囊破裂、尿水排出之后。因为这段时间内胎儿的前置部分刚进入骨盆腔,如果发现异常,可立即矫正;无异常时让其自然娩出。

## 5.2 常见产科疾病

### 5.2.1 流产

#### 5.2.1.1 概念

流产是指母畜在怀孕期间,由于胎儿或母体的生理过程发生紊乱,或它们之间的正常关系受到破坏,而引起的怀孕中断。流产可发生在各种家畜的各个妊娠阶段,早期多见。流产既可排出死亡孕体,又可排出不能独立生存的活胎。流产可发生于各种动物,乳牛发生率约为10%。流产最直接的结果是胎儿夭折,流产还能影响母畜健康,使繁殖效率低下,同时造成乳产量减少,役用能力降低。

#### 5.2.1.2 病因

流产的原因极为复杂,可以概括为普通性流产、传染性流产和寄生虫性流产,每类又可分为自发性流产和症状性流产,见表5-1。自发性流产是胎儿及胎盘发生反常或直接受到影响而发生的流产;症状性流产是孕畜某些疾病的一种症状,或者是饲养管理不当导致的结果。

表5-1 流产的分类及特点

| 分类 | | 普通性 | 传染性 | 寄生虫性 |
|---|---|---|---|---|
| 自发性流产 | 胎膜及胎盘异常 | 无绒毛、绒毛发育不全、胚胎过多、子宫某一部分黏膜发炎变性 | 布氏杆菌、支原体、衣原体、胎儿弧菌、病毒性腹泻、结核杆菌、繁殖-呼吸综合征 | 马媾疫锥虫、滴虫、弓形虫、新孢子虫 |
| | 胚胎发育停滞 | 卵子或精子有缺陷、卵子老化、猪染色体反常而囊胚不能附植 | | |
| 症状性流产 | 母畜普通疾病及生殖激素异常 | 慢性子宫内膜炎、阴道炎、子宫粘连、胎水过多 | 马病毒性肺炎、病毒性动脉炎、钩端螺旋体、李氏杆菌、乙型脑炎、口蹄疫、传染性鼻气管炎 | 梨形虫、边虫、血吸虫 |
| | 饲养不当 | 维生素A和维生素E不足、矿物质不足、饲喂不当、饲料霉败或有毒 | | |
| | 损伤及管理、利用不当 | 应激、机械性损伤、使役过重 | | |
| | 医疗错误 | 大量放血、大量泻剂、大量催情药物 | | |

#### 5.2.1.3 症状

根据流产的临床表现,将其分为隐性流产、早产、死产、延期流产等。

(1)隐性流产:隐性流产又称胚胎早期死亡,母畜无外部症状,多表现为屡配不孕或返情推迟;多胎动物表现为窝产仔数或年产仔数减少。

隐性流产发生的时间一般在妊娠初期、囊胚附植前后,这时胚胎尚未形成胎儿,组织分化尚弱,骨头尚未钙化,死亡之后组织液化,被母体吸收,或在母畜再发情时随尿排出。

隐性流产发病率较高,有资料表明,马在妊娠前60天,胚胎死亡率为18%,牛胚胎死亡率高达38%,猪、羊一般为30%。多胎动物可能发生全部流产,也可能发生部分流产(妊娠仍可维持)。

(2)早产:早产是指排出不足月的活胎儿。流产预兆及过程与正常分娩相似,胎儿是活的,未足月产出。预兆没有正常分娩明显,仅在排出胎儿前2~3天乳腺突然增大,阴唇稍微肿胀,乳头内可挤出清亮液体,牛阴门内有清亮黏液排出。

(3)死产:死产是指排出死亡而未经变化的胎儿,是流产中最常见的一种。发生死产的原因主要是胎儿死亡后,对于母体即是一种异物,引起子宫收缩,于数天内将其排出。若是妊娠初期发生的死产,由于胎儿及胎膜小,排出时不易发现,易误诊为隐性流产。若是发生在妊娠前半期的死产,一般无预兆或预兆不明显。如果死产发生在妊娠末期,表现预兆和早产相似,但胎儿未排出前,直肠检查摸不到胎动,脉搏变弱。阴道检查发现子宫颈开张,黏液稀薄。

若死产胎儿小,则排出顺利,预后较好。如果胎儿腐败,易引起子宫炎或阴道炎,不易受孕,甚至继发败血症,导致母畜死亡。

(4)延期流产:延期流产又称死胎停滞,是指胎儿死亡后由于阵缩微弱,子宫颈开张不全或不开张,死后长期停留在子宫内。根据胎儿变化,延期流产可分为胎儿干尸化和胎儿浸溶。

①胎儿干尸化是指胎儿死亡后,未被排出,组织中的水分及胎衣被吸收,变为棕褐色,形如干尸。发生延期流产的原因是胎儿死亡后,子宫颈未开张,子宫未收缩,阴道或外界细菌不能侵入,胎儿留于子宫中,未发生腐败分解,身体水分被吸收,形成干尸。对于多胎动物,如猪,可能会在正常胎儿之间夹杂有干尸化胎儿,这是由各个胎儿的生活能力不同造成的。牛、羊胎儿干尸化主要是由母畜及其子宫对胎儿死亡的反应不敏感造成的。

干尸化胎儿可在子宫内停留相当长的时间,母牛一般是在妊娠期满后数周,黄体作用消失而再发情时,才将胎儿排出。有的也发生在妊娠期满前,个别的则长久停留于子宫内而不被排出。干尸化胎儿如果能顺利排出,预后一般良好。

胎儿干尸化在临床上不易被发现,如果经常注意母畜的全身状况,发现妊娠至某一时间后,外表现象不再发展时,可通过直肠检查,发现子宫呈圆球状,大小因时间不同而异,且较妊娠月份应有的体积小得多,内容物硬,空隙较软,子宫壁紧包胎儿,无胎动、胎水及子叶,有时子宫与周围组织发生粘连,卵巢有黄体,无妊娠脉搏。

②胎儿浸溶是指妊娠中断后,微生物侵入子宫,死亡胎儿的软组织分解,变为

液体流出,而骨骼仍留在子宫中。细菌导致胎儿气肿、浸溶,引起母畜子宫炎、败血症和腹膜炎,母畜极度消瘦,阴门流出红褐色难闻的黏稠液体,其中有小骨片,后期排出脓液。阴道检查发现子宫颈开张,在子宫颈内或阴道中可摸到胎骨。视诊阴道及子宫颈黏膜红肿。直肠检查发现子宫壁厚,可摸到胎儿参差不齐的骨片,挤压有摩擦感。胎儿浸溶可能引起母畜腹膜炎、败血症而导致死亡。活着的母畜受孕能力预后不佳。

延期流产属于干尸化还是浸溶,关键在于判断黄体是否萎缩,子宫颈是否开放。

先兆性流产是指孕畜已出现腹痛、起卧不安、呼吸脉搏加快、轻微的间歇性子宫收缩等流产预兆,但子宫颈口未开,胎囊未破,经保胎治疗后,有可能继续妊娠。

习惯性流产是指同一家畜连续发生两次以上流产,并且流产发生的时间均在妊娠的同一阶段,或后一次流产较前一次在发生时间上稍有推迟。

#### 5.2.1.4 治疗

首先要确诊属于何种流产以及妊娠能否继续进行,在此基础上再根据症状确定治疗原则。对于隐性流产、早产和死产,一般不需要治疗。

(1)先兆性流产:处理原则为安胎。可通过肌注孕酮,给予镇静剂,如溴剂、氯丙嗪等,禁止进行阴道检查,尽量控制直肠检查,以免刺激母畜,可行牵遛、抑制努责等措施进行治疗。

(2)习惯性流产:估算流产时间,提前使用保胎药物。

先兆性流产和习惯性流产经上述处理后,病情仍未稳定,表现为阴道排出物继续增多,起卧不安加剧,阴道检查发现子宫颈已经开放,胎囊已进入阴道或已破水,流产已难以避免时,应尽快促使子宫内容物排出。

(3)延期流产:使用前列腺素、雌激素溶解黄体并促使子宫颈扩张,子宫及产道灌注润滑剂。取出干尸化和浸溶胎儿,用消毒液或5%~10%盐水进行子宫冲洗,注射子宫收缩药,液体排出后放入抗生素。

### 5.2.2 阴道脱出

#### 5.2.2.1 概念

由于软组织松弛、腹压大,造成阴道壁的一部分或全部脱出于阴门之外,称为阴道脱出。一般发生在妊娠末期,多发生于牛、羊。根据阴道脱出的程度,可将其分为部分脱出和全部脱出。

#### 5.2.2.2 病因

阴道脱出可能与母畜骨盆腔的局部解剖生理有关。在骨盆韧带及阴道邻近组织松弛,阴道腔扩张、阴道壁松软,又有一定腹内压的情况下,发生该病。如家畜食入过多的植物雌激素,或动物年老体弱而致软组织紧张性降低,或妊娠末期雌激素、松弛素含量增高,都可使固定阴道壁的软组织松弛或弹性降低,加上腹压过大,造成阴道脱出。

#### 5.2.2.3 症状

部分脱出多发生在产前。病畜卧下时,可见前庭及阴道下壁或上壁形成拳头大小、粉红色瘤状物,夹在阴门中或露出于阴门外,起立后可自行缩回。反复脱出后则难以收回。

完全脱出在产前发生者,多由部分脱出发展而来,可见阴门中突出一排球大小的囊状物,初期光滑,呈粉红色,末端可见子宫颈管外口,下壁前端有尿道口,排尿不顺利;长期不能缩回的变为紫红色,黏膜发生水肿,表面干裂、流出血水。病牛努责。

#### 5.2.2.4 治疗

阴道部分脱出先用生理盐水冲洗,使病畜在前低后高处站立,尽量少睡;或用1%普鲁卡因,从后海穴刺入 9~12 cm,注入 5 mL。如脱出部分发生水肿,用明矾涂擦,针刺放水,作阴门缝合,注意阴门下 1/3 不能缝合,快分娩时不能缝合。

阴道完全脱出用 0.2%~0.5%高锰酸钾溶液冲洗,针刺放水,并涂以 2%龙胆紫、碘甘油乳剂或青霉素油剂等,然后用 18 号细尼龙绳 4 股进行阴道壁与臀肌缝合。

### 5.2.3 胎衣不下

#### 5.2.3.1 概念

胎衣不下又称胎衣滞留,是指分娩后胎衣在正常的生理时间(第三产程)内不能排出。各种动物在产后排出胎衣的正常时间为:牛 12 h,马 3 h,猪 1 h,羊 3~4 h,犬、猫、兔的胎衣与胎儿一道娩出。如果超过以上时间,则提示异常。

胎衣不下以饲养管理不当、有生殖疾病的舍饲奶牛多见;健康正常奶牛的发病率为 3%~12%,平均为 7%;异常分娩奶牛的发病率为 20%~50%。羊偶尔发生;猪和犬发生时胎儿和胎膜同时滞留;马胎衣不下发病率约为 4%,重娩马多发。胎衣不下不但引起产奶量下降,还可引起子宫内膜炎和子宫复旧延迟,从而导致不孕。

#### 5.2.3.2 病因

胎衣不下由产后子宫收缩无力所致。如饲料单纯,缺乏钙盐、矿物质及维生素,消瘦、过肥、运动不足等,都可导致子宫弛缓;另外,胎儿过多或过大、双胎、流产、早产、难产、子宫捻转等都易引起胎衣不下。

胎盘未成熟或老化也可导致发病。一般胎盘在妊娠期满前 2~5 天成熟,成熟胎盘发生一些形态结构的变化,有利于胎盘分离;未成熟胎盘不能完成分离过程。胎盘老化会导致母体胎盘结缔组织增生,表层组织增厚,不易分离。

胎盘充血和水肿可导致发病。分娩过程中,子宫异常收缩或脐带血管关闭太快会引起胎盘充血,腺窝和绒毛发生水肿,使胎盘组织之间连接紧密,不易分离。

胎盘炎症可导致发病。妊娠期间,如果胎盘受到各种感染而发生炎症,引起结缔组织增生,可使胎儿胎盘与母体胎盘发生粘连。

胎盘组织构造也是一个重要的发病因素。牛、羊的胎盘属于子叶型,胎儿胎盘与母体胎盘联系比较紧密,胎衣不下多见。马、猪的胎盘属于弥散型,胎衣不下发生较少。

#### 5.2.3.3 症状

胎衣全部不下即整个胎衣未排出,仅见一部分胎膜吊于阴门之外。牛、羊的脱出部分包括尿膜绒毛膜,呈土红色,表面有许多大小不等的子叶;马脱出的部分是尿膜羊膜,呈灰白色,表面光滑。需行阴道检查,才能确定子宫内是否有胎衣。

胎衣部分不下是指胎衣的大部分已排出,只有一部分或个别胎衣残留在子宫内,从外部不容易发现。对于牛,主要根据恶露的时间延长、有臭味、含有腐败的胎衣碎片等进行判断。产畜表现为体温升高、绞痛、举尾、拱腰、作排尿姿势等。

患病动物表现为拱背、努责,程度剧烈甚至引发子宫脱垂。排出污红色恶臭液体,卧下时排出量增多,其中含胎衣碎片,产后1天内胎衣发生变性分解和腐败。有一定的全身症状,如体温升高、脉搏、呼吸加快、精神沉郁、食欲减退等。

#### 5.2.3.4 治疗

尽早采取治疗措施,防止胎衣腐败吸收,促进子宫收缩,局部和全身抗菌消炎,条件合适时剥离胎衣。

胎衣不下确诊后尽早进行药物治疗。可以向子宫腔内投药,即在子宫腔内投放四环素类、土霉素、磺胺类或其他抗生素,起到防止腐败、延缓溶解的作用,等待胎衣自行排出。也可采取辅助疗法,向子宫腔内投放天花粉蛋白,促进胎盘变性和脱落,胰蛋白酶可加速胎衣溶解,食盐可减轻胎盘水肿。也可在胎衣不下的早期阶段,肌内注射广谱抗生素。出现体温升高和产道创伤时,加大剂量或静脉注射,配合支持疗法。为促进子宫收缩,肌内注射苯甲酸雌二醇,促进子宫颈开张,1 h后皮下注射催产素,2 h后重复一次,加快排出子宫内已腐败分解的胎衣碎片和液体。

手术疗法即徒手剥离胎衣。手术疗法的原则是容易剥离的才剥,不易剥离的不能强剥,剥离不净的不如不剥;患急性子宫内膜炎或体温升高的,不可剥离。剥离时应做到快(5~20 min完成)、净(无菌操作,彻底剥离)、轻(动作轻柔),严禁损伤子宫内膜。

### 5.2.4 产后感染

产后感染是动物在分娩过程中或分娩后,由于子宫、软产道有不同程度的损伤,外界微生物侵入、繁殖而引起的感染。

产后感染的病理过程是受到侵害的部位或其他邻近器官发生各种急性炎症,甚至坏死;或者感染扩散,引起全身性疾病。常见的产后感染有产后阴门炎及阴道炎、产后子宫内膜炎、产后败血症和脓毒血症。

#### 5.2.4.1 产后阴门炎及阴道炎

正常情况下,阴道具备一定的防卫能力,如母畜阴门闭合,黏膜紧贴,阴道腔封闭,阻止外界微生物侵入;阴道保持弱酸性,抑制细菌繁殖;雌激素使机体白细胞的吞噬能力增强。当阴门及阴道发生损伤时,细菌侵入,引起产后阴门炎及阴道炎。反刍动物多发,可见于马,猪少发。

##### 5.2.4.1.1 病因

微生物通过各种途径侵入阴门及阴道组织,是该病发生的最常见原因,特别是对于初产奶牛和肉牛。用高浓度、强刺激性防腐剂冲洗阴道或厌氧性杆菌感染是另一种较为常见的病因。

##### 5.2.4.1.2 症状

黏膜表层受损导致的发炎,通常无全身症状,只在阴门流出黏液性或黏液脓性分泌物,阴道黏膜微肿、充血或出血。黏膜深层受损导致的发炎,动物表现为拱背、举尾、努责,做排尿姿势,阴门流出污红、腥臭的液体,体温升高,食欲及泌乳量降低。

##### 5.2.4.1.3 治疗

黏膜表层受损所致的发炎,炎症轻微,用温防腐消毒药冲洗阴道,如0.1%高锰酸钾溶液、0.5%苯扎溴铵溶液或生理盐水。黏膜深层损伤所致的发炎,冲洗时注意防止感染扩散,冲洗后注入防腐抑菌的乳剂或糊剂,连续治疗数天,直至炎症消失。

#### 5.2.4.2 产后子宫内膜炎

产后子宫内膜炎是产后子宫内膜的急性炎症,通常发生于分娩后数天,如不及时治疗,易转为慢性子宫内膜炎,导致不孕。牛、马常发病,羊、猪也可发病。

##### 5.2.4.2.1 病因

分娩时或产后期,微生物可以通过各种途径侵入子宫。90%的母畜在分娩后可检出感染菌。动物产后首次发情,子宫可排出大部分感染细菌。首次发情延迟或子宫弛缓不能排出感染菌的动物,可能发生子宫内膜炎。

#### 5.2.4.2.2 症状

病畜表现为拱背、努责,从阴门排出黏液性或黏液脓性分泌物;严重的分泌物呈污红色或棕色,有臭味,卧下时排出量多。体温升高,精神沉郁,食欲下降,反刍减弱或停止,轻度臌气。阴道检查发现变化不明显,子宫颈稍开张,有分泌物排出;阴门及阴道肿胀并高度充血。

#### 5.2.4.2.3 治疗

采用广谱抗生素进行全身治疗及其他辅助治疗。使用温热、非刺激性的消毒液进行子宫冲洗,用催产素、麦角新碱促进子宫收缩,但禁用雌激素。

### 5.2.4.3 产后败血病和脓毒血症

产后败血症和脓毒血症是局部炎症扩散而继发的严重全身感染性疾病。产后败血症是由细菌进入血液并产生毒素而发病的。脓毒血症的病因是静脉中有血栓形成,静脉受到感染,化脓软化,脓液随血流进入其他器官和组织,形成迁移性脓性病灶或脓肿。二者可发生于各种家畜。败血症多见于马和牛,脓毒血症主要见于牛和羊。

#### 5.2.4.3.1 病因

难产、胎儿腐败或助产不当,软产道受创伤和感染发生,或严重的子宫炎、阴门阴道炎等可导致该病发生;该病也可能继发于胎衣不下、子宫脱出、子宫复旧延迟及严重的脓性坏死性乳房炎。病原菌通常是溶血性链球菌、葡萄球菌、化脓性棒状杆菌和梭状芽孢杆菌,常为混合感染。

#### 5.2.4.3.2 症状

产后败血症表现为体温升高至 40~41 ℃,呈现高热稽留;病畜精神极度沉郁,喜卧,呻吟,呈半昏迷状态;反射迟钝,食欲废绝,反刍停止。产后脓毒血症表现为突然发生,体温升高 1~1.5 ℃,呈弛张热;脉搏快弱;四肢、肺脏、肝脏和乳房发生迁移性脓肿。

#### 5.2.4.3.3 治疗

该病的治疗原则是处理病灶,消灭病原微生物,增强机体抵抗力。可按子宫内膜炎或阴道炎处理,但禁止冲洗子宫,减少对子宫和阴道的刺激。

## 5.2.5 生产瘫痪

### 5.2.5.1 概念

生产瘫痪又称乳热症或低血钙症,是母畜分娩前后突然发生的以轻瘫昏迷和低血钙为主要特征的一种代谢性疾病。该病主要发生于饲养良好的高产奶牛,而且出现于一生中产奶量最高的时期(5~8 岁)。奶牛中以娟姗牛多发。

#### 5.2.5.2 病因

动物分娩前后大量血钙进入初乳且动用骨钙的能力降低,可导致低血钙,这是造成生产瘫痪的主要原因。产前干乳期间,钙代谢呈正平衡,钙离子排出减少,血钙增多,机体降钙素分泌增多,甲状旁腺素减少,钙离子沉积增多;分娩后大量钙离子进入初乳,血钙浓度急剧降低,内分泌腺没有及时调整,血钙过低。

奶牛生产瘫痪为一时性脑贫血所致的脑皮质缺氧、脑神经兴奋性降低的神经性疾病。低血钙是脑缺氧的一种并发症。分娩后为满足生乳需求,乳房迅速增大,机体血量的20%流经乳房;泌乳期肝体积增大,新陈代谢增强,正常可以贮存20%的血量,肝脏贮存血量增多,以保证来自于消化道的物质转化为生产乳汁的原料,排出胎儿后,腹压下降,腹腔器官被动充血。上述血量的重新分配造成了一时性脑贫血和缺氧。

#### 5.2.5.3 症状

典型症状的生产瘫痪通常是产后数小时之内发生的。病初动物食欲减退,精神沉郁,不愿走动,不能保持平衡。继而表现为意识受抑制和知觉丧失,病牛伏卧,四肢屈于躯干以下,头向后弯至胸部一侧。可人工用手将头拉直,但松手后又重新弯回胸部;也可人工将头弯至另一侧。体温下降至35~36 ℃。

非典型症状的生产瘫痪多是在产前或产后数天内发生的。动物精神极度沉郁,食欲废绝,但不昏睡。头颈姿势不自然,呈"S"形弯曲。体温一般正常或不低于37 ℃。

#### 5.2.5.4 治疗

(1)乳房送风疗法:即向乳房内注入空气。注入空气后,乳房内的压力升高,血管受压,流入的血液减少,钙的流失也减少,血钙水平得到恢复。其优点是不使用药物,经济效益好,无污染和副作用。其缺点是技术不熟练或消毒不严,易引起乳腺损伤与感染。

(2)钙制剂疗法:一般用20%~25%硼葡萄糖酸钙溶液500 mL静脉注射。治愈率一般为80%。注射后病牛6~12 h无反应,可重复注射不超过3次。应用钙制剂时注意监护心脏,当心跳快而节律不齐时,停用钙制剂后静脉注射生理盐水。

钙制剂治疗不明显或无效时,可应用胰岛素和肾上腺皮质激素,同时配合高糖、碳酸氢钠注射液进行治疗。

### 5.2.6 子宫脱出

#### 5.2.6.1 概念

子宫角的前端全部翻出于阴门之外,称为子宫脱出。子宫脱出多见于产程第三期,有的则在产后数小时之内发生,产后超过 1 天发病的极为少见。

#### 5.2.6.2 病因

产后强烈努责,如母畜在分娩第三期存在某些能刺激母畜发生强烈努责的因素,就可能导致子宫脱出。外力牵引致病常见于马分娩第三期,胎儿胎盘与母体胎盘分离后,脱落部分悬垂于阴门之外,牵引造成子宫内翻;牛多见于分娩第三期子宫蠕动性收缩及母畜努责。另外,难产时产道干燥,子宫紧包胎儿,如未润滑即强力拉出胎儿,子宫可随胎儿翻出阴门之外。子宫弛缓可延缓子宫颈闭合时间,降低子宫角体积缩小的速度,更容易受腹壁肌和胎衣牵引的影响。

#### 5.2.6.3 症状

子宫轻度内翻,一般在子宫复旧过程中自行复原,通常动物无外部症状。如子宫角尖端已通过子宫颈进入阴道内,则动物表现为轻度不安,经常努责,尾根举起,食欲、反刍减少。产道检查发现有柔软、圆形瘤状物。直肠检查发现子宫角肿大似肠套叠,阔韧带紧张。牛、羊子宫脱出时,如果脱出的子宫比较大,有时还附有尚未脱离的胎衣;如胎衣已脱落,则看到黏膜上有暗红色的子叶,并易出血;可见脱出的孕角旁侧有空角的开口;动物表现为拱腰、不安及排尿困难等。

#### 5.2.6.4 治疗

一般采用整复法治疗,先检查子宫腔内有无肠管和膀胱,如有,将其压回腹腔并导尿。具体步骤为:①保定,先排空直肠内粪便,将母畜的后躯尽量抬高,以减轻骨盆腔的压力。②清洗,用消毒液充分清洗,除去污物及坏死组织。③小创伤涂擦抑菌防腐药,大创伤及时缝合。④麻醉,荐尾间硬膜外麻醉,不宜过深。⑤整复,从靠近阴门的部分开始,用手掌或拳头压迫靠近阴门的子宫壁,向阴道内推送。全部整复后,向子宫内灌入 9～10 L 热水,然后导出;再放入大量抗生素或防腐抑菌药,注射促子宫收缩药。为预防复发,可皮下或肌内注射催产素,或荐尾间硬膜外麻醉。

若子宫的脱出时间已久,无法送回,或有严重的损伤及坏死,整复后有引起感染、导致死亡的危险,进行子宫切除。

### 5.2.7 奶牛乳房炎

#### 5.2.7.1 概念

奶牛乳房炎是由各种病因引起的乳房炎症。临床表现为乳汁发生理化性质及细菌学变化,乳腺组织发生病理学变化,乳汁的变化体现为颜色发生改变,其中有凝块及大量白细胞,部分病例出现乳房肿大及疼痛,多数难以发现异常。

国外报道奶牛乳房炎发病率为 $25\%～60\%$。我国临床型乳房炎发病率为 $21\%～23\%$,隐性乳房炎发病率在 $50\%$ 以上,机器挤奶的奶牛发病率高,手工挤奶的奶牛发病率相对低些。

造成经济损失的主要是隐性乳房炎。乳房炎造成的经济损失包括奶产量损失、替代费用的增加、奶的废弃、药费开支、兽医费用和劳力费用等。经济损失主要表现在两个方面,即乳产量减少和乳品质降低,表现为：造成缬氨酸、甲硫氨酸、异亮氨酸、亮氨酸、苯丙氨酸、赖氨酸等必需氨基酸和组氨酸、精氨酸显著降低,氨基酸总量降低；乳糖、酪蛋白、脂肪、钙、磷、钾等有益成分含量降低；钠、氯等有害成分含量增加；乳汁对热的稳定性降低。

#### 5.2.7.2 病因

病原微生物感染是乳房炎发生的主要原因。已分离出130多种可导致乳房炎的病原微生物,较常见的有20多种。导致乳房炎的病原微生物可分为传染性微生物(如金黄色葡萄球菌、无乳链球菌、停乳链球菌、支原体等)和环境微生物(如牛乳房链球菌、大肠杆菌、克雷伯菌、绿脓杆菌等)。病原微生物侵入途径包括乳原途径、血原途径和淋巴原途径。

遗传因素是该病的致病原因之一,据统计,不少患乳房炎的奶牛都来自于某一头公牛。乳房结构和形态对乳房炎的发生有影响,漏斗状乳头比圆柱形乳头容易感染病原微生物。饲养管理因素方面,卫生消毒不严格,违规挤奶,挤奶手法错误,未及时治疗感染性疾病等也可致病。环境因素也是病因之一,一般乳房炎的发病率随温度、湿度的变化而改变,高温时易发,气候变化无常时易发。其他因素如年龄、胎次、泌乳期的增加,结核病、布鲁氏菌病、胎衣不下、子宫炎等疾病,应用激素治疗疾病而引起的激素失衡等,都会造成乳房炎的发生。

#### 5.2.7.3 症状

根据乳房炎的临床表现,可将其分为非临诊型乳房炎、临诊型乳房炎和慢性乳房炎。

(1)非临诊型乳房炎即隐性乳房炎,是指动物乳腺、乳汁无肉眼可见变化的乳房炎。实验室检查可发现其乳汁电导率、体细胞数、pH等理化性质发生改变。约90%的奶牛乳房炎为隐性乳房炎。

(2)临诊型乳房炎是指动物乳腺和乳汁有肉眼可见的临诊变化的乳房炎,发病率为2%～5%,分为轻度临诊型乳房炎、重度临诊型乳房炎和急性全身性乳房炎。轻度临诊型乳房炎表现为乳房局部症状轻微,触诊无明显异常,或仅有轻度发热、疼痛和肿胀。乳汁有絮状物或凝块,pH偏碱性,体细胞和氯化物含量增加。及时治疗,即可痊愈。重度临诊型乳房炎表现为乳房局部病变严重,患病乳区急性肿胀、发红,触诊乳房发热、有硬块、疼痛敏感。产奶量减少,乳汁黄白色或血清样,内有乳凝块。全身症状不明显,体温正常或略高,精神、食欲基本正常。及早有效地治疗,可以较快痊愈,预后一般良好。急性全身性乳房炎表现为患病乳区肿胀严重,皮肤发红发亮,乳头肿胀,触诊乳房发热、疼痛,全乳区质硬,挤不出奶,或挤出少量水样乳汁。体温升高,心率增数,呼吸增加,精神萎靡,食欲减少,拒食,喜卧。若治疗不及时,将危及患畜生命。

(3)慢性乳房炎通常是由于急性乳房炎没有得到及时处理或持续感染,而使乳腺组织处于持续发炎的状态。局部症状不明显,全身也无异常,奶产量下降,反复发作,可致乳腺组织纤维化,乳房萎缩。此类疾病治疗价值不大,患畜甚至成为感染源,宜及早淘汰。

#### 5.2.7.4 诊断

问诊主要是询问动物发病时间、既往病史、治疗情况、管理利用情况以及母牛的繁殖史和泌乳史,了解全身变化和乳腺的主要变化。临床检查利用视诊观察乳房、乳叶、乳区和乳头管情况,通过触诊感知乳头的皮温、实质部位、乳头和乳上淋巴结。试行榨乳,凭借手感和乳流强度,了解乳头括约肌的收缩力、乳头管及乳池状态、乳和乳腺分泌物的气味及眼观状态。

实验室检查乳汁的常用方法有以下几种。

(1)乳汁体细胞计数:正常乳汁中体细胞数为2万~10万/mL,主要有巨噬细胞、淋巴细胞、多形核嗜中性粒细胞和乳腺上皮细胞。奶牛患乳房炎会引起体细胞数升高。检测常用加利福尼亚乳房炎检测(CMT)法和白细胞分类计数的刻度管检验法。

(2)酶学检测:采用特异的ELISA或荧光分析法分析乳房炎症部位,乳汁中是否出现酯酶、溶菌酶、溶酶体酶、过氧化氢酶、凝固酶、C反应蛋白等。

(3)乳汁电导率检测:奶牛患乳房炎后,乳腺上皮细胞与血液之间渗透性改变,电导率升高。

(4)急性期蛋白检测:动物受到来自内部和外部的刺激,如感染、炎症、外伤等,就会刺激急性期反应。急性期反应造成体内触珠蛋白和血清淀粉样蛋白A含量增加。

(5)其他检测指标:乳房炎使乳汁pH趋向血液pH,ATP含量增加,乳糖含量降低。通过检测乳汁pH、ATP和乳糖含量可判断是否患乳房炎。

#### 5.2.7.5 治疗

乳房炎疗效的判断标准是临床症状消失,乳汁体细胞计数降至正常范围(50万/mL以下),最好能达到乳汁菌检测阴性。

药物治疗应遵循的原则是首选窄谱抗生素,不长期反复使用1~2种抗生素,用最小抑菌浓度的药物,药物对乳房不能有刺激性,治疗期间遗弃乳汁。

常用药物有抗生素和抗菌消炎药,如大环内酯类、三甲氧苄二氨嘧啶、四环素、氟喹诺酮类药物,这些药物容易达到乳腺组织。磺胺类、青霉素类、氨基糖苷类可用于乳房内给药或乳腺组织深部注射。特殊治疗药物包括:糖皮质激素类药物,如地塞米松、异氟泼尼龙等;非类固醇类药物,如阿司匹林、安乃近、保泰松等;免疫调节细胞因子,如白细胞介素、集落刺激因子、干扰素、肿瘤坏死因子等;酶类,如细菌素、抗菌肽和溶菌酶。

#### 5.2.7.6 预防

要求体细胞数低于30万/mL,菌落数低于1万/mL,无抗生素残留,乳中无金黄色葡萄球菌和无乳链球菌检出。全年75%以上的奶牛无临诊型乳房炎发生,每月患临诊型乳房炎的奶牛不超过3%,85%以上的奶牛为CMT阴性,全年因乳房炎而被淘汰的比率低于6%,乳区感染率低于10%。挤奶系统每3个月检查一次,至少每6个月全面检查一次。在干乳期对每头奶牛的每个乳区进行治疗,治疗的最佳时间是泌乳期最后一次挤奶之后。对治疗无反应且连续发生临床型乳房炎的奶牛,应及时淘汰。

加强管理,做到规范饲养,科学管理,建立健全合理的饲养管理制度。以奶给料,按牛给料;产前2周进入产房;干乳前适当调整日粮配方。规范挤奶操作,挤奶人员须掌握奶牛乳房基本结构及正常泌乳知识,严格遵守挤奶规程。挤奶前后对乳头进行药浴,乳房卫生不仅与乳房炎发生相关,且与牛奶质量相关;用于乳头药浴的药物对乳头不能有任何刺激。强化干乳控制及干乳期乳房保健,向乳房内注入长效抗菌药物。

加强乳房炎检测,定期或不定期开展检测活动,这是防止和控制乳房炎蔓延的有力措施。发现患牛后及时治疗,对患牛隔离饲养,及时淘汰感染源。根据检测结果及时采取相应措施,做好记录,供牛群调整时参考。

加强疫苗预防和抗病育种工作。由于乳房炎致病菌的多样性以及疫苗制造存在的问题,目前尚无高效、商业化、广泛使用的疫苗,市场对疫苗防治效果和成本也有争议。抗乳房炎育种有很多优点,但目前尚未达到商业化应用的水平。

### 5.2.8 酒精阳性乳

酒精阳性乳(APM)是指新挤出的牛奶在20℃下与等量的70%酒精混合,轻轻摇晃,产生细微颗粒或絮状凝乳块的总称。根据产生细微颗粒或絮状凝乳块的程度,基本可以反应乳中酸度的高低,可将酒精阳性乳分为高酸度酒精阳性乳和低酸度酒精阳性乳。高酸度酒精阳性乳是指牛奶在收藏、运输等过程中,由于微生物污染,迅速繁殖,乳糖被分解为乳酸,使牛奶酸度增高,加热后凝固,实质为发酵变质奶。低酸度酒精阳性乳是指奶的酸度在11度至18度之间,加热不凝固,但奶的稳定性差,质量低于正常乳,为不合格乳。

#### 5.2.8.1 病因

过敏和应激反应可致病。研究表明,酒精阳性乳奶牛血液嗜酸性粒细胞显著升高,$K^+$、$Cl^-$、尿素氮、总蛋白、游离脂肪酸增高,$Na^+$减少。所以,有人认为酒精阳性乳奶牛是一种无典型临床症状的慢性过敏反应或慢性应激综合征。饲养和管理因素也可致病。研究表明,饲料中如不补饲食盐,酒精阳性乳病牛血、乳 $Na^+/K^+$ 比值低,补饲食盐后,比值提高,酒精阳性乳转为阴性。潜在性疾病和内分泌因素致病,主要与肝脏机能障碍有关,或与雌激素含量有关,或与气象因素有关,如气温骤降、忽冷忽热,或高温高湿、低气压,以及厩舍中存在有害气体等。酒精阳性乳不是隐性乳房炎,同一乳区挤出的奶,酒精试验呈阳性反应的,与CMT结果之间无任何关系。

#### 5.2.8.2 症状

病畜表现为精神、食欲正常,乳房、乳汁无肉眼可见变化。一般阳性持续时间短的为3～5天,长的为7～10天,乳中 $Ca^{2+}$、$Mg^{2+}$、$Cl^-$ 等离子含量高于正常乳,稳定性差,遇酒精发生凝集,$Na^+$、pH 比隐性乳房炎低。46.1%～50.7%乳汁呈酒精阳性反应的病牛患乳房炎。

#### 5.2.8.3 防治

调整饲养管理,如平衡日粮和精粗料比例,饲料多样化,保证维生素、矿物质和食盐的供应,添加微量元素。做好保温、防暑工作。使用药物治疗,如内服柠檬酸钠、磷酸二氢钠或丙酸钠进行治疗,或静注 10% NaCl 溶液 400 mL、5% $NaHCO_3$ 溶液 400 mL、5%～10%葡萄糖溶液 400 mL。也可在挤奶后向乳房内注入 0.1%柠檬酸溶液 50 mL,1～2 次/日;或1%苏打溶液 50 mL,2～3 次/日;内服碘化钾 8～10 g,1 次/日,连服 3～5 天。